U0163329

纺织服装高等教育"十三五"部委级规划教材
东华大学纺织工程专业精品教材

针织工艺学

龙海如 秦志刚 主编

KNITTING

TECHNOLOGY

东华大学出版社
·上海·

内 容 提 要

本书分为纬编工艺学、经编工艺学两篇。主要介绍了针织与针织物的基本概念,针织机的基本构造与工作原理,常用纬编与经编针织物组织的结构特点、性能、用途和编织工艺,成形针织工艺与产品,以及纬编和经编的织物与工艺计算等内容。

图书在版编目(CIP)数据

针织工艺学/龙海如,秦志刚主编.—上海:东华大学出版社,2017.1

ISBN 978-7-5669-1140-7

Ⅰ.①针… Ⅱ.①龙… ②秦… Ⅲ.①针织工艺

Ⅳ.①TS184

中国版本图书馆 CIP 数据核字(2016)第 233209 号

责任编辑:杜燕峰
封面设计:魏依东

出　　　版:东华大学出版社(上海市延安西路 1882 号,200051)
出版社网址:http://www.dhupress.net
天猫旗舰店:http://dhdx.tmall.com
营 销 中 心:021-62193056　62373056　62379558
印　　　刷:句容市排印厂
开　　　本:787 mm×1 092 mm　1/16
印　　　张:16.75
字　　　数:418 千字
版　　　次:2017 年 1 月第 1 版
印　　　次:2023 年 6 月第 4 次印刷
书　　　号:ISBN 978-7-5669-1140-7
定　　　价:55.00 元

前　言

　　为了使我国的高等纺织教育适应经济建设和不同人才培养目标需求,本教材的编写基于普通高等教育本科国家级规划教材《针织学》的教学实践,充分吸取各高校的有益经验,针对工程技术人才的培养特点,旨在提升学生的工程实践能力和创新能力。

　　全书根据针织工艺的特点以及篇幅与教学时数的限制,综合考虑内容的广度与深度,除了绪论外分为纬编工艺学和经编工艺学两篇共十四章,主要介绍针织加工基本原理、常用针织产品与编织工艺、针织物与工艺参数的计算等。为了使学生加深理解和应用本书的知识,编写时兼顾了以下几个方面:①知识面选取为针织物与产品及工艺中基本、常用和先进的,力求内容精简、重点突出;应用价值不大的理论、复杂的机构、趋于淘汰的织物与工艺未涉及。②针织物与产品及编织工艺、针织物与工艺参数的计算等内容,通过增加实例使读者加深理解。③全书中有十章结尾处给出了实验课内容,以便在实验课老师指导之下,通过针织机结构与工作原理的现场教学、动手上机操作、织物分析等方式,加深对课本知识的理解,培养动手实践能力。

　　本书编写人员与分工如下:

　　东华大学龙海如　　绪论、第一章至第七章

　　河北科技大学秦志刚　　第八章至第十四章

　　全书由龙海如统稿并最后定稿。

　　在本书编写过程中,得到有关院校和单位的大力支持与帮助,在此表示衷心感谢。由于编写人员水平有限,难免存在不足与错误,欢迎读者批评指正。

编者

2016 年 2 月

目 录

第二篇　经编工艺学

绪 论

一、针织与针织物的概念

针织是目前常用的三种织物加工技术之一,另两种包括机织和非织造。

针织的基本原理是利用织针把纱线弯成线圈,然后将线圈相互串套而成为针织物,因此针织物的基本结构单元是线圈。根据工艺特点的不同,针织生产可分纬编和经编两大类。最简单的纬编平针织物如图0-1所示。

图0-1 纬平针织物

二、针织发展简史

现代的针织技术是由早期的手工编织演变而来。利用棒针进行手工编织的历史可追溯到史前时期。1982年在中国江陵马山战国墓出土的丝织品中,有带状单面纬编两色提花丝针织物,是人类迄今发现的最早手工针织品,距今约2 200多年。国外最早期的针织制品为埃及古墓出土的羊毛童袜和棉制长手套,经鉴定确认为5世纪的产品,现存英国莱斯特(Leicester)博物馆内。

机器针织始于1589年,英国人威廉·李(William Lee)从手工编织得到启示而发明第一台手摇针织机,其利用机件来成圈编织的基本原理至今仍然适用。

虽然针织工业在我国纺织制造业中起步较晚、基础较差,但改革开放特别是20世纪以来,我国针织工业有了较快的发展,现已拥有各类针织设备逾百万台,成为世界上最大的针织品生产国和出口国,产量约占全球的三分之二。

目前,全世界每年针织品耗用纤维量已占到整个纺织品纤维用量的三分之一,就服用产品而言,针织与机织之比约为55:45。

三、针织特点与产品种类

针织除了可生产各种坯布,经裁剪、缝制而成针织服装等产品外,还可在针织机上直接编织成形产品,以制成全成形或部分成形产品。采用成形工艺可以节约原料,简化或取消裁剪和缝纫工序,并能改善产品服用性能。

与机织和非织造相比,针织加工具有工艺流程短、原料适应性强、翻改品种快、可以生产半成形和全成形产品、机器噪音与占地面积小、生产效率高、能源消耗少等优点,成为纺织工业中的后起之秀。

目前服用、装饰用、产业用三类针织产品的比例约为70:20:10。随着新型原料的开发与应用,针织机械电脑控制技术与自动化水平的提高,以及针织物染整加工技术的进步,促进了针织产品的开发与性能的改进。

服用类针织品已从传统的内衣扩展到休闲服、运动服和时装等领域,并朝着轻薄、弹性、舒适、功能、绿色环保、整体成形编织与无缝服装等方面发展。装饰用针织品也在向结构与品种多样化的方向发展,产品涉及巾被类、覆盖类、铺地类、床上用品、窗帘帐幔、坐垫、贴墙织物等。产业用针织品所占的比重逐步增加,涉及的领域很广,其中以高性能纤维针织物为增强体并与其他高分子材料复合形成的复合材料发展较快,例如农业用的蓬盖类布与薄膜、工业用的管道、加固路基用的土工格栅、医用人造血管、航空航天用的飞行器的舱体等。

作为传统的加工制造业,针织已不再局限于其本身,而是与其他技术交叉融合,如新材料技术、先进制造技术、计算机与自动控制技术、生物医学工程等,因此发展前景广阔。

第一篇

纬编工艺学

第一章　纬编基础

第一节　纬编针织与针织物

一、纬编针织与针织物的基本概念

纬编作为两大类针织工艺之一,是指一根或若干根纱线从纱筒上引出,沿着纬向顺序地垫放在纬编针织机各相应的织针上形成线圈,并在纵向相互串套形成纬编针织物。

线圈是组成针织物的基本结构单元,在图1-1所示的纬编线圈结构图中,线圈由圈干1-2-3-4-5和沉降弧5-6-7组成,圈干包括直线部段的圈柱1-2与4-5和针编弧2-3-4。线圈有正面与反面之分,分别如图1-2(1)、(2)所示;正面线圈的特征为线圈圈柱覆盖在前一线圈圈弧之上,而反面线圈表现为圈弧覆盖在圈柱之上。

图1-1　纬编线圈结构图

(1)

(2)

图1-2　正面与反面线圈

在针织物中,线圈沿织物横向组成的一行称为线圈横列,沿纵向相互串套而成的一列称为线圈纵行。纬编针织物的特征是:每一根纱线上的线圈一般沿横向配置,一个线圈横列由一根或几根纱线的线圈组成。

在线圈横列方向上,两个相邻线圈对应点之间的距离称圈距,用 A 表示。在线圈纵行方向上,两个相邻线圈对应点之间距离称圈高,用 B 表示。

纬编针织物可根据编织时针织机采用的针床数量分为单面和双面两类。单面针织物采用一个针床编织而成,特点是织物的一面全部为正面线圈,而另一面全部为反面线圈,织物两面具有显著不同的外观。双面针织物采用两个针床编织而成,其特征为针织物的任何一面都显示有正面线圈。

与经编针织物相比,纬编针织物一般延伸性和弹性较好,多数用作服用面料,还可直接加工成半成形和全成形的服用与产业用产品。

二、纬编针织物的形成方法

(一) 织针

纬编针织物的形成,需要借助针织机中的织针和其他相关机件来完成。常用的织针分为舌针、复合针和钩针三种。

1. 舌针

舌针构型如图 1-3(1)所示。它采用钢带或钢丝制成,包括针杆 1、针钩 2、针舌 3、针舌销 4 和针踵 5 五部分。针钩用以握住纱线,使之弯曲成圈。针舌可绕针舌销回转,用以开闭针口。针踵在成圈过程中受到其他机件的作用,使织针在针床的针槽内往复运动。舌针各部分的尺寸和形状,随针织机的类型的不同而有差别。由于舌针在成圈中是依靠线圈的移动,使针舌回转来开闭针口,因此成圈机构较为简单。目前,舌针用于绝大多数纬编机和少数经编机。

图 1-3 舌针、复合针和钩针

2. 复合针

复合针的构型如图 1-3(2)所示,由针身 1 和针芯 2 两部组成。针身带有针钩,且在针杆侧面铣有针槽,针芯在槽内作相对移动以开闭针口,故复合针又称槽针。采用复合针,在成圈过程中可以减小针的运动动程,有利于提高针织机的速度,增加针织机的成圈系统数;而且针口的开闭不是由于旧线圈的作用,因而形成的线圈结构较均匀。目前,复合针广泛应用于经编机。

3. 钩针

图 1-3(3)显示了钩针的结构。它采用圆形或扁形截面的钢丝制成,端头磨尖后弯成钩状,每根针为一个整体。其中 1 为针杆,在这一部段上垫纱。5 为针踵,使针固定在针床上。2 为针头,3 为针钩,用于握住新纱线,使其穿过旧线圈。在针尖 6 的下方针杆上有一凹槽 4,称之为针槽,供针尖没入用。针尖与凹槽之间的间隙称为针口,它是纱线进入针钩的通道。针钩可借助压板使针尖压入针槽内,以封闭针口。当压板移开后,针钩依靠自身的弹性恢复针口开启,因此钩针又称弹簧针。由于在采用钩针的针织机上,成圈机构比较复杂,生产效率较低;同时在闭口过程中,针钩受到的反复载荷作用易引起疲劳,影响到钩针的使用寿命;所以目前钩针只在少数机型较早的针织机如台车上可见,已基本上被淘汰。

(二) 成圈过程

纬编针织物是通过成圈来形成的,不同类型的织针其成圈过程存在异同点。

1. 舌针的成圈过程

舌针进行编织的成圈过程如图 1-4 所示,一般可分为八个阶段。

图 1-4　舌针的成圈过程

(1)退圈。舌针从低位置上升至最高点,旧线圈从针钩内移至针杆上,如图 1-4 中针 1～5。

(2)垫纱。舌针下降,从导纱器引出的新纱线 a 垫入针钩下,如图 1-4 中针 6～7。

(3)闭口。随着舌针的下降,针舌在旧线圈的作用下向上翻转关闭针口,如图 1-4 中针 8～9。这样旧线圈和即将形成的新线圈就分隔在针舌两侧,为新纱线穿过旧线圈作准备。

(4)套圈。舌针继续下降,旧线圈沿着针舌上移套在针舌外,如图 1-4 中针 9。

(5)弯纱。舌针的下降使针钩接触新纱线开始逐渐弯纱,并一直延续到线圈最终形成,如图 1-4 中针 9～10。

(6)脱圈。舌针进一步下降使旧线圈从针头上脱下,套到正在进行弯纱的新线圈上,如图 1-4 中针 10。

（7）成圈。舌针下降到最低位置形成一定大小的新线圈，如图 1-4 中针 10。

（8）牵拉。借助牵拉机构产生的牵拉力，将脱下的旧线圈和刚形成的新线圈拉向舌针背后，脱离编织区，防止舌针再次上升时旧线圈回套到针头上，为下一次成圈做准备。

就针织成圈方法而言，按照上述顺序进行成圈的过程称之为编结法成圈。

2. 钩针的成圈过程

钩针的成圈过程如图 1-5 所示，也可分为八个阶段。

图 1-5　钩针的成圈过程

（1）退圈。借助专用的机件，将旧线圈从针钩中向下移到针杆的一定部位上，使旧线圈 b 同针槽 c 之间具有足够的距离，以供垫放纱线用，如图 1-5 中针 1。

（2）垫纱。通过导纱器和针的相对运动，将新纱线 a 垫放到旧线圈 b 与针槽 c 之间的针杆上，如图 1-5 中针 1～2。

（3）弯纱。利用弯纱沉降片，把垫放到针杆上的纱线弯曲成一定大小的未封闭线圈 d，并将其带入针钩内，如图 1-5 中针 2～5。

（4）闭口。利用压板将针尖压入针槽，使针口封闭，以便旧线圈套上针钩，如图 1-5 中针 6。

（5）套圈。在针口封闭的情况下，由套圈沉降片将旧线圈上抬，迅速套到针钩上。而后针钩释压，针口即恢复开启状态，如图 1-5 中针 6～7。

（6）脱圈。受脱圈沉降片上抬的旧线圈从针头上脱落到未封闭的新线圈上，如图 1-5 中针 10～11。

（7）成圈。脱圈沉降片继续将旧线圈上抬，使旧线圈的针编弧与新线圈的沉降弧相接触，以形成一定大小的新线圈，如图 1-5 中针 12 所示。

（8）牵拉。借助牵拉机构产生的牵拉力，使新形成的线圈离开成圈区域，拉向针背，以免在下一成圈循环进行退圈时，发生旧线圈重套到针上的现象。

按照上述顺序进行成圈的过程称之为针织法成圈。通过比较可以看出，编结法和针织法成圈过程都可分为八个相同的阶段，但弯纱的先后有所不同。即编结法成圈，弯纱是在套圈之后并伴随着脱圈而继续进行；而针织法成圈，弯纱是在垫纱之后进行。

3. 复合针的成圈过程

复合针成圈过程所包含的阶段以及顺序，都与舌针相同，具体如图 1-6 所示。

（1）退圈。如图中针 1～3 所示：针身先上升，待针口完全打开后针芯与针身同步上升，旧线圈从针钩中退至针杆上。

（2）垫纱。如图中针 4 所示：针身先下降，导纱器引出的新纱线垫入针钩内。

（3）闭口与套圈。如图中针 5 所示：针身进一步下降，当针口完全关闭后针芯与针身同步下降，旧线圈套在针芯外。

（4）弯纱、脱圈及成圈。如图中针 6 所示：针身与针芯继续同步下降，针钩勾住新纱线开始弯纱，旧线圈从针头上脱下，随着针身与针芯同步下降到最低点，形成了新线圈。

图 1-6 复合针的成圈过程

（5）牵拉。借助牵拉机构的作用，将旧线圈和刚形成的新线圈拉向针背后，为下一次成圈做准备。

三、针织物的主要参数与性能指标

（一）线圈长度

指组成一只线圈的纱线长度，一般以毫米（mm）作为单位。线圈长度可根据线圈在平面上的投影近似地进行计算而得；或用拆散的方法测得组成一只线圈的实际纱线长度；也可以在编织时用仪器直接测量喂入每只针上的纱线长度。

线圈长度不仅决定针织物的密度，而且对针织物的脱散性、延伸性、耐磨性、弹性、强力、抗起毛起球性、缩率和勾丝性等也有重大影响，故为针织物的一项重要指标。

目前生产中若条件许可，在针织机上应采用积极式送纱装置以固定速度进行送纱，来控制针织物的线圈长度，使其保持恒定，以稳定针织物的质量。

（二）织物密度

用来表示在纱线细度一定的条件下，针织物的稀密程度。织物密度有横密、纵密和总密度之分。纬编针织物的横密是沿线圈横列方向，以单位长度（一般是 5 cm）内的线圈纵行数来表示。纵密为沿线圈纵行方向，以单位长度（一般是 5 cm）内的线圈横列数来表示。总织物密度是横密与纵密的乘积，一般等于 25 cm^2 内的线圈数。织物横密、纵密和总密度可以按照下式计算：

$$P_A = \frac{50}{A} \tag{1-1}$$

$$P_B = \frac{50}{B} \tag{1-2}$$

$$P = P_A \times P_B \tag{1-3}$$

式中：P_A——针织物横密，纵行/5 cm；

P_B——针织物纵密，横列/5 cm；

A——圈距，mm；

B——圈高，mm；

P——针织物总密度,线圈/25 cm^2。

需要注意的是,两种或几种针织物所用纱线细度不同,仅根据实测密度大小并不能准确反映他们的实际稀密程度(即空隙率多少);只有当纱线细度相同的情况下,密度较大的织物显现较稠密,而密度较小的织物则较稀松。

针织物的横密与纵密的比值,称为密度对比系数 C。它表示线圈在稳定状态下,纵向与横向尺寸的关系,可用下式计算:

$$C = \frac{P_A}{P_B} = \frac{B}{A} \tag{1-4}$$

密度对比系数反映了线圈的形态,C 值越大,线圈形态越是窄高;该值越小,则线圈形态越是宽矮。

由于针织物在加工过程中容易受到拉伸而产生变形,因此针织物尺寸(即密度)不是固定不变的,这样就将影响实测密度的正确性。因而在测量针织物密度前,应该将试样进行松弛,使之达到平衡状态(即针织物的尺寸基本上不再发生变化),这样测得的密度才具有实际可比性。

实际生产时,通常采用带有刻度的放大镜(照布镜)来测量针织物的横密与纵密。

(三) 未充满系数和紧度系数

未充满系数为线圈长度与纱线直径的比值,即

$$\delta = \frac{l}{d} \tag{1-5}$$

式中:δ——未充满系数;

　l——线圈长度,mm;

　d——纱线直径,mm,可通过理论计算或实测求得。

未充满系数反映了织物中未被纱线充满的空间多少,可用来比较针织物的实际稀密程度。线圈长度愈长,纱线愈细,则未充满系数值愈大,织物中未被纱线充满的空间愈多,织物愈是稀松,反之则反。

另一种表示和比较针织物的实际稀密程度的参数为紧度系数。紧度系数定义如下:

$$TF = \frac{\sqrt{Tt}}{l} \tag{1-6}$$

式中:TF——紧度系数;

　Tt——纱线线密度,tex;

　l——线圈长度,mm。

由上式可见,纱线越粗(Tt 越大),线圈长度越短,紧度系数越大,织物愈是紧密。也即针织物的实际稀密程度与紧度系数的关系正好与未充满系数相反。

(四) 单位面积重量

针织物单位面积重量又称织物面密度,用 1 m^2 干燥针织物的重量(g)来表示。当已知了针织物的线圈长度 l(mm)、纱线线密度 Tt(tex)、横密 P_A 和纵密 P_B、纱线的回潮率 W 时,织物的单位面积重量 Q 可用下式求得:

$$Q = \frac{0.000\,4l\mathrm{Tt}P_\mathrm{A}P_\mathrm{B}}{1+W} \quad (\mathrm{g/m^2}) \tag{1-7}$$

单位面积重量是考核针织物的质量和成本的一项指标,该值越大,针织物越密实厚重,但是耗用原料越多,织物成本将增加。

(五)厚度

针织物的厚度取决于它的组织结构、线圈长度和纱线细度等因素,一般可用纱线直径的倍数来表示。

(六)脱散性

指当针织物纱线断裂或线圈失去串套联系后,线圈与线圈的分离现象。当纱线断裂后,线圈沿纵行从断裂纱线处脱散下来,就会使针织物的强力与外观受到影响。针织物的脱散性是与它的组织结构、纱线摩擦系数与抗弯刚度、织物的未充满系数等因素有关。

(七)卷边性

指针织物在自由状态下布边发生包卷的现象。这是由线圈中弯曲线段所具有的内应力试图使线段伸直所引起的。卷边性与针织物的组织结构、纱线弹性、细度、捻度和线圈长度等因素有关。针织物的卷边会对裁剪和缝纫加工造成不利影响。

(八)延伸度

指针织物受到外力拉伸时的伸长程度和特性。延伸度可分为单向延伸度和双向延伸度两种,与针织物的组织结构、线圈长度、纱线细度和性质有关。

(九)弹性

指当引起针织物变形的外力去除后,针织物形状与尺寸回复的能力。它取决于针织物的组织结构与未充满系数,纱线的弹性和摩擦因数。

(十)断裂强力和断裂伸长率

指在连续增加的负荷作用下,至断裂时针织物所能承受的最大负荷称断裂强力。断裂时的伸长与原始长度之比,称断裂伸长率,用百分率表示。

(十一)缩率

指针织物在加工或使用过程中长度和宽度的变化。它可由下式求得:

$$Y = \frac{H_1 - H_2}{H_1} \times 100\% \tag{1-8}$$

式中:Y——针织物缩率;

H_1——针织物在加工或使用前的尺寸;

H_2——针织物在加工或使用后的尺寸。

针织物的缩率可有正值和负值,如在横向收缩而纵向伸长,则横向缩率为正,纵向缩率为负。缩率又可分为织造下机缩率、染整缩率、水洗缩率以及在给定时间内弛缓回复过程的缩率等。

(十二)勾丝与起毛起球

针织物中的纤维或纱线被外界物体所勾出在表面形成丝环,这就是勾丝。当织物在穿着和洗涤过程中不断经受摩擦而使纤维端露出在表面,称之为起毛。若这些纤维端在以后的穿着中不能及时脱落而相互纠缠在一起揉成许多球状小粒,称之为起球。针织物的起毛起球与使用的原料性质、纱线与织物结构、染整加工以及成品的服用条件等有关。

第二节 纬编针织物的分类与表示方法

一、针织物组织

针织物种类很多,通常用组织来命名与分类以及表征其结构。

纬编针织物组织定义为组成针织物的基本结构单元(线圈、集圈、浮线)以及附加纱线或纤维集合体的配置、排列、组合与联结的方式,决定了针织物的外观和性质。

图1-7显示了一种纬编针织物单面组织。其中除了线圈外,还包含了集圈(又称集圈悬弧)1和浮线2,并且线圈、集圈和浮线这三种结构单元按照一定方式排列组合。

图1-8显示了另一种纬编针织物组织,称为衬纬组织,其中除了线圈外,还包含黑色的横向附加纱线,并且线圈与附加纱线按照一定方式配置。

图1-7 三种结构单元排列组合

图1-8 线圈附加纱线

纬编针织物的组织一般可以分为基本组织、变化组织和花色组织三类。

(一) 基本组织

由线圈以最简单的方式组合而成,是针织物各种组织的基础。纬编基本组织包括平针组织、罗纹组织和双反面组织。

(二) 变化组织

由两个或两个以上的基本组织复合而成的,即在一个基本组织的相邻线圈纵行之间,配置着另一个或者另几个基本组织,以改变原来组织的结构与性能。纬编变化组织有变化平针组织、双罗纹组织等。

(三) 花色组织

采用以下几种方法,可以形成具有显著花色效应和不同性能的纬编花色组织。

1. 改变或者取消成圈过程中的某些阶段

例如,正常的退圈阶段,旧线圈应该从针钩内移至针杆上,若将退圈阶段改变为退圈不足

（旧线圈虽然从针钩内向针杆上移动，但是没有退到针杆上），其他阶段不变，这样就形成了集圈组织。属于这种方法的还有提花组织等。

2. 引入附加纱线或其他纺织原料

图1-8所示的衬纬组织，它就是在罗纹组织的基础上，编入了附加的衬纬纱线形成的。属于这种方法的还有添纱组织、衬垫组织、毛圈组织、绕经组织、长毛绒组织、衬经衬纬组织等。

3. 对旧线圈和新纱线引入一些附加阶段

例如，对旧线圈附加移圈阶段，就形成了纱罗组织（移圈组织）。属于这种方法的还有菠萝组织、波纹组织等。

4. 将两种或两种以上的组织复合

若将两种或两种以上的组织（包括基本组织、变化组织、花色组织）进行复合，可以形成称之为复合组织的花色组织。

本书介绍的针织物组织表征了常用的针织物结构。有些组织也可以用织物来称谓，例如平针织物与平针组织实际是一回事。但是某些织物的涵盖面要比组织广，有些针织物或针织面料很难用现有的某种组织来定义，特别是一些新的面料与产品。此外，生产行业内常根据针织物的用途和外观来命名，例如双罗纹组织，俗称为棉毛布或棉毛织物，因为该组织较多地用于生产棉毛衫裤。

二、纬编针织物结构的表示方法

为了简明清楚地显示纬编针织物的结构，便于织物设计与制定上机工艺，需要采用一些图形与符号的方法来表示纬编针织物组织结构和编织工艺。目前常用的有线圈图、意匠图、编织图和三角配置图。

（一）线圈图

线圈在织物内的形态用图形表示称为线圈图或线圈结构图。可根据需要表示织物的正面或反面。如图1-2为平针组织正面与反面的线圈图。

从线圈图中，可清晰地看出针织物结构单元在织物内的连接与分布，有利于研究针织物的性质和编织方法。但这种方法仅适用于较为简单的织物组织，因为复杂的结构和大型花纹一方面绘制比较困难，另一方面也不容易表示清楚。

（二）意匠图

意匠图是把针织结构单元组合的规律，用人为规定的符号在小方格纸上表示的一种图形。每一方格行和列分别代表织物的一个横列和一个纵行。根据表示对象的不同，常用的有结构意匠图和花型意匠图。

1. 结构意匠图

它是将针织物的三种基本结构单元线圈、集圈和浮线（即不编织），用规定的符号在小方格纸上表示。一般用符号"×"表示正面线圈，"○"表示反面线圈，"·"表示集圈，"□"表示浮线（不编织）。图1-9(1)表示一种单面织物的线圈图，图1-9(2)是与线圈图相对应的结构意匠图。

尽管结构意匠图可以用来表示单面和双面的针织物结构，但通常用于表示由成圈、集圈和浮线组合的单面变换与复合结构，而双面织物一般用编织图来表示。

(1)

(2)

图 1-9　线圈图与结构意匠图

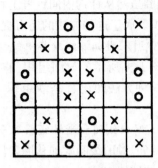

图 1-10　花型意匠图

2. 花型意匠图

这是用来表示提花织物正面(提花的一面)的花型与图案。每一方格均代表一个线圈,方格内符号的不同仅表示不同颜色的线圈。至于用什么符号代表何种颜色的线圈可由各人自己规定。图 1-10 为三色提花织物的花型意匠图,假定其中"×"代表红色线圈,"○"代表蓝色线圈,"□"代表白色线圈。

在织物设计与分析以及制定上机工艺时,需要注意区分上述两种意匠图所表示的不同含义。

(三) 编织图

编织图是将针织物的横断面形态,按编织的顺序和织针的工作情况,用图形表示的一种方法。

表 1-1 列出了编织图中常用的符号,其中每一根竖线代表一枚织针。对于纬编针织机中广泛使用的舌针来说,如果有高踵针和低踵针两种针(即针踵在针杆上的高低位置不同),本书规定用长线表示高踵针,用短线表示低踵针。图 1-11(1)、(2)分别表示了罗纹组织和双罗纹组织的编织图。

表 1-1　成圈、集圈、不编织和抽针符号表示法

编织方法	织　针	表示符号	备　注
成圈	针盘织针		
	针筒织针		
集圈	针盘织针		
	针筒织针		
不编织 (浮线)	针盘织针	$1'$　$2'$　$3'$	针 1、$1'$、3、$3'$成圈 针 2、$2'$不参加编织
	针筒织针	1　2　3	
抽针		·○·	符号 ○ 表示抽针

注:抽针也可用符号×或·来表示。

图 1-11 罗纹和双罗纹组织的编织图

编织图不仅表示了每一枚针所编织的结构单元,而且还显示了织针的配置与排列。这种方法适用于大多数纬编针织物,尤其是表示双面纬编针织物。

(四) 三角配置图

在普通舌针纬编机上,针织物的三种基本结构单元是由成圈三角、集圈三角和不编织三角作用于织针而形成的。因此除了用编织图等外,还可以用三角的配置图来表示舌针纬编机织针的工作状况以及织物的结构,这在编排上机工艺的时候显得尤为重要。表 1-2 列出了三角配置的表示方法。

表 1-2 成圈、集圈和不编织的三角配置表示方法

三角配置方法	三角名称	表示符号
成圈	针盘三角	V
	针筒三角	∧
集圈	针盘三角	⊔
	针筒三角	⊓
不编织	针盘三角	—
	针筒三角	—

注:当三角不编织时,有时可用空白来取代符号"—"。

一般对于织物结构中的每一根纱线,都要根据其编织状况排出相应的三角配置。图 1-12 表示与图 1-11(2)相对应的编织双罗纹组织的三角配置图。

图 1-12 编织双罗纹组织的三角配置图

第三节 纬编针织机

一、针织机的分类与一般结构

针织机按工艺类别可分为纬编机与经编机;按用针类型可分为舌针机、复合针机和钩针机;按针床数可分为单针床针织机与双针床针织机;按针床形式可分为平形针织机与圆形针织机。

纬编针织机种类与机型很多,一般主要由以下几部分组成:送纱机构、编织机构、针床横移机构、牵拉卷取机构、传动机构和辅助装置等。

送纱机构将纱线从纱筒上退绕下来并输送给编织区域。编织机构通过成圈机件的工作将纱线编织成针织物。针床横移机构用于在横机上使一个针床相对于另一个针床横移过一定的针距,以便线圈转移等编织。牵拉卷取机构把刚形成的织物从成圈区域中引出后,绕成一定形状和大小的卷装。传动机构将动力传到针织机的主轴,再由主轴传至各部分,使其协调工作。辅助装置是为了保证编织正常进行而附加的,包括自动加油装置,除尘装置,断纱、破洞、坏针检测自停装置等。

二、机号

各种类型的针织机,均以机号来表明其针的粗细和针距的大小。机号是用针床上 25.4 mm(1 英寸)长度内所具有的针数来表示,它与针距的关系如下:

$$E = \frac{25.4}{T} \tag{1-9}$$

式中:E——机号(针数/25.4 mm);

T——针距,mm。

由此可知,针织机的机号表明了针床上排针的稀密程度,机号愈高,针床上一定长度内的针数愈多,即针距越小;反之则针数愈少,即针距越大。在单独表示机号时,应由符号 E 和相应数字组成,如 18 机号应写作 E18,它表示针床上 25.4 mm 内有 18 枚织针。

针织机的机号在一定程度上确定了其可以加工纱线的细度范围。为了保证成圈顺利地进行,针织机所能加工纱线细度的上限(最粗),是由针床口处织针针头与针槽壁或其他成圈机件之间的间隙大小所决定的。机号越高,针距越小,该间隙也越小,允许加工的纱线就越细。另一方面,机号一定,可以加工纱数细度的下限(最细),则取决于对针织物品质的要求。在每一机号确定的针织机上,由于成圈机件尺寸的限制,可以编织的最短线圈长度 l 是一定的。过多地降低加工纱线的细度即意味着减小纱线直径 d,这样会使织物的未充满系数 $\delta(\delta = l/d)$ 的值增大,织物变得稀松,品质变差。因此要根据机号来选择合适细度的纱线,或者根据纱线的细度来选择合适的机号。例如:在机号 E16 的提花圆机上,适宜加工 165～220 dtex 的涤纶长丝或者 16.7～23 tex 的棉纱。而在机号 E22 的提花圆机上,适宜加工 110～137 dtex 的涤纶长丝或者 11～14 tex 的棉纱。

在实际生产中,一般是根据织物的有关参数和经验来决定最适宜加工纱线的细度范围或者机号的范围,也可查阅有关的手册与书籍或者通过近似计算方法获得。

三、常用纬编针织机种类

在针织行业,一般是根据针织机编织机构的特征和生产织物品种的类别,将目前常用的纬编针织机分为圆纬机、横机和圆袜机三大类。

纬编针织机的主要技术规格参数有机型、针床数(单面或双面机)、针筒直径或针床宽度(反映机器可以加工坯布的宽度)、机号、成圈系统数量(也称路数。在针筒或针床尺寸以及机速一定的情况下,成圈系统数量越多,该机生产效率越高)、机速(圆机用每分钟转速或针筒圆周线速度来表示,横机用机头线速度来表示)等。

(一)圆纬机

圆纬机又称大圆机,其针床为圆筒形和圆盘形,针筒直径一般在 356～965 mm(14～38 英寸),机号一般在 E16～E40,目前最高已达 E90。除了少数机器采用钩针或复合针外,绝大多数圆纬机均配置舌针。舌针圆纬机的成圈系统数较多,通常每英寸针筒直径 1.5～4 路,因此生产效率较高。圆纬机主要用来加工各种结构的针织毛坯布,其中以 762 mm(30 英寸)、864 mm(34 英寸)和 965 mm(38 英寸)筒径的机器居多,较小筒径的圆纬机可用来生产各种尺寸的内衣大身部段(两侧无缝),也包括了可编织半成形无缝衣坯的无缝内衣机,以减少裁耗。圆纬机的转速随针筒直径和所加工织物的结构而不同,一般最高圆周线速度在0.8～1.5 m/min 范围内。

圆纬机可分单面机(只有针筒)和双面机(针筒与针盘,或双针筒)两类,行业内通常根据其主要特征和加工的织物组织来命名。单面圆纬机有四针道机、提花机、毛圈机等。而双面圆纬机则有罗纹机、双罗纹(棉毛)机、提花机、移圈罗纹机等。

虽然圆纬机的机型不尽相同,但就其基本组成与结构而言,有许多部分是相似的。图1-13显示了普通舌针圆纬机的外形。纱筒 1 安放在落地纱架 2 上(有些圆纬机纱筒和纱架配置在机器的上方)。筒子纱线经送纱装置 3 输送到

图 1-13　普通舌针圆纬机外形

编织机构 4。针筒转动过程中编织出的织物被编织机构下方的牵拉机构 5 向下牵引,最后由牵拉机构下方的卷取机构 6 将织物卷绕成布卷。7 是电器控制箱与操纵面板。整台圆纬机还包括传动机构、机架、辅助装置等部分。

(二)横机

横机的针床呈平板状,一般具有前后两个针床,采用舌针。针床宽度在 500～2 500 mm,机号在 E2～E18。横机主要用来编织毛衫衣片或全成形毛衫,手套,以及衣领、下摆和门襟等服饰附件。与圆纬机相比,横机具有组织结构变化多、翻改品种方便、可编织半成形和全成形

产品以减少裁剪造成的原料损耗等优点,但也存在成圈系统较少(一般1～4路)、生产效率较低、机号相对较低和可加工的纱线较粗等的不足。横机的机头最高线速度一般在0.6～1.2 m/min范围内。

根据传动和控制方式的不同,一般可将横机分为手摇横机、半自动横机和电脑控制全自动横机(即电脑横机)几类。目前,电脑横机已成为毛衫行业的主要生产机种。

图1-14显示了电脑横机的外形。纱筒1安放在纱架2上。纱线经送纱装置3输送到编织机构。编织机构包括:插有舌针的固定的针床4(针床横移瞬间除外);往复移动的机头5(含有编织机件)等。机头沿针床往复移动编织出的衣片被牵拉机构6向下牵引。7是电脑操纵面板。整台电脑横机还包括:针床横移机构、传动机构、机架、电器控制箱和辅助装置等部分。

图1-14　电脑控制横机外形

(三)圆袜机

圆袜机用来生产圆筒形的各种成形袜子。该机的针筒直径较小,一般在71～141 mm(2.25～4.5英寸),机号在E7.5～E36,成圈系统数2～4路。针筒的圆周线速度与圆纬机接近。圆袜机的外形与各组成部分与圆纬机差不多,只是尺寸要小许多。

圆袜机采用舌针,有单针筒和双针筒两类,通常根据所加工的袜品来命名。例如单针筒袜机有素袜机、绣花(添纱)袜机、提花袜机、毛圈袜机等;双针筒袜机有素袜机、绣花袜机、提花袜机等。

第四节　针织用纱与织前准备

一、针织用纱的基本要求

针织工艺可以加工的纱线种类很多。有生产服用和装饰用的天然纤维与化学纤维纱线,如棉纱、毛纱、涤纶丝、锦纶丝等,还有满足特种产业用途的玻璃纤维丝、金属丝、芳纶丝等。原料的组分可以是仅含一种纤维的纯纺纱或两种以上纤维的混纺纱。纱线的结构可分为短纤维纱线,长丝和变形纱等几类。

为了保证针织过程的顺利进行以及产品的质量,对针织用纱有下列基本要求:

(1)具有一定的强度和延伸性,以便能够弯纱成圈。

（2）捻度均匀且偏低。捻度高易导致编织时纱线扭结，影响成圈，而且纱线变硬，使线圈产生歪斜。

（3）细度均匀，纱疵少。粗节和细节会造成编织时断纱或影响到布面的线圈均匀度。

（4）抗弯刚度低，柔软性好。抗弯刚度高，即硬挺的纱线难以弯曲成线圈，或弯纱成圈后线圈易变形。

（5）表面光滑，摩擦系数小。表面粗糙的纱线会在经过成圈机件时产生较高的纱线张力，易造成成圈过程纱线断裂。

二、针织生产工艺流程

针织厂的生产工艺流程根据出厂产品的不同而有所不同，多数纬编针织厂是生产服用类产品，其工艺流程如下：

原料进厂—（络纱或络丝）—织造—染整—成衣

其中络纱或络丝工序可有可无，具体应根据纱线的质量与性能是否满足编织工艺要求而定。此外，有些针织厂只生产毛坯布，即没有染整与成衣工序；而有些生产装饰用布和产业用布的工厂则没有成衣工序。

三、针织前准备

进入针织厂的纱线多数是筒子纱，也有少量是绞纱。绞纱需要先卷绕在筒管上变成筒子纱才能上机编织。随着纺纱和化纤加工技术的进步，目前提供给针织厂的筒子纱一般都可以直接上机织造，无需络纱或络丝。但是如果筒子纱的质量、性能和卷装无法满足编织工艺的要求，如纱线上杂质疵点太多、摩擦系数太大、抗弯刚度过高、筒子容量过小等，则需要重新进行卷绕即络纱（短纤纱）或络丝（长丝），络纱（丝）称为纬编针织前准备。

（一）络纱（丝）的目的

络纱或络丝目的在于：一是使纱线卷绕成一定形式和一定容量的卷装，满足编织时纱线退绕的要求。采用大卷装可以减少针织生产中的换筒，为减轻工人劳动强度，提高机器的生产率创造良好条件，但要考虑针织机的筒子架上能否安放。二是去除纱疵和粗细节，提高针织机生产效率和产品质量。三是可以对纱线进行必要的辅助处理，如上蜡、上油、上柔软剂、上抗静电剂等，以改善其编织性能。

（二）卷装形式

筒子的卷装形式有多种，针织生产中常用的有圆柱形筒子、圆锥形筒子和三截头圆锥形筒子，分别如图1-15（1）、（2）、（3）所示。

(1)　　　　　(2)　　　　　(3)

图1-15　卷装形式

1. 圆柱形筒子

圆柱形筒子主要来源于化纤厂,原料多为化纤长丝。其优点是卷装容量大,但筒子形状不太理想,退绕时纱线张力波动较大。

2. 圆锥形筒子

圆锥形筒子是针织生产中广泛采用的一种卷装形式。它的退绕条件好,容纱量较多,生产率较高,适用于各种短纤维纱,如棉纱、毛纱、涤棉混纺纱等。

3. 三截头圆锥形筒子

三截头圆锥形筒子俗称菠萝形筒子,其退绕条件好,退绕张力波动小,但是容纱量较少,适用于各种长丝,如化纤长丝、真丝等。

(三) 络纱(丝)设备与工艺

络纱机种类较多,常用的有槽筒络纱机和菠萝锭络丝机。前者主要用于络取棉、毛及混纺等短纤维纱,而后者用于络取长丝。菠萝锭络丝机的络丝速度及卷装容量都不如槽筒络纱机。此外还有松式络筒机,可以将棉纱等短纤维纱线络成密度较松和均匀的筒子,以便进行筒子染色,用于生产色织产品。

在上机络纱或络丝时,应根据原料的种类与性能、纱线的细度、筒子硬度等方面的要求,调整络纱速度、张力装置的张力大小、清纱装置的隔距、上蜡上油的蜡块或乳化油成份等工艺参数,并控制卷装容量,以生产质量合乎要求的筒子。

思考练习题

1. 线圈由哪几部分组成,纬编针织物的结构有何特征?

2. 如何区分正面线圈与反面线圈,单面针织物与双面针织物?

3. 舌针、复合针和钩针各有何特点,主要应用在什么针织机上?

4. 舌针、钩针和复合针的成圈过程分为哪些阶段,他们有何相同与不同之处?

5. 如何来获取针织物的线圈长度,它对针织物性能有什么影响?

6. 比较针织物稀密程度有哪些指标,应用条件是什么? 如何测量针织物的密度?

7. 纬编针织物组织分几类,各有何特点?

8. 表示纬编针织物结构的方法有几种,各适用于什么对象?

9. 纬编针织机一般包括哪几部分,主要技术规格参数有哪些?

10. 什么是机号,它与可以加工纱线的细度有何关系?

11. 常用的纬编针织机有几类,各自的特点与所加工的产品是什么?

12. 针织用纱有哪些基本要求?

13. 筒子的卷装形式有几种,各适用什么原料?

第二章 纬编基本组织与变化组织及编织工艺

第一节 平针组织及编织工艺

一、平针组织的结构

平针组织又称纬平针组织,是单面纬编针织物中的基本组织,其正反面结构如图1-2(1)和(2)所示,即一面全部是正面线圈,而另一面全部是反面线圈。

平针组织正面的每一线圈具有两根与线圈纵行配置成一定角度的圈柱,反面的每一线圈具有与线圈横列同向配置的圈弧。由于圈弧比圈柱对光线有较大的漫反射作用,因而织物正面较光亮,而反面较阴暗。

二、平针组织的结构参数与尺寸稳定性

(一)织物的结构参数及其相互关系

包括平针组织在内的针织物的结构参数涉及线圈长度、圈距、圈高、未充满系数等,除了可以实际测量外,还可以通过建立线圈模型来分析计算。不同的建模方式织物的结构参数及其相互关系的表达式也不一样,这里仅介绍较简单常用的平针组织几何建模分析方法。

第一种是二维线圈模型,如图1-1所示。假定线圈是由在投影平面上的半圆弧(针编弧和沉降弧)与直线(圈柱)连接而成。线圈长度包括线段0-1、1-2、2-3、3-4、4-5和5-6。由于纱线的弹性力图使圈弧呈圆弧状,可使线段0-1、2-3-4和5-6作为一个直径等于G的圆周,而线段1-2和4-5假定为直线,其长度等于m,则线圈长度l为:

$$l = \pi G + 2m$$

从图中可以看出:

$$A = 2G - 2d \quad 即 \; G = A/2 + d$$
$$m = \sqrt{B^2 + d^2}$$

式中:A——圈距,mm;

$\quad d$——纱线在自由状态下的直径,mm;

$\quad B$——圈高,mm。

故线圈长度l为:

$$l = \pi\left(\frac{A}{2} + d\right) + 2\sqrt{B^2 + d^2} \tag{2-1}$$

由于 d 值很小,可忽略不计,则:

$$l \approx \pi \frac{A}{2} + 2B + \pi d = \frac{78.5}{P_A} + \frac{100}{P_B} + \pi d \qquad (2\text{-}2)$$

上式为线圈长度与圈距(或横密 P_A)、圈高(或纵密 P_B)以及纱线直径之间的关系。这对光坯棉平针织物经过充分松弛后的试样比较适合,理论计算与实测之间有 5% 左右的误差。

平针组织的密度对比系数 C 的理论计算[式(1-4)],在假定线圈在弹性力的作用下力图占有最大的面积和图 1-1 中线段 $\overline{O_1O_3} = 2\overline{O_2O_3}$ 的条件下,C 值近似为 0.8,即圈高小于圈距。需要指出,密度对比系数 C 并不是常数,它与线圈长度、纱线细度和纱线组分成函数关系,可以通过实验来确定。

另一种是三维线圈模型,其假设线圈由几段空间圆弧连接而成,其理论线圈长度为(模型及推导过程略):

$$l = 2A + B + 5.94d \qquad (2\text{-}3)$$

式中的 A、B 和 d 与前面的定义相同。由式(2-1)、(2-2)和(2-3)可以看出,圈距和圈高越大,纱线越粗,线圈长度越长。

一些学者通过理论和实验研究发现,纬平针织物的横密 P_A、纵密 P_B、总密度 P 与线圈长度 l 之间存在如下关系:

$$P_A = C_A + \frac{k_A}{l}; \quad P_B = C_B + \frac{k_B}{l}; \quad P = C + \frac{k}{l^2} \qquad (2\text{-}4)$$

式中的 C_A、k_A、C_B、k_B、C 和 k 是常数,与纱线种类和织物松弛状态有关,可以通过实验方法来确定。由式(2-4)可知,线圈长度越短,纬平针织物的密度越大,反之则相反。

线圈长度不仅关系到针织物的密度,也会对针织物的服用性能产生重要影响。在给定纱线细度和成圈机件可以加工的情况下,线圈长度愈短,针织物的物理机械性能就愈好,即针织物的弹性比较大,不易脱散,尺寸稳定性比较好,抗起毛起球和勾丝性比较好,但手感和透气性较差。但是在给定线圈长度下,减小所加工纱线的细度,将会使针织物变得稀薄,随之而来的将是针织物的性能变差。因此针织物可用未充满系数或紧度系数来表征其性能,因为未充满系数或紧度系数包含了线圈长度与纱线细度两个因素。未充满系数愈高或紧度系数越低,针织物越稀薄,其性能就愈差。未充满系数值或紧度系数值是根据大量的生产实践经验来确定。目前服用类棉、羊毛平针组织所采用的未充满系数一般为 20~21,大多数精纺羊毛纱平针织物的紧度系数一般在 1.4~1.5。根据未充满系数或紧度系数的值就可以决定针织物的各项工艺参数,如在给定纱线细度条件下可求得针织物的线圈长度与密度。

(二) 针织物的尺寸稳定性

针织物在生产过程中会受到各种不同程度的拉伸,使其尺寸(圈距与圈高,即横密与纵密)发生变化。在外力去除后,织物力求回复到拉伸前的状态,但是由于纱线接触点间摩擦阻力等因素,往往不能实现完全的回复,此时的针织物呈现尺寸不稳定性。

实验证明,针织物的线圈存在着平衡状态,即能量最小状态,在此状态下,针织物不再继续改变尺寸。如果测量尺寸不稳定针织物的密度,根据以上公式去计算线圈长度,就会发生较大误差。另一方面,用尺寸不稳定的针织物制成的产品将存在质量问题,我们日常生活中新买的针织内衣,特别是棉等天然纤维产品,在洗涤后严重缩水变形(衣服长度缩短,宽度增加)即是一例。

要提高针织物的尺寸稳定性,首先应在针织生产全过程(织造、染整、成衣等)采用尽量低张力的松式加工方式。此外,为了使受到外力作用尺寸发生变化的针织物回复到平衡状态,可以采取松弛处理(一般在实验室条件下)或者后整理(工业化生产)的方法。

松弛处理有干松弛、湿松弛、条件平衡和全松弛等几种。干松弛处理是指织造下机的坯布在无搅动无张力状态下平放 24 h,一般经干松弛处理的织物尺寸的回复还是有限的。湿松弛处理是指在无搅动无张力条件下,将织物在 30 ℃温水中浸湿,并在无张力状态下吸去过量的水,再在 40～60 ℃温度下烘 30 min。湿松弛处理的效果要好于干松弛,这是由于水的浸润使纤维和纱线中的内应力得以释放,加速了弛缓回复过程。条件平衡处理是指织物经过 5 次洗涤并在自由状态下干燥,这时织物的尺寸已经基本不再发生变化。全松弛处理是指织物经过滚筒式洗衣机洗涤和脱水后,再在滚筒式烘干机中以 60～70 ℃温度烘 30 min,经全松弛处理的织物接近平衡状态。

针织物在编织过程特别是在染整过程中,纵向受到拉伸而横向要缩窄,因此对于棉等天然纤维针织物,一般需要在后整理过程轧光机等设备上,利用超喂扩幅的方法使得坯布在纵向受到压缩横向进行扩幅,并结合蒸汽给湿和烘燥,从而达到预缩的目的,使光坯布的结构参数尽量接近于平衡状态的参数,以提高光坯布的尺寸稳定性,使缩水率达最小。而对于化学纤维及其混纺和交织针织物,一般需要通过热定型来提高织物的尺寸稳定性。

三、平针组织的特性与用途

(一) 线圈的歪斜

平针组织在自由状态下,线圈常发生歪斜现象,这在一定程度上影响到外观与使用。线圈的歪斜是由于加捻纱线捻度不稳定力图退捻而引起的。此外,还与织物的稀密程度有关,随着未充满系数的提高线圈的歪斜增大。因此,采用低捻和捻度稳定的纱线,或两根捻向相反的纱线,适当增加机上针织物的密度,都可减小线圈的歪斜。

(二) 卷边性

平针组织的边缘具有显著的卷边现象,这是由于在织物边缘弯曲纱线弹性变形的消失而引起。如图 2-1 所示,横列边缘的线圈(织物的左右边缘)卷向织物的反面,纵行边缘的线圈(织物的上下边缘)卷向织物的正面。平针组织的卷边性随着纱线弹性和纱线细度的增大、线圈长度的减小而增加。卷边性不利于裁剪缝纫等成衣加工。除了优选纱线和编织工艺参数外,还可以通过定型后整理来减小织物的卷边性。

(三) 脱散性

平针组织的脱散性存在两种情况:一是纱线无断裂,抽拉织物边缘的纱线可使整个边缘横列线圈脱散,这实际为编织的逆过程,并可顺编织方向(从下方横列往上方横列;在针织机上一般从下往上编织)和逆编织方向(从上方横列往下方横列)脱散,因此在制作成衣时需要缝边或拷边以避免边缘横列线圈脱散;二是织物中某处纱线断裂,线圈沿着纵行从断纱处分解脱散,这又称为梯脱,它将使针织物使用期缩短。丝袜某处纱线钩断所造成的梯脱是典型的现象。

图 2-1　平针组织的卷边

实验证明平针组织的脱散性与线圈长度成正比,而与纱线的摩擦系数及弯曲刚度成反比,同时还受到拉伸条件的影响。当针织物受到横向拉伸时,它的圈弧扩张,这将增加针织物的脱散性。

（四）延伸度

延伸度是指针织物受到外力拉伸(单向或双向)时的伸长程度。针织物的拉伸变形机理与线圈形态变化、纱段之间的转移以及纱线伸长等有关。

针织物单向拉伸时试样尺寸沿着拉伸方向增加,而垂直于拉伸方向则缩短。针织物的双向拉伸,是拉伸同时在两个垂直方向上进行;或者是在一个方向进行拉伸,而在与拉伸成垂直的方向上强制试样的尺寸保持不变。如袜子穿在脚上是纵横向同时拉伸;针织内衣的袖子,当手臂弯曲时在肘部就同时受到纵向和横向拉伸。针织物的双向拉伸不仅局限于穿着过程,在生产过程也可见。例如在圆型针织机上编织的针织物,除了受到牵拉机构产生的纵向拉伸外,还同时在扩幅器作用下受到横向拉伸。

纬平针织物在纵向和横向拉伸时都具有较好的延伸度,且经理论分析横向延伸度要大于纵向,具体延伸程度与线圈长度、织物密度、纱线细度和性质等有关。

（五）用途

纬平针组织主要用于生产内衣、袜品、毛衫,以及一些服装的衬里等。

四、单面四针道圆纬机的编织工艺

平针组织可以在采用舌针的单面四针道圆纬机、以及采用钩针的台车等圆纬机上编织,编织工艺随采用的机器而有所不同。下面介绍目前国内外广泛使用的单面四针道圆纬机的编织工艺。

（一）成圈机件及其配置

图 2-2(1)显示了单面四针道圆纬机的成圈机件及其配置。舌针 1 垂直插在针筒 2 的针槽中。沉降片 3 水平插在沉降片圆环 4 的片槽中。舌针与沉降片呈一隔一交错排列,如图 2-2(2)所示。沉降片圆环与针筒固结在一起并作同步回转。5 和 6 分别是织针三角座和沉降片三角座,上面安装着织针三角和沉降片三角。导纱器 7 固装在针筒外面,以便对针垫纱。

(1)   (2)

图 2-2　单面四针道圆纬机成圈机件及其配置

图 2-3 显示了一种单面四针道圆纬机的四种不同针踵位置的舌针 1、2、3、4,以及相对应的一个成圈系统的四档三角 A、B、C、D(即四条三角针道),水平箭头表示织针运动方向。对于编织最简单的平针组织来说,实际上只需要一种踵位的舌针和一档三角就能满足要求;配置四种踵位的舌针和四档三角,不仅能生产平针组织,还可以编织某些花色组织。图 2-4 为普通结构的沉降片。1 是片鼻,2 是片喉,两者用来在退圈和牵拉时握持线圈,起到辅助退圈和牵拉的作用。3 是片颚(又称片腹),其上沿(即片颚线)用于弯纱时搁持纱线,片颚线所在平面又

称握持平面。4是片踵，沉降片三角通过它来控制沉降片的运动。

图2-4　普通沉降片的结构

图2-3　四种踵位的舌针与四条三角针道　　　图2-5　舌针与沉降片的运动

为了简化，下面仅以一种踵位的舌针和一档三角来说明单面圆纬机的工作原理。如图2-5所示，舌针1在随针筒转动（箭头方向）的同时，针踵受织针三角2的作用，使舌针在针槽中上下运动。沉降片3在随沉降片圆环（与针筒同步）转动的同时，片踵受沉降片三角4的控制，使沉降片在沉降片圆环的片槽中沿径向水平运动。舌针与沉降片的运动配合完成了成圈过程。

（二）成圈过程

单面舌针圆纬机的成圈过程如图2-6所示，可分为以下几个阶段：

（1）　　　　（2）　　　　（3）　　　　（4）　　　　（5）　　　　（6）

图2-6　单面舌针圆纬机的成圈过程

1. 退圈

如图中(1)、(2)、(3)所示，舌针从低位置上升至最高点，旧线圈从针钩内移至针杆上完成退圈。其中(1)表示成圈过程的起始时刻，此时沉降片向针筒中心挺足，用片喉握持旧线圈的沉降弧，防止退圈时织物随针一起上升。为了防止旧线圈从针舌退至针杆时的针舌反拨（关闭),造成新纱线不能垫入针钩致使漏针,可通过导纱器 Y 的适当安装位置来挡住针舌,避免针舌反拨。

2. 垫纱

如图中(4)所示,舌针在下降并与导纱器的相对运动过程中,从导纱器引出的新纱线垫入针钩下。此阶段沉降片向外退,为弯纱做准备。

3. 闭口

如图中(5)所示,随着舌针的下降,针舌在旧线圈的作用下向上翻转关闭针口,这样旧线圈和即将形成的新线圈就分隔在针舌两侧,为新线圈穿过旧线圈作准备。

4. 套圈

舌针继续下降,旧线圈沿着针舌上移套在针舌外,如图中(5)所示。

5. 弯纱

舌针的下降使针钩接触新纱线开始逐渐弯纱,并一直延续到线圈最终形成,如图中(5)、(6)所示。此时沉降片已移至最外位置,片鼻离开舌针,这样不致妨碍新纱线的弯纱成圈。

6. 脱圈

舌针进一步下降使旧线圈从针头上脱下,套到正在进行弯纱的新线圈上,如图中(6)所示。

7. 成圈

舌针下降到最低位置而形成一定大小的新线圈,如图中(6)所示。

8. 牵拉

借助牵拉机构产生的牵拉力把脱下的旧线圈和刚形成的新线圈拉向舌针背后,脱离编织区,防止舌针再次上升时旧线圈回套到针头上。此阶段沉降片从最外移至最里位置,用其片喉握持与推动线圈,辅助牵拉机构进行牵拉,同时为了避免新形成的线圈张力过大,舌针作少量回升,如图中(6)和(1)所示。

(三) 成圈工艺分析

1. 退圈动程

在单面四针道圆纬机上,织针在退圈三角(又称起针三角,如图 2-3 中的 T)的作用下从最低点上升到最高位置一次完成退圈,退圈时舌针的上升动程称为退圈动程。

退圈动程与织物的线圈长度、舌针各部分的尺寸、退圈三角的纵向尺寸等有关,此外还要考虑退圈时由于线圈与针之间存在着摩擦力,将使线圈随针一起上升一小段距离(又称退圈空程)。织物的线圈长度越长,退圈动程(即退圈三角的纵向尺寸)应越大。实际上,圆纬机的机号一旦确定,考虑到适当的未充满系数或紧度系数,其可以编织的线圈长度限制在一定范围内。虽然增加针的退圈动程有利于退圈,但在退圈三角角度保持不变的条件下,增加退圈动程意味着一路三角所占的横向尺寸也增大,从而使在针筒一周可以安装的成圈系统数减少,这会降低针织机的生产效率。因此在设计退圈三角时,应在保证可靠退圈的前提下,尽可能减小针的退圈动程。

2. 垫纱可靠性

退圈结束后,针开始沿弯纱三角下降将纱线垫放于针钩之下,此时导纱器的位置应符合工艺要求,才能保证正确地垫纱。图 2-7 为纱线垫放在舌针上的示意图。

从导纱器引出的纱线 1 在针平面(针所在的实际是一圆柱面,由于针筒直径很大,垫纱期间舌针经过的弧长很短,所以可以将这一段视为平面)上投影线 3 与沉降片的片颚线 2-2(也称为握持线)之间的夹角 β 称为垫纱纵角。纱线 1 在水平面上的投影线 4 与片颚线 2-2 之间的夹角 α 称为垫纱横角。在实际生产中,可通过调节导纱器的高低位置 h,前后(径向进出)位置 b 和左右位置 m,以得到合适的垫纱纵角 β 与横角 α。由图 2-7 可见:

$$\tan\alpha = \frac{b}{m} = \frac{b}{t \cdot n} \qquad (2-5)$$

$$\tan\beta = \frac{h}{m} = \frac{h}{t \cdot n} \qquad (2-6)$$

式中:b——导纱器离针平面的水平距离,mm;

　　　H——导纱器离握持线的垂直距离,mm;

　　　t——针距,mm;

　　　n——从导纱器至线圈脱圈处的针距数。

图 2-7　舌针垫纱

导纱器的安装与调整,应根据所使用的机型和编织的产品而定。在上机调节时必须注意以下几点。

(1) 若导纱器径向太靠外(b 偏大),则垫纱横角 α 过大,纱线难以垫到针钩下面,从而造成旧线圈脱落即漏针。如导纱器径向太靠内(b 偏小),则 α 角过小,可能发生针钩与导纱器碰撞,引起针和导纱器损坏。

(2) 若导纱器位置偏高(h 偏大),则垫纱纵角 β 过大,易使针从纱线旁边滑过,未钩住纱线,造成漏针。如导纱器位置偏低(h 偏小),则 β 角过小,在闭口阶段针舌可能将垫入的纱线夹持住,使纱线被轧毛甚至断裂。

(3) 在确定导纱器的左右位置(m)时,除了要保证合适的垫纱横角 α 和纵角 β 以便正确垫纱外,还要兼顾两点:一是要能挡住已开启的针舌,防止其反拨;二是在针舌打开(退圈过程中)或关闭(闭口)阶段,导纱器不能阻挡其开闭。

3. 弯纱深度

针在下降过程中,从针钩接触到新纱线起即开始了弯纱,并伴随着旧线圈从针头上脱下而继续进行,直至新纱线弯曲成圈状并达到所需的长度为止,此时形成了封闭的新线圈。针钩钩住的纱线下沿低于沉降片片颚线的垂直距离 X 称为弯纱深度,如图 2-8 所示。

在实际编织时,通常需根据工艺要求调整弯纱深度,这是通过改变弯纱三角(又称压针三角,如图 2-3 中的 W)的高低位置来完成的。在传统机器上,一般是各个成圈系统的三角分别调节。目前单面圆纬机一般都采用了整体同步调节机构,可快速准确方便地同时调整各系统的弯纱三角的高低位置。

图 2-8　弯纱深度

纬编针织机的送纱方式有消极式和积极式两种。对于采用消极式送纱装置(即需要多少输送多少,送纱速度变化)的纬编机,线圈长度主要由弯纱深度决定。因此,调整弯纱三角高低位置的目的是为了改变线圈长度,即改变织物密度以及单位面积重量。对于采用积极式送纱装置(即送纱速度固定)的机器,线圈长度(包括织物密度及单位面积重量)主要由该装置的送纱速度(单位时间内的输线长度)来决定,因此改变线圈长度或调整与控制织物密度及单位面积重量,必须要调整送纱装置的送纱速度;此时调整弯纱三角高低位置的目的是使织针能按照送纱装置的送纱速度吃纱弯纱,从而使弯纱张力在合适范围。采用积极式送纱装置的针织机,如果弯纱三角位置太低,则成圈所需纱线长度超过送纱量,使弯纱张力上升,当超过纱线断裂强度时,就会发生断头织疵;若弯纱三角位置过高,成圈时所需纱线长度小于送纱量,使弯纱张力过小甚至接近于零,导致张力自停装置发出停机信号,机器停止运转。

4. 弯纱张力

弯纱按形成线圈纱线的来源可分为有回退弯纱和无回退弯纱。形成一只线圈所需要的纱线全部由导纱器供给,这种弯纱称无回退弯纱。形成线圈的一部分纱线是从已经弯成的线圈中转移而来的,这种弯纱称为有回退弯纱。

弯纱区域的纱线张力,特别是最大弯纱张力,是影响成圈过程能否顺利进行以及织物品质的重要参数。图 2-9 为弯纱过程针与沉降片之间的相对位置。其中 S_1,S_2,…为沉降片,N_1,N_2,…为舌针,T_1,T_2,…为纱线各部段的张力。T_1 是从导纱器输入纱线的张力,又称送纱张力。另设 T_d(图中未画出)是牵拉时作用在每根纱线上的力,简称牵拉张力。AB 为握持平面,γ 为弯纱三角角度,X 为弯纱深度。

图 2-9 弯纱过程纱线张力   图 2-10 纱线经过成圈机件时的张力

假定纱线为绝对柔软体即不考虑其弯曲刚度,且直径相对于成圈机件的尺寸很小可忽略不计。如图 2-10 所示,箭头表示纱线移动方向,它在经过一个机件(沉降片 S 或舌针 N)时与该机件的接触包围角为 θ,纱线与机件间的摩擦系数是 μ,则根据欧拉公式,可得该机件两侧的纱线输入与输出张力 T_i 和 T_o 有下列关系:

$$T_o = T_i \times e^{\mu\theta} \tag{2-7}$$

依据这一原理,从输入张力 T_1 开始,纱线在和 S_1,N_1,S_2,…接触过程中,张力将逐渐增大,并在某一点达到最大值 T_M,它可由下式求得:

$$T_M = T_1 e^{\mu\sum\theta_M} \tag{2-8}$$

式中:$\sum\theta_M$ 为从喂入点(S_1)至最大弯纱张力 T_M 之间,纱线与各个成圈机件之间所形成的包围角总和。

过了 T_M 点以后,纱线得到放松,张力逐渐减小。也可从反方向计算 T_M:

$$T_M = T_d e^{\mu(\sum\theta - \sum\theta_M)} \tag{2-9}$$

式中:$\sum\theta$ 为包括针 N_7 和沉降片 S_8 在内,弯纱区域中纱线与各成圈机件包围角的总和。

在此基础上,可以分析影响最大弯纱张力 T_M 的一些因素。

(1)送纱张力 T_1。从以上公式可见,T_M 将随 T_1 的增大、波动而增大与波动。送纱张力 T_1 一般较低,如采用棉纱编织平针等普通织物,T_1 约 2 cN。较高的 T_1 会导致 T_M 过大,产生断纱、布面破洞等织疵。消极式送纱的送纱张力 T_1 与纱筒的退绕条件有关,波动较大,而且也难以做到各个成圈系统的送纱张力一致,从而影响到织物的线圈均匀度。因此有条件的要尽可能采用积极式送纱或储存消极式送纱。

(2)摩擦系数 μ。这主要与成圈机件和纱线表面光滑程度有关。所使用的纱线表面越粗糙,μ 越大,导致 T_M 也越大。因此对于编织较粗糙的纱线,应在络纱或络丝时进行上蜡或给油处理,以改善表面的摩擦性能。此外纱线所经过的成圈机件的表面应尽可能光滑。

(3)牵拉张力 T_d。随着牵拉张力 T_d 增加,T_M 也增大。一般在保证退圈时织物不会随针上浮涌出针筒口以及成圈各阶段能顺利进行的条件下,应尽量减小牵拉张力。

(4)弯纱三角角度 γ。当弯纱深度 X 保持不变时,随着弯纱三角角度 γ 的增大,同时参加弯纱的针数将减小,弯纱区中纱线与成圈机件包围角总和相应减小,从而使最大弯纱张力 T_M 降低。但 γ 的增大,会使织针在下降时与弯纱三角之间的作用力加大,导致织针较快的疲劳损坏。因此,在设计弯纱三角角度 γ 时,既要考虑同时弯纱的针数不能太多,又要兼顾织针与三角间的作用力不能太大。

(5)弯纱深度 X。当针距(即机号)一定后,弯纱深度 X 越大,纱线经过的成圈机件(沉降片 S 或舌针 N)越多,弯纱区中纱线与成圈机件包围角总和相应增加,从而使最大弯纱张力 T_M 上升;反之弯纱深度 X 减小,则最大弯纱张力 T_M 下降。

(6)尖底和平底弯纱三角。弯纱三角的底部可以制成尖底或平底。当采用尖底弯纱三角时,织针被压至最低点后,很快回针上升,从而放松了钩住的新线圈,使其可以将部分纱段回退给随后正在下降弯纱那枚织针中的线圈,这属于有回退弯纱方式。在此情况下,最大弯纱张力 T_M 往往出现在织针尚未下降至压针最低点之前。回退也使织物的实际线圈长度有所减小。当采用平底弯纱三角时,织针到达压针最低点后,将受平底的控制保持水平运动一段距离,才回针上升。平底宽度越宽,控制的针数越多,即在到达压针最低点之后,要隔更多的针数才允许回升。若平底弯纱三角的弯纱角度 γ 和弯纱深度 X 与尖底弯纱三角的相同,则前者的 T_M 位置较靠近压针最低点,这致使最大弯纱张力 T_M 较大,编成的实际线圈长度较长。实验研究表明,在平底控制 1 或 2 个针距时,仍有回退现象,控制针数再多时,则不再出现回退现象。

以上有关成圈工艺的分析,不仅只局限于单面圆纬机和编织平针组织,其基本原理对于许多针织机和组织的编织也适用。

(四)沉降片双向(相对)运动技术

在一般的单针筒舌针圆纬机中,沉降片除了随针筒同步回转外,只在水平方向作径向运动。在某些先进圆纬机中,沉降片除了可以径向运动外,还能沿垂直方向与织针作相对运动,从而使成圈条件在许多方面得到了改善。沉降片双向运动视机型不同而有多种形式,但其基本原理是相同的。

1. 沉降片双向运动的几种形式

以下是目前使用的三种沉降片双向运动形式。

(1) 图2-11显示了一种单针筒圆纬机垂直配置的双向运动沉降片。该机取消了传统的水平配置的沉降片圆环,沉降片2垂直安装在针筒中织针1的旁边,它具有三个片踵,3和5分别为向针筒中心和针筒外侧摆动踵,4为升降踵,6为摆动支点。沉降片三角9和10分别作用于片踵3和5,使沉降片以支点6作径向摆动,以实现辅助牵拉作用。片踵4受沉降片三角7的控制,在退圈时下降和弯纱时上升,与针形成相对运动。针踵受织针三角8控制作上下运动。该机改变弯纱深度不是靠调节压针三角高低位置,而是通过调节沉降片升降三角7来实现。由于该机去除了沉降片圆环,易于对成圈区域和机件进行操作与调整。

图2-11　垂直配置的双向运动沉降片

(2) 图2-12显示了另一种形式的双向运动沉降片。沉降片与传统机器中的一样,水平配置在沉降片圆环内,但它具有两个片踵,分别由两组沉降片三角控制。片踵1受三角2的控制使沉降片作径向运动。片踵4受三角3的控制使沉降片作垂直运动。

(3) 图2-13显示了称之为"Z系列"(斜向运动)形式的双向运动沉降片。它配置在与水平面成 α 角(一般约20°)倾斜的沉降片圆环中。当沉降片受沉降片三角控制沿斜面移动一定距离 c 时,将分别在水平径向和垂直方向产生动程 a 和 b。

图2-12　水平配置的双向运动沉降片

图2-13　Z系列双向运动沉降片

2. 双向运动沉降片的特点

由于针与沉降片在垂直方向的相对运动,使得织针在成圈过程中的动程相应减小。如果三角的角度不变,则每一三角系统所占宽度可相应减小,这样可增加机器的成圈系统数量。如果每一三角系统的宽度不变,则减小三角的角度,使得织针和其他成圈机件受力更加合理,有利于提高机速。以上两方面都能使生产率比传统圆机提高30%～40%。

图2-14表示采用双向运动沉降片和普通沉降片的弯纱比较。其中1是纱线,2和3分别是沉降片和织针,4和5分别为沉降片和织针的运动轨迹。在弯纱深度和弯纱角度相同的条件下,采用双向运动沉降片[图(1)]比传统沉降片[图(2)]同时参加弯纱的针数少了近一半。这样,纱线与成圈机件包围角总和相应减少,弯纱张力可以降低,因此减少了由于纱线不匀或张力太大等原因造成的破洞等织疵。经运转实验比较,织疵可比传统圆机减少70%左右,使

织物的外观、手感以及尺寸稳定性等质量指标提高。此外,由于弯纱张力减小,对所加工纱线的质量要求相应降低,特别是那些强度较低、质量较差的纱线也可以得到应用。

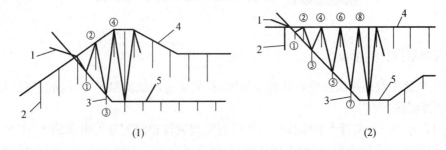

(1)   (2)

图 2-14　普通与双向运动沉降片的弯纱比较

再者,三角角度和纱线张力的减小,使织针等机件在成圈过程中受力减小,磨损降低,使用寿命得以提高。

尽管双向运动沉降片具有上述优点,但也存在一些不足。如成圈机件数量增加,制造精度和配合要求较高等。

五、变化平针组织与编织工艺

图 2-15 显示了 1+1 变化平针组织的结构。其特征为:在一个平针组织的线圈纵行 A 和 B 之间,配置着另一个平针组织的线圈纵行 C 和 D,它属于纬编变化组织。图示的这种结构一个完全组织(最小循环单元)宽 2 个纵行,高 2 行。变化平针组织中每一根纱线上的相邻两个线圈之间,存在较长的水平浮线,因此与平针组织相比,其横向延伸度较小,尺寸较为稳定。变化平针组织一般较少单独使用,通常是与其他组织复合,形成花色组织和花色效应。

图 2-16 显示了与图 2-15 相对应的编织图。其编织工艺为:在第 1 成圈系统,通过选针装置的作用,使 A 和 B 针成圈,C 和 D 针不编织,从而形成了编织图的第 1 行;在第 2 成圈系统,通过选针使 C 和 D 针成圈,A 和 B 针不编织,从而形成了编织图的第 2 行。在随后的成圈系统,按照此方法循环,便可以编织出变化平针组织。

图 2-15　变化平针组织的结构　　　　**图 2-16　变化平针组织的编织工艺**

<h1>第二节 罗纹组织及编织工艺</h1>

<h2>一、罗纹组织的结构</h2>

罗纹组织属于双面纬编针织物的基本组织,它是由正面线圈纵行和反面线圈纵行以一定组合相间配置而成。

图 2-17 为由一个正面线圈纵行和一个反面线圈纵行相间配置而形成的 1+1 罗纹组织。1+1 罗纹织物的一个完全组织(最小循环单元)包含了一个正面线圈和一个反面线圈,即由纱线 1-2-3-4-5 组成。它先形成正面线圈 1-2-3,接着形成反面线圈 3-4-5,然后又形成正面线圈 5-6-7,如此交替而成罗纹组织。罗纹组织的正反面线圈不在同一平面上,因而沉降弧须由前到后,再由后到前地把正反面线圈相连,造成沉降弧较大的弯曲与扭转。由于纱线的弹性沉降弧力图伸直,结果使以正反面线圈纵行相间配置的罗纹组织每一面上的线圈纵行相互毗连。即:自由状态下即横向不拉伸,织物的两面只能看到正面线圈纵行,如图 2-17(1)所示;织物横向拉伸后,每一面都能看到正面线圈纵行与反面线圈纵行交替配置,如图 2-17(2)所示;图 2-17(3)是正反面线圈在针织机上的配置状态。

罗纹组织的种类很多,取决于正反面线圈纵行数不同的配置,通常用数字代表其正反面线圈纵行数的组合,如 1+1、2+2、5+3 罗纹等。图 2-18 显示的是 2+2 罗纹组织的结构。

图 2-17　1+1 罗纹组织结构　　　　　　　　图 2-18　2+2 罗纹组织结构

<h2>二、罗纹组织的特性与用途</h2>

<h3>(一)弹性</h3>

罗纹组织在横向拉伸时,连接正反面线圈的沉降弧从近似垂直于织物平面向平行于织物平面偏转,产生较大的弯曲。当外力去除后,弯曲较大的沉降弧力图回复到近似垂直于织物平面的位置,从而使同一平面上的相邻线圈靠拢,因此罗纹针织物具有良好的横向弹性。其弹性除取决于针织物的组织结构外,更与纱线的弹性、摩擦力以及针织物的密度有关。纱线的弹性

愈佳,针织物拉伸后恢复原状的弹性也就愈好。纱线间的摩擦力取决于纱线间的压力和纱线间的摩擦系数,当纱线间摩擦力愈小时,则针织物回复其原有尺寸的阻力愈小。在一定范围内结构紧密的罗纹针织物,其纱线弯曲大,因而弹性就较好。综上所述,为了提高罗纹针织物的弹性,应该采用弹性较好的纱线和在一定范围内适当提高针织物的密度。

(二) 延伸度

如上所述,罗纹组织在横向拉伸时,沉降弧会从近似垂直于织物平面向平行于拉伸方向偏转,从而产生较大的横向延伸度。在纬编基本组织及变化组织中,若纱线规格以及线圈长度等相同,则罗纹组织具有最好的横向延伸度。

(三) 脱散性

1+1 罗纹组织只能在边缘横列逆编织方向脱散。其他种类如 3+3,4+6 等罗纹组织,除了能逆编织方向脱散外,由于相连在一起的正面或反面的同类线圈纵行与纬平针组织结构相似,故当某线圈纱线断裂,也会发生线圈沿着纵行从断纱处分解脱散的梯脱情况。

(四) 卷边性

在正反面线圈纵行数相同的罗纹组织中,由于造成卷边的力彼此平衡,因而并不出现卷边现象。在正反面线圈纵行数不同的罗纹组织中,虽有卷边现象但不严重。

(五) 实际横密与换算横密

罗纹组织的纵向密度 P_B 是以规定长度 50 mm 内的线圈横列数来表示,而横向密度 P_A 是在以规定宽度 50 mm 内,针织物一面的正面线圈纵行数来表示,这时所求得的密度是实际横密,织物两面的实际横密分别用 P'_A 和 P''_A 表示。图 2-19 显示了 1+1、2+2、3+3 三种罗纹组织的编织图,其中黑点表示针槽中该枚织针抽去,或通过选针方式使该枚织针不编织。在机号(针距)相同且参加编织的针数一样,线圈长度和纱线细度也相同的条件下,2+2 罗纹织物的宽度要大于 1+1 罗纹,这样在 50 mm 宽度内 2+2 罗纹一面的线圈纵行数要少于 1+1 罗纹,即 2+2 罗纹的实际横密小于 1+1 罗纹。同理,在上述相同的条件下,3+3 罗纹的实际横密小于 2+2 罗纹。因此用实际横密就难以比较不同种类罗纹组织的横向稠密程度。

(1)　　　　　　　　(2)　　　　　　　　(3)

图 2-19　三种罗纹组织编织图

如果需要在各种不同种类罗纹组织之间进行比较时,可分别换算成相当于 1+1 罗纹组织线圈结构的横向密度。若以 1+1 罗纹组织的横密作为换算标准,即换算横向密度为:

$$P_{An} = 50/A \tag{2-10}$$

在罗纹组织的每一个完全组织 $R(R=a+b$,例如:1+1 罗纹 $R=2$ 纵行,2+2 罗纹 $R=4$ 纵行,以此类推)中,由于纱线弹性的关系,在正反面线圈纵行交界的地方,反面线圈将以半只线圈的宽度隐潜于相邻正面线圈之后,如图 2-17(1)和图 2-18 所示,即在 R 纵行中反面线圈纵行隐潜于正面线圈纵行后面的宽度将为一只线圈。因此,在 50 mm 宽度内,隐潜的线圈纵行数为:

$$\frac{P'_A + P''_A}{R} \tag{2-11}$$

这样在 50 mm 宽度内扣除了隐潜的线圈纵行数之后,排列在织物一面的线圈纵行数(相当于 1＋1 罗纹一面的线圈纵行数)为:

$$P'_A + P''_A - \frac{P'_A + P''_A}{R} = (P'_A + P''_A)\left(1 - \frac{1}{R}\right) \tag{2-12}$$

由式 2-10 和 2-12 可得换算横密与实际横密之间的关系如下:

$$P_{An} = (P'_A + P''_A)\left(1 - \frac{1}{R}\right) \tag{2-13}$$

由此可见,在罗纹组织实际横密相同的条件下,完全组织 R 越大,其换算横密也越大,即针织物较为稠密。

(六) 用途

罗纹组织因具有较好的横向弹性与延伸度,故适宜制作内衣、毛衫、袜品等的紧身收口部段,如领口、袖口、裤脚管口、下摆、袜口等。且由于罗纹组织顺编织方向不能沿边缘横列脱散,所以上述收口部段可直接织成光边,无需再缝边或拷边。

罗纹织物还常用于生产贴身或紧身的弹力衫裤,特别是织物中织入或衬入氨纶等弹性纱线后,服装的贴身、弹性和延伸效果更佳。

三、罗纹机的编织工艺

罗纹组织可以在罗纹机、双面提花机,双面多针道机,横机等多种针织机上编织,其中以罗纹机最为基本与常用。罗纹机的针筒直径范围很广,筒径小的有编织袖口的 89 mm(3.5 英寸),大的有 864 mm(34 英寸)甚至更大。

(一) 成圈机件及其配置

如图 2-20 所示,圆形罗纹机有两个针床,其中针床 1 呈圆盘形且配置在另一针床之上,故称上针盘;针床 2 呈圆筒形且配置在上针盘之下,又称下针筒,上针盘与下针筒相互成 90°配置,而且同步回转。上针 3 安插在上针盘针槽中,下针 4 安插在下针筒针槽中。上三角 5 固装在上三角座 6 中,控制上针水平径向运动。下三角 7 固装在下三角座 8 中,控制下针上下运动。导纱器 9 对上下针垫纱。

图 2-21 显示了上下针槽的对位。上针盘 Y 的针槽(1~6)与下针筒 Z 的针槽(1~6)呈相间交错对位。当编织 1＋1 罗纹组织时,上针盘与下针筒的针槽中插满了舌针,上下织针也呈相间交错排列,如图 2-19(1)所示。如果要编织 2＋2、3＋3 花式罗纹,则上下织针按图 2-19(2)和(3)所示的排列。

图 2-20 罗纹机成圈机件配置　　　(1) 正视图　　　(2) 俯视图

图 2-21 上下针槽对位

（二）成圈过程

与舌针编织平针组织一样，罗纹组织的成圈过程也是分为八个阶段。在罗纹机上采用上下针同步成圈方式的成圈过程如图2-22所示。

(1)　　　　　(2)　　　　　(3)　　　　　(4)　　　　　(5)

图2-22　罗纹机的成圈过程

1. 退圈

如图中(1)和(2)所示。上下针分别在上下起针三角的作用下，从起始位置移动到最外和最高位置，旧线圈从针钩中退至针杆上，完成退圈。为了防止针舌反拨，导纱器开始控制针舌。

2. 垫纱

如图中(3)所示。上下针分别在压针三角作用下，逐渐向内和向下运动，新纱线垫入针钩内。

3. 闭口

如图中(4)所示。上下针继续向内和向下运动，由旧线圈关闭针舌。

4. 套圈、弯纱、脱圈、成圈与牵拉

如图中(5)所示。上下针移至最里和最低位置，依次完成套圈、弯纱、脱圈，并形成了新线圈，最后由牵拉机构进行牵拉。

（三）上下针的成圈配合分析

罗纹机上根据上下针成圈是有先后还是同步完成，可以分为三种方式：滞后成圈，同步成圈和超前成圈，其中滞后成圈和同步成圈比较常用。

1. 滞后成圈

滞后成圈是指下针先被压至弯纱最低点完成成圈，上针比下针迟约1~6针被压至弯纱最里点进行成圈，即上针滞后于下针成圈。图2-23(1)表示上下针运动轨迹的配合。图中2和1是上下针针头的运动轨迹，3是织针运动方向。4和5分别为导纱器和导纱孔，6和7是导纱器的后沿与前沿。8和9是上下针针舌开启区域，11和10上下针针舌关闭区域。12和13是导纱器高低和左右要调整的距离。

这种成圈方式，在下针先弯纱成圈时，弯成的线圈长度一般为所要求的两倍。然后下针略微回升，放松线圈，分一部分纱线供上针弯纱成圈。所以这种弯纱方式又属于分纱式弯纱。其优点是由于同时参加弯纱的针数较少，弯纱张力较小，对纱线强度的要求相对较低；而且因为分纱，弯纱的不均匀性可由上下线圈分担，有利于提高线圈的均匀性。因此这种弯纱方式应用较多，适合于编织在每个成圈系统中上下针用纱量都保持恒定的织物，一般是没有花纹的织物，例如1+1罗纹组织，双罗纹组织等。滞后成圈可以编织较为紧密的织物，但其弹性较差。

图 2-23　滞后与同步成圈

2. 同步成圈

同步成圈是指上下针同时到达弯纱最里点和最低点形成新线圈,图 2-23(2)表示其运动轨迹。图中数字所代表的对象和含义与图 2-23(1)相同。同步成圈主要用于上下织针不是规则顺序编织成圈的情况,例如生产花式罗纹和提花织物等。编织这类织物时,在每个成圈系统不是所有下针都成圈,下针的用纱量经常在变化,要依靠不成圈的下针分纱给相对应的上针去成圈有困难,故不能采用滞后成圈。同步成圈的特点是同时参加弯纱的针数较多,弯纱张力较大,对纱线强度要求较高,可以编织较松软弹性好的织物。

3. 超前成圈

超前成圈是指上针先于下针弯纱成圈。这种方式较少采用,一般用于在针盘上编织集圈或密度较大的凹凸织物,也可以编织较为紧密的织物。

上下织针的成圈是由上下弯纱三角控制的,因此上下针的成圈配合实际上是由上下三角的对位所决定的。生产时应根据所编织的产品特点,检验与调整罗纹机上下三角的对位,即上针最里点与下针最低点的相对位置。

以上提到的滞后成圈,同步成圈和超前成圈的原理,也适用于其他的双针床纬编针织机。

第三节　双罗纹组织与编织工艺

一、双罗纹组织的结构

双罗纹组织是由两个罗纹组织彼此复合而成,又称棉毛织物。图 2-24 显示了最简单和基本的双罗纹(1+1双罗纹)组织的结构,在一个罗纹组织线圈纵行(纱线1编织)之间配置了另一个罗纹组织的线圈纵行(纱线2编织),由相邻两个成圈系统的两根纱线 1 和 2 形成一个完整的线圈横列,它属于一种双面变化组织。

在双罗纹组织的线圈结构中,一个罗纹组织的反面线圈纵行为另一个罗纹组织的正面线圈纵行所遮盖,即

图 2-24　双罗纹组织结构

不管织物横向是否受到拉伸,在织物两面都只能看到正面线圈,因此也可称之为双正面组织。

双罗纹组织与罗纹组织相似,根据不同的织针配置方式,可以编织各种不同的双罗纹织物,如1+1双罗纹、2+2双罗纹和2+3等双罗纹组织。

二、双罗纹组织的特性与用途

(一)弹性和延伸度

由于双罗纹组织是由两个罗纹组织复合而成,因此在未充满系数和线圈纵行的配置与罗纹组织相同的条件下,其弹性与延伸度都较罗纹组织小,尺寸比较稳定。

(二)脱散性和卷边性

双罗纹组织的边缘横列只可逆编织方向脱散,由于同一线圈横列由两根纱线组成,线圈间彼此摩擦较大,所以脱散不如罗纹组织容易。此外当个别线圈断裂时,因受另一个罗纹组织线圈摩擦的阻碍,不易发生线圈沿着纵行从断纱处分解脱散的梯脱情况。双罗纹组织还与罗纹组织一样,不会卷边。

(三)用途

根据双罗纹组织的编织特点,采用色纱经适当的上机工艺,可以编织出彩横条、彩纵条、彩色小方格等花色双罗纹织物(俗称花色棉毛布)。另外在上针盘或下针筒上某些针槽中不插针,可形成各种纵向凹凸条纹,俗称抽条棉毛布。

在纱线细度和织物结构参数相同的情况下,双罗纹织物比平针和罗纹织物要紧密厚实,是制作冬季棉毛衫裤的面料之一。除此之外,双罗纹织物还具有尺寸比较稳定的特点,所以也可用于生产休闲服、运动装和外套等。

三、双罗纹机的编织工艺

双罗纹机又称棉毛机,筒径一般在356~965 mm(14~38英寸),主要用来生产双罗纹组织等,采用变换三角(成圈、集圈及编织三角)还可编织复合组织。

(一)成圈机件及其配置

与罗纹机一样,双罗纹机也有下针筒和上针盘。所不同的是,双罗纹机的下针筒针槽与上针盘针槽相对配置,而不像罗纹机那样上下针槽相间交错对位。图2-25显示了双罗纹机上下针槽的对位。上针盘Y的针槽(1~6)与下针筒Z的针槽(1~6)呈相对置。

(1)正视图　　　　　　　　(2)俯视图

图2-25　双罗纹机上下针槽对位

由于双罗纹组织是由两个1+1罗纹复合而成,故需要用四组针(四种针)来进行编织,如图2-26所示。下针分为高踵针1和低踵针2,两种针在下针筒针槽中呈1隔1排列。上针也分高踵针 3 和低踵针 4 两种,在上针盘针槽中也呈 1 隔 1 排列。上下针的对位关系是:上高踵针 3 对下低踵针 2,上低踵针 4 对下高踵针 1。编织时,下高踵针 1 与上高踵针 3 在某一成圈系统编织一个 1+1 罗纹,下低踵针 2 与上低踵针 4 在紧接着的下一个成圈系统编织另一个 1+1 罗纹。

图 2-26 双罗纹机的织针配置

由于上下针都分高踵和低踵两种,故上下三角也相应分为高低两档(即各两条针道),分别控制高低踵针。图 2-27 显示了一种双罗纹机相邻两个成圈系统上下三角对位的平面图(实际机器中上下三角并不在一个平面,这里为了更清楚说明问题),其成圈三角的对位关系可以归结为两句话:下高对上高(即下三角 3 与上三角 4 对位),下低对上低(即下三角 9 与上三角 10 对位)。图中箭头表示织针的运动方向。不同的机型三角针道廓面形状可能有差异,但基本工作原理是相似的。

在成圈系统 A 中,下高踵针 1 和上高踵针 2 分别受到下高档成圈三角 3 和上高档成圈三角 4 的控制,编织一个 1+1 罗纹。与此同时,

图 2-27 双罗纹机的三角系统

下低踵针 5 和上低踵针 6 经过由下低档不编织三角 7 和上低档不编织三角 8 形成的针道,在下针槽中不上下运动及在上针槽中不径向运动,从而将原有的旧线圈握持在针钩中,不退圈、不垫纱和不成圈,即上下低踵针都不进行编织。

在随后的成圈系统 B 中,下低踵针 5 和上低踵针 6 分别受下低档成圈三角 9 和上低档成圈三角 10 的控制,编织另一个 1+1 罗纹。与以上相似,下高踵针 1 与上高踵针 2 经过由下高档不编织三角 11 和上高档不编织三角 12 形成的针道,将原有的旧线圈握持在针钩中,不退

圈、不垫纱和不成圈,即不进行编织。

经过 A、B 两路一个循环,编织出了一个完整的双罗纹线圈横列。因此双罗纹机的成圈系统数必须是偶数。

(二) 成圈过程及上下针的配合分析

双罗纹机高低踵针的成圈过程完全一样,且与罗纹机采用的滞后成圈方式相近。

1. 退圈

双罗纹机的退圈一般有上下针同步起针与上针超前下针 1 至 3 针起针两种。后一种方式,上针先出针能起到类似单面圆纬机中沉降片的握持作用,在随后下针退圈过程中,可以阻止织物随下针上升涌出筒口造成织疵,保证可靠地退圈。同时也可适当地减小织物的牵拉张力。

2. 垫纱

由于双罗纹机一般采用滞后成圈方式,所以下针先垫纱、弯纱和成圈。从图 2-28 可以看出,下针先下降,纱线已垫入针钩并闭口,此时纱线尚未垫入上针针钩。上针的垫纱是随着下针弯纱成圈而完成的。因此导纱器的位置调整应以下针为主,兼顾上针。

3. 弯纱

下针先钩住纱线,并将其搁在上针针舌进行弯纱,形成加长的线圈,如图 2-29 所示。然后下针回升分纱给上针,上针向针筒中心运动进行弯纱,如图 2-30 所示。这种分纱式的弯纱可减小弯纱张力并提高线圈均匀性。

图 2-28　双罗纹机下针垫纱　　图 2-29　双罗纹机下针弯纱　　图 2-30　双罗纹机上针弯纱

有些机器,下针压针三角设计成一个小平面,即平底弯纱三角。下针运动到压针三角最低位置后,不马上回升和放松已弯好的线圈,让其稳定一个短暂时间。此时正在弯纱织针所需的纱线只能从导纱器那侧获得,这有利于提高线圈的均匀性。

4. 成圈

在下针回针和上针压针弯纱成圈后,上下针都形成了所需的线圈长度。最后由牵拉机构对织物进行牵拉。

5. 上下针运动轨迹及配合

双罗纹机成圈过程中上下针的配合还可用上下针运动轨迹来表示。图 2-31 是某种双罗纹机的上下针头运动轨迹及其对位。织针从左向右运动。1 和 2 分别是下针头和上针头的运动轨迹,3 和 4 是分别是针筒筒口线和针盘盘口线。上下针分别在位置Ⅰ和Ⅱ开始退圈,因此上针先于下针退圈。上下针基本上同时在位置Ⅲ完成退圈。下针在位置Ⅳ完成弯纱,上针在位置Ⅴ成圈,所以上针滞后于下针成圈。此外,上下针在退圈阶段还有一小段近似平面(位置Ⅵ附近),这称之为"起针平面",在压针阶段也有一小段近似平面(位置Ⅶ附近),这称之为"收针平面"。设置起针平面和收针平面,优点是导纱器的安装和调整比较便利,缺点是增加了成圈系统所占的宽度。当三角角度保持不变时,成圈系统宽度的增加意味着针筒一周能够安装的成圈系统数量减少,即机器的生产率降低。因此,在设计三角时要综合考虑。需要说明的是,不同型号的棉毛机的三角设计并不完全一样,因此上下针的运动轨迹及其配合也不尽相同。

图 2-31 双罗纹机上下针运动轨迹及其配合

(三) 花色双罗纹织物编织工艺实例

图 2-32 显示了一种花色双罗纹织物的编织工艺实例。其中 2-32(1)是编织图,上下针都是按照 2 根高踵针(长竖线表示)与 2 根低踵针(短竖线表示)相间排列,而且是上高踵针对下低踵针,上低踵针对下高踵针,这种织针排列方式又称为 2+2 双罗纹。一个完全组织需要 8 个成圈系统(8 根纱线)编织,每一行编织图的右侧文字表示该系统编织所用的纱线颜色。图中 2-32(2)是与编织图(1)相对应的各系统上下针三角的排列和色纱的配置。由图 2-32(1)、(2)可知,从第 1 至第 4 路,上下针编织两个完整的双罗纹线圈横列,在横列上呈现 2 个蓝色纵行与 2 个红色纵行相间排列的花色效果;从第 5 至第 8 路,上下针编织另两个完整的双罗纹线圈横列,在横列上呈现 2 个白色纵行与 2 个绿色纵行相间排列的花色效果。因此,经过 8 路的编织,织物两面都呈现出图 2-32(3)所示的四色小方格完全组织(最小循环单元),每一色小方格宽度 2 个纵行,高度 2 个横列。通过改变上下织针的排列和色纱的配置,还可以编织出其它的花色双罗纹织物。

图 2-32 花色双罗纹织物编织实例

第四节　双反面组织及编织工艺

一、双反面组织的结构

双反面组织也是双面纬编织物中的一种基本组织。它是由正面线圈横列和反面线圈横列相互交替配置而成,图2-33所示的为最简单和基本的1+1双反面组织,即由正面线圈横列1-1和反面线圈横列2-2交替配置构成。双反面组织由于弯曲纱线弹性力的关系导致线圈倾斜,使正面线圈横列1-1的针编弧向后倾斜,反面线圈横列2-2的针编弧向前倾斜,织物的两面都呈现出线圈的圈弧突出在前和圈柱凹陷在内,因而当织物不受外力作用时,在织物正反两面,看上去都像纬平针组织的反面,故称双反面组织。

图 2-33　双反面组织结构

在1+1双反面组织基础上,可以产生不同的结构与花色效应。如不同正反面线圈横列数的相互交替配置可以形成2+2,3+3,2+3等双反面结构。又如按照花纹要求,在织物表面混合配置正反面线圈区域,可形成凹凸花纹。

二、双反面组织的特性与用途

(一)纵密和厚度

双反面组织由于线圈朝垂直于织物平面方向倾斜,使织物纵向缩短,因而增加了织物的纵向密度与厚度。

(二)弹性和延伸度

双反面组织在纵向拉伸时具有较大的弹性和延伸度,超过了平针、罗纹和双罗纹组织,并且使织物具有纵横向延伸度相近的特点。

(三)脱散性和卷边性

与平针组织一样,双反面组织可以在边缘横列顺和逆编织方向脱散。其卷边性是随着正面线圈横列和反面线圈横列的组合而不同,对于1+1和2+2这种由相同数量正反面线圈横列组合而成的双反面组织,因卷边力相互抵消,故不会卷边。

(四)用途

双反面组织只能在双反面机,或具有双向移圈功能的双针床圆机和横机上编织。这些机器的编织机构较复杂,机号较低,生产效率也较低,所以该组织不如平针、罗纹和双罗纹组织应用广泛。双反面组织主要用于生产毛衫和时装类产品。

三、双反面机的编织工艺

双反面机是一种双针床舌针纬编机,有圆形和平形两种,目前使用的主要是圆形双反面机,平形双反面机已基本上不生产。双反面机的机号一般较低(E18以下)。

（一）成圈机件及其配置

图 2-34(1)显示了圆形双反面机成圈机件及配置。双头舌针 1 的构型如图 2-34(2)所示,其安插在两个呈 180°配置的上针筒 2 和下针筒 3 的针槽中,两个针筒的上下针槽相对,上下针筒同步回转。上下针筒中还分别安插着上下导针片 4 和 5,它们由上下三角 6 和 7 控制从而带动双头舌针运动,使双头舌针可以从上针筒的针槽中转移到下针筒的针槽中或反之。成圈可以在双头舌针中的任何一个针头上进行,由于在两个针头上的脱圈方向不同,因此如果在一个针头上编织的是正面线圈的话,那么在另一个针头上编织的则是反面线圈。

（二）成圈过程与双头舌针的转移

双反面机的成圈过程是与双头舌针的转移密切相关的,1+1 双反面组织的编织如图 2-35 所示,可分为以下几个阶段:

1. 上针头退圈

如图中(1)、(2)所示。双头舌针 1 受下导针片 5 的控制向上运动,使上针头中的线圈向下移动。与此同时,上导针片 4 向下运动,利用其头端 8 将双头舌针 1 的上针舌打开。

2. 上针钩与上导针片啮合

随着下导针片 5 的上升和上导针片 4 的下降,上导针片 4 受上针钩的作用向外侧倾斜,如图中(2)的箭头方向。当 5 升至最高位置,上针钩嵌入上导针片 4 的凹口,与此同时,上导针片 4 在压片 9 的作用下向内侧摆动,使上针钩与上导针片啮合,如图中(3)所示。

图 2-34　双反面机成圈机件及其配置

图 2-35　双反面机的成圈过程

3. 下针钩与下导针片脱离

如图中(4)所示。下导针片 5 的尾端 10 在压片 11 的作用下,其头端向外侧摆动,如图中箭头方向,使下针钩脱离下导针片 5 的凹口。之后上导针片 4 向上运动,带动双头舌针 1 也上升,下导针片 5 在压片 12 的作用下向内摆动恢复原位,如图中(5)所示。接着下导针片 5 下降与下针钩脱离接触,如图中(6)所示。

4. 下针头垫纱

如图中(7)所示,上导针片 4 带动双头舌针 1 进一步上升,导纱器 13 引出的纱线垫入下针钩内。

5. 下针头弯纱与成圈

如图中(8)所示,双头舌针受上导针片控制上升至最高位置,旧线圈从下针头上脱下,纱线弯纱并形成新线圈。

随后,双头舌针按上述原理从上针筒向下针筒转移,在上针头上形成新线圈。按此方法循环,将连续交替在上下针头上编织线圈,形成双反面织物。

如果能使针筒中的所有双头舌针的上针头上连续编织两个线圈,接着在下针头上连续编织两个线圈,以此交替循环便可织出 2+2 双反面织物。若在双反面机上加装导针片选择机构,可以使有些双头舌针从上针筒向下针筒转移,而另一些双头舌针从下针筒向上针筒转移。即在一个成圈系统中,有些双头舌针在上针头成圈,而另一些双头舌针在下针头成圈。这样便可编织出正反面线圈混合配置的花色双反面织物。

思考练习题

1. 平针组织有哪些结构参数,其相互关系如何?
2. 可采取哪些措施来提高针织物的尺寸稳定性?
3. 平针组织有哪些特性和用途?
4. 单面四针道圆纬机主要有哪些成圈机件,如何配置,各自的作用是什么?
5. 单面圆纬机中哪些因素会影响到针的退圈动程,如何才能做到正确垫纱?
6. 圆纬机实际编织时,如何改变织物密度和单位面积重量,调整弯纱三角高低位置的作用是什么?
7. 弯纱过程的最大弯纱张力与哪些因素有关?
8. 双向运动沉降片的工作原理是什么,有何优缺点?
9. 变化平针组织的结构和编织工艺与平针组织有何不同?
10. 罗纹组织有哪些种类,有何特性和用途?
11. 如何在不同种类的罗纹组织之间比较它们的横向密度?
12. 罗纹机的成圈机件如何配置?
13. 滞后成圈,同步成圈和超前成圈各有何特点,适用什么对象?
14. 双罗纹组织的结构与罗纹组织有何不同,前者有何特性和用途?
15. 双罗纹机的成圈机件如何配置,怎样编织双罗纹组织?
16. 双罗纹机的垫纱与弯纱有何特征?
17. 如要在双罗纹机上编织下列图示的花色双罗纹织物(一个完全组织的花型),试画出编织图,作出相应的织针和三角排列以及色纱配置。

18. 双反面组织的结构和外观具有什么特征,有何特性和用途?
19. 双反面机有哪些成圈机件,其如何配置,双反面组织如何编织?

实验课内容

1. 准备平针织物、罗纹织物、双罗纹织物、双反面织物各一块,在照布镜(放大镜)下观察,认识线圈、横列与纵行、织物正面与反面等针织物基本特征以及四种基本织物的结构特点;测试四种织物的线圈长度、横密与纵密、单位面积重量;通过观察、沿织物横列边缘拆散、拉伸等方法,比较四种织物的卷边性、脱散性、延伸度和弹性。

2. 在单面四针道圆纬机现场,开慢车观察该机运转,了解送纱装置、编织机构、牵拉卷取机构的组成和工作概况;拆下一路三角和一根织针,拿出备用沉降片,认识主要成圈机件的构型和配置;在机上了解导纱器的调节原理与方法。

3. 在双罗纹机(或双面多针道圆纬机)现场,开慢车观察该机运转,了解其工作状况;拆下相邻两路上三角和下三角以及四种织针,认识织针与三角的构型和配置;在机上观察并认识上三角与下三角的对位关系。

第三章 纬编花色组织与编织工艺

第一节 提花组织及编织工艺

一、提花组织的结构与分类

提花组织是将纱线垫放在按花纹要求所选择的某些织针上编织成圈,而未垫放纱线的织针不成圈,纱线呈浮线状留在这些不参加编织的织针后面所形成的一种花色组织。其结构单元包括线圈和浮线。

提花组织可分为单面和双面两大类。

(一) 单面提花组织

单面提花组织是由平针线圈和浮线组成。其结构有均匀或不均匀两种,每种又有单色和多色之分。

1. 单面均匀提花组织

单面均匀提花组织一般采用多色纱线。图3-1所示为一种两色单面均匀提花组织。从图中可以看出,这类组织具有下列特征。

(1) 每一个完整的线圈横列由两种色纱的线圈互补组成,每一种色纱都出现一次。如果是多色提花,则每一个横列由多种色纱的线圈互补组成。

(2) 线圈大小相同,结构均匀,织物外观平整。

(3) 每根织针在每个横列的编织次数相同,即都为一次。多色均匀提花组织主要是通过色纱的组合来形成色纹图案,因此设计时采用花型意匠图来表示更为方便。但在单面均匀提花组织中,由于浮线在织物的反面,容易引起勾丝,所以浮线的长度不能过长,一般不能超过3~4个圈距。

(1) 线圈图　　　　　　(2) 编织图　　　　　　(3) 花型意匠图

图 3-1　两色单面均匀提花组织

2. 不均匀提花组织

不均匀提花组织更多采用单色纱线。图3-2所示为一种单色单面不均匀提花组织。在这类组织中,由于某些织针连续几个横列不编织,这样就形成了拉长的线圈,这些拉长了的线圈抽紧与之相连的平针线圈,使平针线圈凸出在织物的表面,从而使针织物表面产生凹凸效应。

某一线圈拉长的程度与连续不编织(即不脱圈)的次数有关。我们用"线圈指数"来表示编织过程中某一线圈连续不脱圈的次数,线圈指数愈大,一般线圈越大。例如在图3-2中,线圈a的指数为0,线圈b的指数为1,线圈c的指数为3。如果将拉长线圈按花纹要求配置在平针线圈中,就可得到凹凸花纹。线圈指数差异越大,纱线弹性越好,织物密度越大,凹凸效应愈明显。但在编织这种组织时,织物的牵拉张力和纱线张力应较小而且均匀,否则易产生断纱破洞,同时也应当控制拉长线圈连续不编织的次数,即"线圈指数"。

(1) 线圈图　　　　(2) 编织图

图3-2　单色单面不均匀提花组织

(二) 双面提花组织

双面提花组织在具有两个针床的针织机上编织而成,其花纹可在织物的一面形成,也可以同时在织物的两面形成。在实际生产中,大多数采用织物的正面提花,反面不提花。在这种情况下,正面花纹一般由选针装置根据花纹需要对下针筒织针进行选针编织而成;而不提花的反面则采用较为简单的组织,一般是通过在上针盘配置高、低踵两种上针以及变换上三角来进行编织。根据反面组织的不同,双面提花组织可分为完全和不完全两种类型,也有均匀和不均匀之分。

1. 完全提花组织

完全提花组织是指每一成圈系统在编织反面线圈时,所有反面织针(在圆机中即上针盘织针)都参加编织的一种双面提花组织。图3-3所示为一种两色双面均匀完全提花组织。从图中可以看出,正面由两根不同的色纱形成一个完整的提花线圈横列,反面一种色纱编织一个完

(1) 线圈图　　　　(2) 反面花型意匠图　　　　(3) 编织图

⊠—色纱2
□—色纱1

图3-3　双面均匀完全提花组织

整的线圈横列,从而形成彩色横条效应。在这种组织中,由于反面织针每个横列都编织,反面线圈的纵密总是比正面线圈纵密大,其差异取决于色纱数,如色纱数为2,正反面纵密比为1∶2,如色纱数为3则1∶3。色纱数愈多,正反面纵密的差异就愈大,从而会影响正面花纹的清晰及牢度。因此,设计与编织双面完全提花组织时,色纱数不宜过多,一般2～3色为宜。

2. 不完全提花组织

不完全提花组织是指在编织反面线圈时,每一个完整的反面线圈横列由两种色纱编织而成的一种双面提花组织。反面组织通常有纵条纹,小芝麻点和大芝麻点等。

纵条纹是指同一色纱在每一个成圈系统编织时都垫放在相同的反面织针上。如图3-4所示为两色不完全提花组织。在这种组织中,由于反面形成直条,色纱效应集中,容易显露在正面而形成"露底"现象,因此在实际生产中很少采用。

(1) 编织图　　(2) 正面花型意匠图

⊠—色纱1　　□—色纱2

(3) 反面花型意匠图

图 3-4　反面呈纵条纹的不完全提花组织

为了克服纵条纹"露底"的缺陷,在实际应用中,不同色纱的反面线圈呈跳棋式配置,常称芝麻点。图3-5和图3-6所示分别为反面呈"小芝麻点"花纹的两色和三色不完全均匀提花组织。从这些图中可以看出,不管色纱数多少,每个完整的反面线圈横列都是由两种色纱编织而成,并且线圈呈一隔一排列,其正反面线圈纵密差异随色纱数不同而异,当色纱为2时,正反面线圈纵密比为1∶1;色纱数为3时,正反面线圈纵密比为2∶3。在这些组织中,因两个成圈系统编织一个反面线圈横列,因此正反面的纵向密度差异较小。而且反面组织色纱分布均匀,减少了"露底"的可能性。

(1) 线圈图

⊠—色纱1　　□—色纱2

(2) 反面花型意匠图　　(3) 编织图

图 3-5　反面呈小芝麻点的两色
不完全均匀提花组织

(1) 线圈图　　　　(2) 反面花型意匠图　　　　(3) 编织图

□—色纱1
☒—色纱2
⊡—色纱3

图 3-6　反面呈小芝麻点的三色不完全均匀提花组织

二、提花组织的特性与用途

提花组织具有下列特性。

(1) 由于提花组织中存在有浮线,因此横向延伸性较小,单面提花组织的反面浮线不能太长,以免产生勾丝疵点。对于双面提花组织,由于反面织针参加编织,因此不存在长浮线的问题,即使有浮线也被夹在织物两面的线圈之间。

(2) 由于提花组织的线圈纵行和横列是由几根纱线形成的,因此它的脱散性较小。这种组织的织物较厚,单位面积重量较大。

(3) 由于提花组织一般几个成圈系统才编织一个正面提花线圈横列,因此生产效率较低,色纱数愈多,生产效率愈低,实际生产中一般色纱数最多不超过4种。

提花组织可用于服装、装饰和产业等各个方面。在使用提花组织时,主要应用它容易形成花纹图案以及多种纱线交织的特点。服装方面可用作T恤衫,女装、羊毛衫等外穿面料,装饰可用于沙发布等室内装饰,产业可用作小汽车的座椅外套等。

三、提花组织的编织工艺

由于提花组织是将纱线垫放在按花纹要求所选择的织针上编织成圈,因此它必须在有选针功能的针织机上才能编织。选针装置及其选针原理将在下一章介绍。

(一) 编织方法

图 3-7 显示了单面提花组织的编织方法,其中图(1)表示织针 1 和 3 受到选针而参加编织,退圈并垫上新纱线 a,织针 2 未受到选针而退出工作,但旧线圈仍保留在针钩内;图(2)表示织针 1 和 3 下降,新纱线编织成新线圈。而挂在针 2 针钩内的旧线圈由于受到牵拉力的作用而被拉长,要到下一成圈系统中针 2 参加编织时才脱下。在针 2 上未垫入的新纱线呈浮线状,处在提花线圈的后面。

图 3-8 显示了双面完全提花组织的编织方法。其中图(1)表示下针 2、6 在这一

(1)　　　　　　(2)

图 3-7　单面提花组织的编织方法

路被选针机构选中上升退圈,与此同时上针 1、3、5 在针盘三角的作用下也退圈,接着退圈的上下针垫入新纱线 a。而下针 4 未被选中,既不退圈也不垫纱。图(2)表示下针 2、6 和上针 1、3、5 完成成圈过程形成了新线圈,而下针 4 的旧线圈背后则形成了浮线。图(3)表示在下一成圈系统下针 4 和上针 1、3、5 将新纱线 b 编织成了新线圈,而未被选中的下针 2、6 既不退圈也不垫纱,在其背后也形成了浮线。如果上针分为高低踵针并间隔排列,上三角按照一定规律配置,则每一成圈系统上针 1 隔 1 成圈,可以形成反面呈小芝麻点的双面不完全提花组织。

图 3-8　双面完全提花组织的编织方法

(二) 走针轨迹和对位

1. 走针轨迹

由于在提花过程中织针处于编织和不编织两种状态,因此具有两种走针轨迹,如图 3-9 所示。轨迹 1 为编织时的走针轨迹,表示被选中参加编织的织针上升到退圈高度[图中(2)],旧线圈被退到针舌之下,然后织针下降垫纱形成新线圈。轨迹 2 表示未选中的织针的走针轨迹,它未上升到退圈的高度[图中(3)],所以不编织。

要实现织针的编织与不编织,可借助图 3-10 所示的成圈三角与不编织三角,使经过选针的织针分别沿着成圈三角与不编织三角运动。

图 3-9　编织提花组织的走针轨迹　　　　图 3-10　成圈与不编织三角

2. 对位

对于编织双面提花织物的提花圆机来说,上针盘与下针筒的针槽交错对位,上下织针也呈相间交错排列,这与罗纹机相似。由于编织双面提花织物时,在每个成圈系统不是所有下针都成圈,而是根据花纹要求选针编织,下针的用纱量经常在变化,所以双面提花圆机上下织针对位只能采取同步成圈方式。

（三）双面提花织物上针编织工艺

为了使双面提花组织的正面的花纹图案清晰，反面的颜色不在正面显露，由上针编织的织物反面一般设计成小芝麻点花纹，即几种色纱的线圈上下左右交错排列。

图4-11是与图3-5对应的双面两色提花织物上针编织工艺。图中(1)是反面花型意匠图，呈小芝麻点花纹，一个完全组织高2个横列，宽2个纵行，意匠图右侧是成圈系统排列，两个系统(即两根色纱)编织一个横列，编织一个完全组织需要四个成圈系统；图中(2)表示上针的排列，低、高竖线或字母A、B分别代表高、低踵上针，即上针高低踵针一隔一安插在上针盘中，这也是双面提花圆机上针排列的一般规律；图中(3)是与反面花型意匠图和上针排列相对应的每一成圈系统上三角排列及色纱配置，A、B分别表示高、低档上三角，与高低踵上针相对应。从图4-11可以看出：在第1系统，上针低踵针B用色纱1编织成圈，而上针高踵针A不编织，形成了反面花型意匠图第1横列的一半线圈(第1色线圈)；在第2系统，上针高踵针A用色纱2编织成圈，上针低踵针B不编织，形成了反面花型意匠图第1横列的另一半线圈(第2色线圈)；这样经过第1、2两个系统，编织出一个完整的反面线圈横列(反面花型意匠图中第1横列)，第3、4系统编织反面花型意匠图中第2横列，其原理与第1、2系统相似。

图4-12是与图3-6对应的双面三色提花织物上针编织工艺。图中(1)是呈小芝麻点花纹的反面花型意匠图，一个完全组织高3个横列，宽2个纵行；图中(2)表示上针的排列；图中(3)是与反面花型意匠图和上针排列相对应的每一成圈系统上三角排列及色纱配置。织物反面一个完整的线圈横列仍由两个系统和两根色纱编织，但编织一个反面完全组织需要六个成圈系统。

图3-11　两色提花组织上针编织工艺　　　　图3-12　三色提花组织上针编织工艺

如果双面提花组织的反面不是设计成小芝麻点而是其他花纹(如大芝麻点、纵条纹、横条纹等)，则上三角也要相应地重新排列。

第二节　集圈组织与编织工艺

一、集圈组织的结构与分类

集圈组织是一种在针织物的某些线圈上，除套有一个封闭的旧线圈外，还有一个或几个未封闭悬弧的花色组织，其结构单元由线圈与悬弧组成。

如图 3-13 所示,集圈组织根据集圈针数的多少,可分为单针集圈,两针集圈和三针集圈等。在一枚针上形成的集圈称单针集圈(图中 a),在两枚针上同时形成的集圈称两针集圈(图中 b),在三枚针上同时形成的集圈称三针集圈(图中 c),以此类推。根据封闭线圈上悬弧的多少又可分为单列、双列以及三列集圈等。有一个悬弧的称单列集圈(图中 c),两个悬弧的称双列集圈(图中 b),三个悬弧的称三列集圈(图中 a),在一枚针上连续集圈的次数可达到 7~8 次。集圈次数愈多,旧线圈承受的张力愈大,因此容易造成断纱和针钩的损坏。在命名集圈结构时,通常把集圈针数和列数连在一起,如图 3-13 中集圈 a 称为单针三列集圈,集圈 b 称为两针双列集圈,集圈 c 称为三针单列集圈。

图 3-13　集圈组织结构

集圈组织可分为单面集圈和双面集圈两种类型。

(一) 单面集圈组织

单面集圈组织是在平针组织的基础上进行集圈编织而形成的。单面集圈组织花纹变化繁多,利用集圈单元在平针中的排列可形成各种结构花色效应。如利用多列集圈可形成凹凸小孔效应,利用几种色纱与集圈单元组合可形成彩色花纹效应。另外,还可以利用集圈悬弧来减少单面提花组织中浮线的长度,以改变提花组织的服用性能。

图 3-14 所示为采用单针单列集圈单元在平针线圈中有规律排列形成的一种斜纹效应。如集圈单元采用单针双列集圈,效果更为明显。

(1) 线圈图　　　　(2) 编织图　　　　(3) 结构意匠图

□—成圈

⊠—集圈

图 3-14　具有斜纹效应的集圈组织

图 3-15 所示为采用单针双列和单针多列集圈所形成的凹凸小孔效应。从图中可以看出,在集圈单元内的线圈随着悬弧数的增加从相邻线圈上抽拉纱线加长,造成各个线圈松紧不一,从而形成凹凸不平的表面,悬弧愈多,形成的小孔愈大,织物表面愈不平,因此图中(2)的小孔与凹凸效应比(1)的明显。

图 3-16 所示为采用两种色纱和集圈单元组合形成的彩色花纹效应。在集圈组织中,由于悬弧被正面圈柱覆盖,因此悬弧在织物正面看不见,只能显示在反面。当采用色纱编织时,凡是形成悬弧的色纱将被拉长线圈所遮盖。在织物的正面只呈现拉长线圈色纱的色彩效应。图中由两针单列和三针单列的集圈组成,在纵行 1、2、6、7 上,由于黑纱形成的悬弧被白纱形成的拉长线圈所覆盖,故在正面形成白色的纵条纹。反之,在纵行 3、4、5 上,由于白纱形成的悬弧被黑纱形成的拉长线圈所覆盖,故形成黑色的纵条纹。

| (1) | (2) | (1) 正面外观效应 | (2) 结构意匠图 |

色纱排列 1 2 3 4 5 6 7

☒—集圈
□—成圈

图 3-15 具有凹凸小孔效应的集圈组织　　　图 3-16 具有彩色花纹效应的集圈组织

(二) 双面集圈组织

双面集圈组织是在罗纹组织和双罗纹组织的基础上进行集圈编织而形成的。双面集圈组织不仅可以生产带有集圈效应的针织物,还可以利用集圈单元来连接不同原料生产两面具有不同风格的织物。利用集圈单元还可以在织物一面形成小孔花纹效应。

常用的双面集圈组织为畦编和半畦编组织,它们属于罗纹型的双面集圈组织。图 3-17 所示为半畦编组织,集圈只在织物的一面形成,两个成圈系统完成一个循环。图 3-18 所示为畦编组织,集圈在织物的两面形成,也是两个成圈系统完成一个循环。畦编组织由于集圈在织物两面形成,因此结构对称,两面外观效应相同;半畦编由于结构不对称,两面外观效应不同。由于悬弧的存在和作用,畦编组织和半畦编不仅比罗纹组织厚重且宽度也较大。这两种集圈组织在羊毛衫生产中得到广泛应用。

| (1) 线圈图 | (2) 编织图 | (1) 线圈图 | (2) 编织图 |

图 3-17 半畦编组织　　　　　　　　　图 3-18 畦编组织

在双层织物组织中,集圈还可以起到一种连接作用,图 3-19 所示为一种双层针织物结构实例。如图 3-19(1)所示,第 1、2 路分别在下针和上针编织平针横列,第 3 路的上下针集圈将平针横列连接在一起,且集圈悬弧在下针编织的一面和上针编织的另一面均不显露。如果第 1、2 路分别采用不同的原料,织物两面可具有不同的性能和风格。例如,织物的两面分别采用亲水性(如棉等)和疏水性(如涤纶等)纤维的纱线,这里集圈不仅起到一种连接的作用,还起到一种汗水的导向作用,使用时疏水的一面接近皮肤,汗水通过内层和集圈形成的毛细管效应传递到外层亲水的一面,并向环境蒸发;这样,出汗时皮肤就能保持干燥。该织物在具有可变换三角的罗纹机上编织,三路一个循环,其三角配置与纱线排列如图 3-19(2)所示,其中第 3 路上三角和下三角均为集圈三角(参见图 3-23)。

(1) 编织图

(2) 三角排列图

图 3-19 双层针织物结构

(1) 线圈图　　　　(2) 编织图

图 3-20 一面具有孔眼效应的集圈织物

图 3-20 所示为集圈单元在织物的一面形成孔眼效应。其中第 1、4 路编织罗纹,第 2、3、5、6 路在下针编织集圈和浮线。孔眼在集圈处形成,在浮线处无孔眼。

二、集圈组织的特性与用途

集圈组织的花色变化较多,利用集圈的排列和使用不同色彩与性能的纱线,可编织出表面具有图案、闪色、孔眼以及凹凸等效应的织物,使织物具有不同的服用性能与外观。

集圈组织较平针组织不易脱散,但容易勾丝。由于集圈线圈的后面有悬弧,所以其厚度较平针与罗纹组织的大。集圈组织的横向延伸度较平针与罗纹小。由于悬弧的存在,织物宽度增加,长度缩短。集圈组织中的线圈大小不均,因此强力较平针组织与罗纹组织低。

集圈组织在羊毛衫、T 恤衫、吸湿快干功能性服装等方面得到广泛的应用。

三、集圈组织的编织工艺

(一) 编织方法

集圈组织的编织方法与提花组织相似,一般需要进行选针。但在编织集圈组织时,选针是在成圈和集圈之间进行。现以单面集圈组织为例来说明它的编织过程。如图 3-21(1)所示,针 1 和针 3 被选针机构选中上升到退圈高度,针 2 被选机机构选中但上升到不完全退圈(即集圈)高度,旧线圈仍挂在针舌上。随后垫入新纱线 H。当针 1、2 和 3 下降时,新纱线进入针钩,接着针 1 和针 3 上的旧线圈脱圈,进入针钩的纱线形成新线圈,而在针 2 针钩内的新纱线则形成悬弧,与旧线圈一起形成集圈,如图 3-21(2)所示。

(二) 走针轨迹

由于编织集圈组织时织针处于成圈和集圈两种状态,因此具有两种走针轨迹。如图 3-22 所示,图中(1)的轨迹 1 为编织一般线圈时的走针轨迹,其最高点为织针完全退圈高度,此时旧线圈处于针杆上[图中

(1)　　　　(2)

图 3-21 集圈组织的编织方法

(2)]。轨迹2为编织集圈的走针轨迹,因不完全退圈,旧线圈仍挂在针舌上[图中(3)]。

要实现织针的成圈与集圈,可借助图3-23所示的成圈三角与集圈三角,使经过选针的织针分别沿着成圈三角与集圈三角运动。

图3-22 编织集圈组织的走针轨迹 　　图3-23 成圈与集圈三角

第三节 添纱组织与编织工艺

一、添纱组织的结构与分类

添纱组织是指织物上的全部线圈或部分线圈由两根纱线形成的一种花色组织,如图3-24所示。添纱组织中的一个单元添纱线圈中的两根纱线的相对位置是确定的,它们相互重叠,不是由两根纱线随意并在一起形成的双线圈组织结构。

添纱组织可以是单面或双面,并可分为全部线圈添纱组织和部分线圈添纱组织两类。

(一)全部线圈添纱组织

全部线圈添纱组织是指织物内所有的线圈由两个线圈重叠而成,织物的一面由一种纱线显露,另一面由另一种纱线显露。当采用两种不同色彩和性质的纱线编织时,所得到的织物两面具有不同的色彩和服用性能。图3-24所示就是一种以平针组织为基础的全部线圈添纱组织,1为地纱,2为面纱,面纱有时也称为添纱。在这种组织中,面纱和地纱的相对位置保持不变,面纱始终在织物的正面,地纱始终在织物的反面。如果在编织过程中,根据花纹要求相互交换两种纱线在织物正面和反面的相对位置,就会得到一种称为交换添纱的组织,如图3-25所示。全部线圈添纱组织还能以1+1罗纹为地组织,这样形成的添纱组织称为罗纹添纱组织,如图3-26所示,其中1和2分别为地纱和面纱。

图3-24 普通添纱组织结构 　　图3-25 交换添纱组织结构

(二) 部分线圈添纱组织

部分线圈添纱组织是指在地组织内,仅有部分线圈进行添纱,有浮线(架空)添纱和绣花添纱两种。

图 3-26 罗纹添纱组织结构

图 3-27 所示的是浮线添纱组织(又称架空添纱组织),它是将添纱 2 按花纹要求沿横向覆盖在地组织纱线 1 的部分线圈上。图中地组织为平针组织,纱线较细,添纱(即面纱)较粗,由地纱和面纱同时编织出紧密的添纱线圈。在单独由地纱编织的线圈之处,面纱在织物反面呈浮线,由于地纱成圈稀薄,呈网孔状外观,故称为浮线添纱。

图 3-28 所示的是绣花添纱组织,它是将添纱 2 按花纹要求沿纵向覆盖在地组织纱线 1 的部分线圈上。添纱 2 常称为绣花线,当花纹间隔较大时,在织物反面有较长的浮线。

图 3-27 浮线添纱组织结构

图 3-28 绣花添纱组织结构

二、添纱组织的特性与用途

全部添纱组织的线圈几何特性基本上与地组织相同,但由于采用两种不同的纱线编织,织物两面具有不同的色彩和服用性能。当采用两根不同捻向的纱线进行编织时,还可消除针织物线圈歪斜的现象。

部分添纱组织中有浮线存在,延伸度较地组织小,比地组织不易脱散,但容易引起勾丝。绣花花纹部分由于添纱的加入,织物变厚,表面不平整,从而影响织物的服用性能。

以平针为地组织的全部添纱组织多用于加有氨纶等弹性纱线的针织物和无缝内衣的编织,以及一些功能性、舒适性要求较高的服装面料,如丝盖棉,导湿快干织物等。部分线圈添纱组织中浮线添纱组织应用较多,多用于无缝内衣和袜品的编织,而绣花添纱组织主要用于袜品生产。

三、添纱组织的编织工艺

(一) 平针添纱组织的编织工艺

平针添纱组织的成圈过程与平针组织相同,但在编织前者时,必须采用特殊的导纱器以便同时喂入地纱和添纱。编织条件是在垫纱和成圈过程中,必须保证使添纱显露在织物正面,地纱在织物反面,两者不能错位。

要使添纱很好地覆盖地纱,两种纱线必须保持如图3-29所示的相互配置关系。为达到这种配置关系,垫纱时必须保证地纱1离针背较远,而添纱2离针背较近。

图3-29　地纱与添纱的相互配置　　　　图3-30　编织添纱组织专用导纱器及其垫纱

（1）正视图　　　　　（2）俯视图

图3-30所示为某种圆纬机上编织添纱组织用的导纱器及其垫纱。导纱器3上有两个互为垂直的导纱孔4和5,其中孔4用于穿地纱1,孔5用于穿添纱2。添纱2的垫纱纵角β_2大于地纱1的β_1,垫纱横角α_2小于地纱1的α_1。这样织针在下降过程中针钩先接触添纱,并且添纱占据了靠进针背的位置,地纱则靠近针钩尖,从而保证了添纱和地纱的正确配置关系。

在编织含氨纶等弹性纱线的添纱组织时,一般采用图3-31所示的专用导纱器。为了减少弹性纱线在输送过程中因与导纱机件的摩擦造成的延伸,氨纶丝1先经过滑轮3导入,之后不穿入导纱器的导纱孔而直接垫入针钩,2是添纱。这样,成圈编织后氨纶丝显露在织物反面,而添纱出现在织物正面。

除了垫纱角度外,织针和沉降片的外形、圆纬机的针筒直径、纱线本身的性质(线密度、磨擦系数、刚度等)、线圈长度、纱线张力、牵拉张力和纱线粗细等也影响到地纱和添纱线圈的正确配置。

（1）　　　　（2）

图3-31　编织氨纶添纱组织专用导纱器及其垫纱　　图3-32　织针外形对编织添纱组织的影响

图3-32所示为两种针头外形不同的织针,图中(1)织针的针钩内侧不平,垫在针钩内侧的

两种纱线,随织针下降,易翻滚错位,影响覆盖效果;图中(2)织针的针钩内侧较直,在成圈时两种纱线的相对位置较为稳定,因此适用于添纱组织的编织。

为了使添纱组织中两种纱线保持良好的覆盖关系,面纱宜选用较粗的纱线,地纱选用较细的纱线。此外,增加线圈密度,可提高花纹的清晰度或良好的外观。织物密度稀,线圈覆盖不良,反面线圈会显露在织物的正面,使织物带有杂色(又称露底、翻纱、跳纱等),影响外观。

(二) 浮线添纱组织的编织工艺

如图 3-33 显示了一种圆纬机编织浮线添纱组织的工艺。需要两个系统来完成:在第 1 系统,所有织针上升退圈,随后下降垫入地纱 G 但是不脱圈;在第 2 系统,根据花纹要求部分织针被选中上升到一定高度,接着在下降过程中垫入添纱 F,最后所有织针弯纱、脱圈并成圈;结果,在一些针上形成了添纱的双线圈,另一些针上形成地纱的单线圈以及添纱的浮线。

(1)　　　　　　　　　　　　　(2)

图 3-33　浮线添纱组织的编织工艺

第四节　衬垫组织与编织工艺

一、衬垫组织的结构与分类

衬垫组织是以一根或几根衬垫纱线按一定的比例在织物的某些线圈上形成不封闭的悬弧,在其余的线圈上呈浮线停留在织物反面的一种花色组织。其基本结构单元为线圈、悬弧和浮线。衬垫组织常用的地组织有平针和添纱组织两种。

(一) 平针衬垫组织

平针衬垫组织以平针为地组织,如图 3-34(1)所示。地纱 1 编织平针组织;衬垫纱 2 按一定的比例编织成不封闭的圈弧悬挂在地组织上。在衬垫纱和平针线圈沉降弧的交叉处,衬垫纱显露在织物的正面,如图中 a、b 处。这类组织又称两线衬垫组织,形成一个完全横列需要两个编织系统。如图 3-34(2)所示,第 1 编织系统喂入地纱,第 2 编织系统喂入衬垫纱,第 3、4 编

(1)　　　　　　(2)

图 3-34　平针衬垫组织结构

织系统按此循环。由于衬垫纱不成圈,因此常采用比地纱粗的纱线,多种花式纱线可用来形成花纹效应。

(二)添纱衬垫组织

添纱衬垫组织有两种结构,分别如图 3-35(1)、(2)所示。其中,面纱 1 和地纱 2 构成添纱地组织,衬垫纱 3 周期地在织物的某些圈弧上形成不封闭的悬弧。添纱衬垫组织又称三线衬垫组织。图中(1)所示的结构是在舌针圆纬机上编织,目前应用较广,其特征在于衬垫纱被面纱束缚,衬垫纱易在织物正面的露出。图中(2)所示的结构是在钩针圆纬机上编织,其特征在于衬垫纱被地纱束缚;由于衬垫纱夹在面纱和地纱之间,因此它不显露在织物的正面,从而改善了织物的外观。

图 3-35　添纱衬垫组织结构

(三)衬垫纱的衬垫比

衬垫比是指衬垫纱在地组织上形成的不封闭圈弧跨越的线圈纵行数与浮线跨越的线圈纵行数之比。常用的有 1∶1、1∶2 和 1∶3 等,如图 3-34 所示的衬垫比为 1∶1,图 3-35 所示的衬垫比为 1∶3。

图 3-36　几种不同的衬垫方式

利用改变衬垫纱的垫纱顺序,垫纱根数或不同颜色的衬垫纱线可形成不同的花纹效应。图 3-36 为几种不同的衬垫方式。其中每一个点表示一枚织针,点的上方表示针前,点的下方表示针后。由此可见,衬垫纱需要垫在针前(形成悬弧)和针后(形成浮线)。图中(1)的衬垫比为 1∶1,可形成凹凸效应外观;图中(2)的衬垫比为 1∶2,可形成斜纹外观;图中(3)的衬垫比同为 1∶2,但形成纵向直条纹外观;图中(4)的衬垫比 1∶3,可形成方块形外观。

二、衬垫组织的特性与用途

由于衬垫纱的作用,衬垫组织与它的地组织有着不同的特性。

衬垫纱可用于拉绒起毛形成绒类织物。起绒时,衬垫纱在拉毛机的作用下形成短绒,增加了织物厚度,提高了织物的保暖性。起绒织物表面平整,可用于保暖服装及运动衣。为了便于起绒,衬垫纱可采用捻度较低但较粗的纱线。

衬垫组织类织物由于衬垫纱的存在,因此横向延伸度小,尺寸稳定,多用于外穿服装,如休闲服、运动服、T恤衫等,使用时通常将面纱的一面作为服装的正面。此外,通过衬垫纱还能形成花纹效应,可采用不同的衬垫方式和花式纱线,使用时通常将有衬垫纱的一面(花纹面)作为服装的正面。

三、衬垫组织的编织工艺

衬垫组织可在舌针和钩针圆纬机上编织。由于舌针机生产效率高,调试方便,所以目前在生产中普遍采用。下面以添纱衬垫组织为例,介绍单面多针道舌针衬垫圆纬机的编织工艺。

该机器与普通的单面多针道圆纬机除了在织针三角和沉降片三角的设计有所差异外,还采用了双片颚的沉降片,如图 3-37 所示,其中 1 和 2 分别是上片颚和下片颚,3 和 4 分别是上片喉和下片喉。由于添纱衬垫组织采用面纱、地纱和衬垫纱三根纱线编织,因此编织一个横列需要三个编织系统。

图 3-37　双片颚沉降片

图 3-38 表示了这类针织机编织添纱衬垫组织时的走针轨迹和成圈过程,织针 A、导纱器 B、沉降片 C、衬垫纱 D、面纱 E 和地纱 F 的配置如图中(1)所示。编织过程如下:

1. 衬垫纱垫入针前与针后(第一编织系统)

根据垫纱比的要求,部分织针在三角的选择下上升,当衬垫比为 1:2 时,则 1、4、7…织针上升,如图(1)中实线织针轨迹 I 中 1 的位置,其余的织针不上升,如图(1)中虚线织针轨迹 II。织针 1、4、7…上升的高度以及衬垫纱 D 垫入上升织针 I 的针前(为了形成悬弧)如图(2)所示。接着,沉降片向针筒中心运动,借助上片喉将衬垫纱纱段推至针后,织针 1、4、7…继续上升,旧线圈和衬垫纱从针钩移到针杆上,如图(3)所示,此时织针 1、4、7…的高度如图(1)中轨迹 I 上 2 的位置。当织针 1、4、7…从图(1)中轨迹 I 上位置 1 上升至位置 2 时,其余织针也在上升,从而使衬垫纱纱段处于这些织针的针后(为了形成浮线),其余织针的上升高度如图(1)中虚线轨迹所示。

2. 垫入面纱(第二编织系统)

两种高度的织针随针筒的回转,在三角的作用下,下降至图(1)中轨迹 I 上 3 的位置,使面纱 E 垫入,如图(4)所示。所有的织针继续下降至图(1)中轨迹 I 上 4 的位置,织针 1、4、7…上的衬垫纱 D 脱落在面纱 E 上,并搁在沉降片的上片颚上,如图(5)所示。

3. 垫入地纱并成圈(第三编织系统)

针筒继续回转,所有的织针再次上升至图(1)中轨迹 I 上 5 的位置,此时面纱 E 形成的圈弧仍然在针舌上,然后垫入地纱 F,如图(6)所示。随着针筒的回转,所有的织针下降至图(1)中轨迹 I 上 6 的位置,此时织针、沉降片与三种纱线的相对关系如图(7)所示。当所有织针继

图 3-38 添纱衬垫组织的编织过程

续下降至图(1)中轨迹Ⅰ上 7 的位置时,织针下降到最低点,针钩将面纱和地纱一起在沉降片的下片颚上穿过旧线圈,形成新线圈,这时衬垫纱就被夹在面纱和地纱之间,如图(8)所示,至此一个横列编织完成。

在成圈过程中,织针和沉降片分别按图(2)～(8)中箭头方向运动。当织针再次从图(8)所示的位置上升,沉降片重新向左运动,这时成圈过程又回到图(2)的位置,继续下一个横列的编织。

按照上述方法编织添纱衬垫组织时,由于衬垫纱脱落在面纱上,即衬垫纱被面纱束缚,因此面纱的线圈长度要大于地纱,这样可以减少衬垫纱在织物正面的露出。一般面纱的线圈长度是地纱的 1.1～1.2 倍。

平针衬垫组织编织一个横列需两个成圈系统,衬垫纱与地纱可以依次在第一、二系统或第二、一系统垫入;编织工艺除了少了第二步垫入面纱外,其余过程与添纱衬垫组织相似。

第五节　衬纬组织与编织工艺

一、衬纬组织的结构

衬纬组织是在纬编基本组织、变化组织或花色组织的基础上,沿纬向衬入一根不成圈的辅助纱线而形成的,图 3-39 所示的是在罗纹组织基础上衬入了一根纬纱。衬纬组织一般多为双面结构,纬纱夹在双面织物的中间。

二、衬纬组织的特性与用途

衬纬组织的特性除了与地组织有关外,还取决于纬纱的性质。若采用弹性较大的纱线作为纬纱,将增加织物的横向弹性,可编织圆筒形弹性织物来制作无缝内衣、袜品、领口、袖口等产品。但弹性纬纱衬

图 3-39　衬纬组织结构

纬织物不适合加工裁剪缝制的服装,因为一旦坯布被裁剪,不成圈的弹性纬纱将回缩。如果要生产裁剪缝制的弹性针织坯布,一般弹性纱线以添纱方式成圈编织。

当采用非弹性纬纱时,衬入的纬纱被线圈锁住,可形成结构紧密厚实、横向尺寸稳定延伸度小的织物,适宜制作外衣。若衬入的纬纱处于正、反面的夹层空隙中,该组织称为绗缝织物。由于夹层空隙中贮存了较多空气,故这种织物保暖性较好。

三、衬纬组织的编织工艺

编织衬纬组织的关键是将纬纱仅喂入到上、下织针的背面,使其不参加编织,纬纱被夹在圈柱中。图 3-40 显示了编织方法。图中(1)的 1、2 是上、下织针运动轨迹。地纱 3 穿在导纱器 4 的导纱孔内,喂入到织针上进行编织。纬纱 5 穿在专用的衬纬导纱器 6 内,喂入到上、下织针的针背一面。由于上、下织针在起针三角作用下,出筒口进行退圈,从而把纬纱夹在上、下织针的针背面,使其不参加编织,如图中(2)所示。有些双面针织机没有专用的衬纬导纱器 6,可选用上一系统的导纱器作为衬纬导纱器,但导纱器的安装需适应衬纬的要求,同时这一系统上、下织针应不参加编织。

(1)　　　　　　　　　　　(2)

图 3-40　衬纬组织编织方法

第六节 毛圈组织与编织工艺

一、毛圈组织的结构与分类

毛圈组织是由平针线圈和带有拉长沉降弧的毛圈线圈组合而成的一种花色组织。毛圈组织一般由两或三根纱线编织而成,一根编织地组织线圈,另一根或两根编织带有毛圈的线圈。毛圈组织可分为普通毛圈和花式毛圈两类,并有单面毛圈和双面毛圈之分,其中双面毛圈可以是在单面组织(如平针等)或双面组织(如罗纹等)基础上在织物两面形成毛圈,前者应用较多。

(一) 普通毛圈组织

普通毛圈组织是指每一个毛圈线圈的沉降弧都被拉长形成毛圈。图3-41所示即为普通毛圈组织,其地组织为平针组织。通常把在每一成圈系统每根针都将地纱和毛圈纱编织成圈而且使毛圈线圈形成拉长的沉降弧的结构称为满地毛圈。它能得到最密的毛圈,毛圈通过剪毛以后形成天鹅绒织物,是一种应用广泛的毛圈组织。而非满地毛圈并不是每一个毛圈线圈都有拉长的沉降弧。

图3-41 普通毛圈组织结构

一般普通的毛圈组织,地纱线圈显露在织物正面并将毛圈纱的线圈覆盖,这可防止在穿着和使用过程中毛圈纱被从正面抽出,尤其适合于要对毛圈进行剪毛处理的天鹅绒织物。这种毛圈组织俗称正包毛圈,如图3-42(1)所示,其中1表示地纱,2表示毛圈纱。如果采用特殊的编织技术,也可使毛圈纱2的线圈显露在织物正面,将地纱1线圈覆盖住,而织物反面仍是拉长沉降弧的毛圈,这种结构俗称反包毛圈,如图3-42(2)所示。在后整理工序,可对反包毛圈正反两面的毛圈纱进行起绒处理,形成双面绒织物。

图3-43所示为在单面平针地组织基础上形成的双面毛圈组织,该组织由三根纱线编织而成,纱线1编织地组织,纱线2形成正面毛圈,纱线3形成反面毛圈。

(1)   (2)

图3-42 正包与反包毛圈的结构

图3-43 双面毛圈组织结构

(二) 花式毛圈组织

花式毛圈组织是指通过毛圈形成花纹图案和效应的毛圈组织。可分为提花毛圈组织,高度不同的毛圈组织等。

1. 提花毛圈组织

提花毛圈组织是指通过选针或选沉降片装置,使毛圈纱根据花纹要求在某些线圈上形成拉长的沉降弧即毛圈,它可以是满地提花毛圈(每个线圈上都有毛圈)或非满地提花毛圈(部分线圈上有毛圈)结构。

满地提花毛圈通过选针来编织,通常具有多色,并可经过剪毛形成提花天鹅绒。非满地提花毛圈通过选沉降片或选针来编织,一般为单色(也可多色),可以在织物表面形成凹凸(浮雕)花纹。图 3-44 所示为凹凸毛圈花纹示意图,图中 1 表示有毛圈线圈(凸出),2 表示平针线圈(凹进)。

图 3-44　凹凸毛圈花纹示意图

图 3-45　高低毛圈花纹示意图

2. 两种不同高度的毛圈组织

这种毛圈组织形成花纹的原理与凹凸毛圈相似,所不同的是凹凸毛圈组织中平针线圈由较低的毛圈来代替,这样形成了两种不同高度的毛圈。它与普通毛圈相似,但具有高、低毛圈形成的花纹效应,如图 3-45 所示。

二、毛圈组织的特性与用途

由于毛圈组织中加入了毛圈纱线,因此织物较普通平针组织紧密。但在使用过程中,由于毛圈松散,在织物的一面或两面容易受到意外的抽拉,使毛圈产生转移,这就破坏了织物的外观。因此,为了防止毛圈意外抽拉转移,可将织物编织得紧密些,增加毛圈转移的阻力,并可使毛圈直立。同时,地纱使用回弹较好的低弹加工丝,以帮助束缚毛圈纱线。

毛圈组织还具有添纱组织的特性,为了使毛圈纱与地纱具有良好的覆盖关系,毛圈组织应遵循添纱组织的编织条件。

毛圈组织经剪毛或起绒后可形成天鹅绒或双面绒织物。毛圈组织具有良好的保暖性与吸湿性,产品柔软和厚实,适用制作内衣、睡衣、浴衣、休闲服等服装,以及毛巾毯、窗帘、汽车座椅套等装饰和产业用品等。

三、毛圈组织的编织工艺

(一) 普通毛圈的编织

编织普通毛圈组织时,所垫入的毛圈纱在每一线圈上都形成毛圈。因此,织针或沉降片都不需要经过选择。

1. 正包毛圈的编织

图 3-46 所示为一种毛圈针织机编织正包毛圈时的织针与沉降片运动轨迹,图 3-47 为编织原理图。下面结合这两张图来说明正包毛圈的编织工艺。

图 3-46　编织正包毛圈时的织针与沉降片运动轨迹

　　毛圈组织的线圈由地纱和毛圈纱构成。与添纱组织相似，它需要两个导纱孔的导纱器喂入纱线。如图 3-47(1)所示，其中地纱 1 的垫入位置较低，毛圈纱 2 的垫入位置较高；且在图 3-46中位置 A 沉降片向针筒中心挺进(黑实线)，借助于片喉推动新垫入的地纱，使地纱比毛圈纱与更靠近针背。这样，在沉降片片颚上弯纱的地纱形成平针线圈，在沉降片片鼻上弯纱的毛圈纱的沉降弧被拉长形成毛圈，并使地纱保持在靠近针背，而毛圈纱靠近针钩，如图 3-47(2)所示。这样成圈后，就可使地纱线圈显露在织物正面，并覆盖住毛圈纱线圈。

图 3-47　正包毛圈编织原理

　　在毛圈针织机上，片鼻上沿至片颚上沿的垂直距离 h 称为沉降片片鼻的高度。若要改变毛圈的高度，则需要更换不同片鼻高度的沉降片。毛圈针织机一般都配备了一系列片鼻高度不同的沉降片，供生产时选用。

　　2. 反包毛圈的编织

　　图 3-48 所示为一种毛圈针织机编织反包毛圈时的织针与沉降片运动轨迹，图 3-49 为编织原理图。下面结合这两张图来说明反包毛圈的编织工艺。

图 3-48　编织反包毛圈时的织针与沉降片运动轨迹

如图 3-49(1)所示,其中地纱 1 的垫入位置较低,毛圈纱 2 的垫入位置较高;且在图 3-48 中位置 A 沉降片不向针筒中心挺进(黑实线),此外需要采用图 3-49(2)所示的针钩呈内偏后椭圆形状的舌针,使毛圈纱在针钩中靠近针背。这样,在沉降片片鼻上弯纱的毛圈纱的沉降弧被拉长形成毛圈,并保持在靠近针背,而在沉降片片颚上弯纱的地纱形成平针线圈并靠近针钩,如图 3-49(3)所示。这样成圈后,就可使毛圈纱线圈显露在织物正面,并覆盖住地纱线圈。

图 3-49　反包毛圈编织原理

(二) 提花毛圈的编织

1. 满地提花毛圈的编织

这里介绍的是两色满地提花毛圈的编织方法,它采选针、双沉降片和预弯纱技术。其基本原理是地纱和各色毛圈纱先分别单独预弯纱,最后一起穿过旧线圈,形成新线圈。

图 3-50 所示为双沉降片的结构,其中 1 为毛圈沉降片,2 为握持沉降片,它们相邻插在同一片槽中,并受两个不同的沉降片三角控制其运动轨迹。织针受专门的选针机构控制。

图 3-50　提花毛圈的双沉降片结构　　　图 3-51　织针与双沉降片的运动轨迹

图 3-51 为编织两色提花毛圈组织时织针与双沉降片的运动轨迹及其配合。X 表示一个完整的编织区域,区段 G_1,H_1 和 H_2 分别为地纱和两根毛圈纱的喂入与编织系统,其中 $G_{1.1}$ 和 $G_{1.X}$ 分别是织针的退圈和脱圈区域。织针 1 作上下和水平(圆周)运动,箭头 16 表示向上的

方向,箭头 15 为水平运动的方向,2 则是织针的运动轨迹。握持沉降片 4 和毛圈沉降片 9 除了作径向运动外,还与织针同步水平(圆周)运动,箭头 17 和 18 为半径方向并指向针筒外侧,5 和 10 分别表示握持沉降片 4 和毛圈沉降片 9 的运动轨迹,6、7、8 分别为握持沉降片 4 的片鄂、片鼻边沿和片喉,11 和 12 分别为毛圈沉降片 9 的上边沿和片鼻,3 为针筒筒口展开线。

该提花毛圈的编织过程如图 3-52 所示。

图 3-52 提花毛圈的编织过程

(1) 起始位置。如图中(1)所示(对应于图 3-51 中的位置 A),此时织针 1 的针头大约与握持沉降片 4 的片颚 6 相平齐。

(2) 垫入地纱。如图中(2)所示(对应于图 3-51 中的位置 B),所有织针上升到退圈最高点,地纱 2 通过导纱器 3 垫入针钩,握持沉降片 4 略向针筒中心移动以握持住旧线圈。而毛圈沉降片 9 向外退出为导纱器让出空间。

(3) 地纱预弯纱。如图中(3)所示(对应于图 3-51 中的位置 C),织针结束下降,旧线圈 5 将针舌关闭,但不脱圈,这相当于集圈位置。在织针下降过程中,地纱 2 搁在握持沉降片 4 的片鼻边沿 7 上预弯纱,使线圈达到后来地组织中所需长度。与此同时,毛圈沉降片 9 向中心运动,用片鼻 12 握持住预弯纱的地纱 2。

(4) 被选中的针垫入第一色毛圈纱。如图中(4)所示(对应于图 3-51 中的位置 D),在随后的毛圈纱编织系统 H_1 中,选针器根据花纹选针,被选中的织针上升被垫入第一色毛圈纱 10,此时地纱 2 夹在握持沉降片边沿 7 与毛圈沉降片片鼻 12 之间,而旧线圈被片喉 8 握持。此系统未被选中的织针不上升,不垫入毛圈纱,如图中(5)所示(对应于图 3-51 中的位置 D')。

(5) 第一色毛圈纱预弯纱。如图中(6)所示(对应于图 3-51 中的位置 E),织针下降钩住毛圈纱 10,使其搁在毛圈沉降片 9 的边沿 11 上预弯纱,形成毛圈;此时,预弯纱的地纱 2 在张力作用下被握持在毛圈沉降片片鼻 12 之下。弯纱结束时,毛圈沉降片 9 略向外退,使毛圈纱搁在片鼻 12 的边沿 13 上,如图中(7)所示(对应于图 3-51 中的位置 F),织针再次处于"集圈"位置。

(6) 第一次未被选中的织针垫入第二色毛圈纱。如图中(8)所示(对应于图 3-51 中的位置 G),在毛圈纱编织系统 H_2 中,再次进行选针,将在系统 H_1 中未被选中的织针选中使其上升退圈,并被垫入第二色毛圈纱 14,毛圈沉降片 9 略向针筒中心移动,将第一色毛圈纱 10 推向针背。此系统未选中的织针不上升,预弯纱的地纱 2 搁持在握持沉降片边沿 7 上,第一色毛圈纱 10 搁持在片鼻 12 的边沿 13 上,如图中(9)所示(对应于图 3-51 中的位置 G')。

(7) 第二色毛圈纱预弯纱。如图中(10)所示(对应于图 3-51 中的位置 H),织针下降,第二色毛圈 14 纱搁持在毛圈沉降片的上边沿 11 上预弯纱形成毛圈。随着针的下降,毛圈沉降片 9 略向外退,使毛圈纱从上边沿 11 移到片鼻 12 的边沿 13,如图中(11)所示(对应于图 3-51 中的位置 J)。

(8) 旧线圈脱在预弯纱的地纱和毛圈上形成新线圈。如图中(12)所示(对应于图 3-51 中的位置 K),在下一编织系统的 $G_{1,x}$ 区域,两片沉降片向外运动,放松预弯纱的地纱 2 和毛圈纱 10 及 14;织针下降,钩住这些纱线穿过位于握持沉降片片颚 6 上的旧线圈 5,形成封闭的新线圈。

上述方法编织的提花毛圈织物,每一横列的毛圈由两种颜色的毛圈互补形成。采用这种技术最多可以编织 12 色的满地提花毛圈。

2. 凹凸提花毛圈的编织

这可以通过沉降片选择装置来实现,它能对每一片沉降片进行选择。图 3-53 显示了凹凸提花毛圈的编织原理。根据花纹要求被选中的沉降片沿径向朝针筒中心(箭头方向)推进,使地纱 1 和毛圈纱 2 分别搁在沉降片的片颚和片鼻上弯纱,毛圈纱 2 形成了拉长的沉降弧即毛圈,如图 3-5 中(1)所示。而没被选中的沉降片不被推进,毛圈纱 2 与地纱 1 一样搁在沉降片片颚上弯纱,不形成毛圈,如图 3-5 中(2)所示。

(1)

(2)

图 3-53　凹凸提花毛圈的编织原理

第七节 调线组织与编织工艺

一、调线组织的结构

调线组织学名又称横向连接组织。它是在编织过程中轮流改变喂入的纱线,用不同种类的纱线组成各个线圈横列的一种纬编花色组织。图 3-54 显示了利用三种纱线轮流喂入进行编织而得到的以平针为基础的调线组织。调线组织的外观效应取决于所选用的纱线的特征。例如,最常用的是不同颜色的纱线轮流喂入,可得到彩色横条纹织物。还可以用不同细度的纱线轮流喂入,得到凹凸横条纹织物;用不同光泽纤维的纱线轮流喂入,得到不同反光效应的横条纹织物等。

调线组织可以在任何纬编组织的基础上得到。如单面的平针组织、衬垫组织、毛圈组织、提花组织等,双面的罗纹组织、双罗纹组织、提花组织等。

图 3-54　调线组织的结构

二、调线组织的特性与用途

由于调线组织在编织过程中线圈结构不起任何变化,故其性质与所采用的基础组织相同。调线组织可以形成彩横条、凹凸横条纹等效应。

调线组织常用于生产针织 T 恤衫、运动衣面料及休闲服饰等。

三、调线组织的编织工艺

(一) 调线组织的基本编织方法

在普通圆纬机上,只要按一定的规律,对各个成圈系统的导纱器分别穿入多种色纱中的一种,就可编织出具有彩横条外观的调线织物。但由于普通圆纬机各个成圈系统只有一个导纱器,一般只穿一根色纱,成圈系统数量也有限,所以织物中一个彩横条相间完全组织的横列数也不可能很多。例如对于成圈系统数达 150 路的圆纬机来说,所能编织的彩横条完全组织最多不超过 150 横列。

如果每一成圈系统装有多个导纱器,每个导纱器穿一种色纱,编织每一横列时,各系统可根据花型要求选用其中某一个导纱器进行垫纱,则可扩大彩横条完全组织的横列数。目前编织调线组织的圆纬机上,每一成圈系统安装的调线装置一般有几个可供调换的导纱指(即导纱器),每一导纱指可穿上不同色泽或种类的纱线进行编织。常用的是四色或六色调线装置,即每一成圈系统有四个或六个可供调换的导纱指。下面以某种四色调线装置为例说明其工作原理。

(二) 四色调线装置的工作原理

调线装置分机械控制和电脑控制两类,后者具有花型变换快和方便、完全组织不受限制等优点,目前被普遍采用。

整个系统包括电脑控制器与调线控制装置两大部分。电脑控制器上装有键盘和显示器,可以调用或编辑电脑中存贮的花型,也能输入新的花型。通过一个与针筒同步回转的信号传送器将贮存在电脑控制器中的花型程序传送给有关的导纱指变换电磁铁,进行调线。

每一调线装置有四个可变换的导纱指。对每一导纱指的控制方式为:导纱指随同关闭的夹线器和剪刀从基本位置被带到垫纱位置,又随同张开的夹线器和剪刀被带回基本位置。导纱指、夹线器和剪刀是主要的工作机件。

下面通过图 3-55 来说明在普通圆纬机上的调线过程。

图 3-55　调线过程

1. 带有纱线 A 的导纱指处于基本位置

如图中(1)所示,导纱机件 2 与带有剪刀 4 和夹线器 5 的导纱指 3 处于基本位置。纱线 A 穿过导纱机件 2、导纱指 3 和导纱器 1 垫入针钩。此时导纱机件 2 处于较高位置,剪刀 4 和夹线器 5 张开。

2. 带有纱线 B 的导纱指摆向针背

如图中(2)所示,另一导纱指 7 带着夹线器 9、剪刀 8 和纱线 B 摆向针背。

3. 带有纱线 B 的导纱指进入垫纱位置

如图中(3)所示,带着夹线器 9、剪刀 8 和纱线 B 的导纱指 7 与导纱机件 6 一起向下运动,进入垫纱位置。纱线 B 进入约 6 至 10 mm 宽的不插针区域[图中(5),其为局部区域俯视图],为垫纱做准备。

4. 完成调线

如图中(4)所示,当纱线 B 在调线位置被可靠地编织了二三针后,夹线器 9 和剪刀 8 张开,放松纱端。在基本位置的导纱指 3 上的夹线器 5 和剪刀 4 关闭,握持纱线 A 并将其剪断。至此调线过程完成。

该四色调线装置除了可用于普通单面和双面圆纬机上编织横条纹织物外,还能安装在电脑提花圆机等针织机上,生产提花加横条纹等结构的坯布。

第八节 绕经组织与编织工艺

一、绕经组织的结构

绕经组织是在某些纬编单面组织的基础上,引入绕经纱的一种花色组织。绕经纱沿着纵向垫入,并在织物中呈线圈和浮线。绕经组织织物也俗称为吊线织物。

图 3-56 所示的是在平针组织基础上形成的绕经组织。绕经纱 2 所形成的线圈显露在织物正面,反面则形成浮线。图中 I 和 II 分别是绕经区和地纱区。地纱 1 编织一个完整的线圈横列后,绕经纱 2 在绕经区被选中的织针上编织成圈,同时地纱 3 在地纱区的织针上以及绕经区中没有垫入绕经纱的织针上编织成圈,绕经纱 2 和地纱 3 的线圈组成了另一个完整的线圈横列。按此方法循环便形成了绕经组织。

(1) 单针绕经　　　　　　　　(2) 多针绕经

图 3-56　绕经组织的结构

二、绕经组织的特性与用途

由于绕经组织中引入了沿着纵向分布的绕经纱,从而使织物的纵向弹性和延伸性有所下降,纵向尺寸稳定性有所提高。

一般的纬编组织难以产生纵条纹效应,利用绕经结构,并结合不同颜色、细度和种类的纱线,可以方便地形成色彩和凹凸的纵条纹,再与其他花色组织结合,可形成方格等效应。绕经组织除了用作 T 恤、休闲服饰等面料外,还可生产装饰织物。

三、绕经组织的编织工艺

编织绕经织物的圆纬机,三个成圈系统为一组(一个循环),分为地纱系统,绕经纱系统和辅助系统,分别编织如图 3-56 所示的地纱 1、绕经纱 2 和地纱 3。地纱和辅助系统均采用固定的普通导纱器,绕经纱导纱装置(俗称吊线装置)随针筒同步回转,并配置在绕经区附近,将纵向喂入的花色经纱垫绕在被选中的织针上,如图3-57所示。为了进行供纱,绕经圆纬机的绕经纱筒子安放在针筒上方并随针筒同步回转的纱架上,而地纱筒子则与一般的圆纬机一样,安放在固定的纱架上。

　　针筒上织针的排列分为地组织区和绕经区。该机采用的织针如图3-58所示,共有五种不同踵位的织针(用数字0～4来代表),每一根织针有一个压针踵5和一个起针踵(0～4)。每一成圈系统有五档高度不同的可变换三角(可在成圈、集圈或不编织三种三角中进行变换),即五针道,以控制五种不同踵位的织针。

　　图3-59表示某一循环的3个成圈系统A、B和C的走针轨迹。在地纱系统A,五档高度不同的三角均为成圈三角,0～4号织针都被选中,垫入地纱成圈。在绕经系统B,最低档的三角为成圈三角,其余各档为不编织三角,因此0号织针被选中垫入绕经纱成圈,而1～4号织针未被选中不编织。在辅助系统C,最低档的三角为不编织三角,其余各档

图3-57　经纱的垫绕

为成圈三角,因此0号织针未被选中不编织,而1～4号织针被选中垫入地纱成圈。这样经过三个系统一个循环,编织了两个横列。如绕经纱采用与地纱不同的颜色,则可以形成彩色纵条纹。除此之外,也可根据结构和花型的要求,按一定规律配置变换三角,使0～4号织针在三个系统中进行成圈、集圈或不编织。

图3-58　织针的构型

图3-59　一组成圈系统的走针轨迹

　　绕经组织的每一花型宽度包括绕经区和地纱区。绕经区取决于一个绕经导纱器所能垫纱的最大针数。地纱区由两个绕经导纱器或两个绕经区之间的针数决定。绕经区和地纱区的总针数不变,如果绕经区针数减少,则地纱区针数相应增加。例如对于机号E28的圆纬机来说,花宽为24针,其中绕经纱垫纱的最大宽度为12针。

　　绕经装置既可以安装在多针道变换三角圆纬机上单独使用,还能与四色调线装置、其它选针机构相结合,生产出花型多样的织物。

第九节　嵌花组织与编织工艺

一、嵌花组织的结构

嵌花组织学名又称纵向连接组织。它是把不同色纱编织的区域(即色块),沿纵行方向相

图 3-60　嵌花织物结构

互连接起来形成的一种织物,每一色块由一根纱线编织而成。图3-60所示为嵌花织物的结构。

为了把一个横列中各色纱所编织的线圈(即各个色块之间)连接起来,在色块边缘可采用集圈、添纱和双线圈等方式加以连接。在电脑横机上编织单面嵌花织物一般都采用集圈的方式进行连接。

二、嵌花组织的特性与用途

嵌花织物所采用的基础组织可为单面或双面纬编组织,以单面嵌花织物应用较多。由于在编织过程中线圈结构不起任何变化,故嵌花织物的性质与所选用的基础组织相同,仅在各色块相互连接处略有不同。

单面嵌花织物由于反面没有浮线又称为单面无虚线提花织物,因其花纹清晰,用纱量少,常用于生产高档羊毛衫等产品。

三、嵌花组织的编织工艺

嵌花组织可以在嵌花圆纬机以及横机上编织,目前普遍采用后一种针织设备进行生产。

嵌花组织是由几种不同色纱依次编织同一横列线圈形成的,这些纱线按照花型要求分别垫放到相应的针上。编织嵌花织物的关键是分区垫纱,每一色块都由各自的一把导纱器定位在一定区域,对部分织针垫纱进行编织。图3-61显示了在横机上采用定位块控制导纱器运动范围,编织嵌花织物的基本原理。图中共有A、B、C、D四个色块,每一色块都有自己的导纱器,在四条导轨1、2、3、4上往复横移,对各自区域的织针进行垫纱,经机头的三角作用进行成圈。在导轨1上,导纱器A在定位块A_1和A_2之间横移垫纱;在导轨2上,导纱器B在定位块B_1和B_2之间横移垫纱;导纱器C与D的工作原理与A和B相同。导纱器定位块可受控运动,其移动位置取决于嵌花花型。

在具有嵌花导纱器的电脑横机上编织时,电脑程序控制的各个嵌花导纱器(衣片横向具有多少色块就需要多少把嵌花导纱器)的横移运动,分别对各个区段的织针(每一色纱对应了一个区段的若干枚织针)垫纱,经机头的三角作用完成成圈编织。

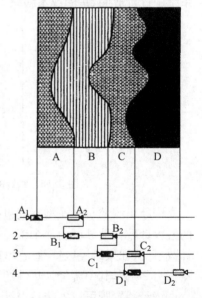

图 3-61　嵌花织物的基本编织原理

第十节　长毛绒组织与编织工艺

一、长毛绒组织的结构与分类

凡在编织过程中用纤维束或毛纱与地纱一起喂入而编织成圈,同时纤维(如为毛纱需要割断)以绒毛状附在针织物表面的组织,称为长毛绒组织。它一般是在纬平针组织的基础上形成,纤维的头端突出在织物的反面形成绒毛状,如图3-62所示。

图3-62　长毛绒组织的结构　　图3-63　1隔1选针编织的长毛绒织物结构

　　根据纤维束喂入的形式,长毛绒组织可分为毛条喂入式和毛纱割圈式两类,每一类又有普通长毛绒和花色(提花或结构花型)长毛绒。图3-62所示为普通长毛绒组织,在每个地组织线圈上均分布有纤维束。花色长毛绒是按照花型要求进行选针编织。图3-63所示的是一种花色长毛绒结构,通过1隔1的选针,在一个横列中,被选中的织针形成附有纤维束的线圈1,而未被选中的织针不成圈形成浮线2。这种长毛绒结构存在较多的浮线,可以增加织物在横向的尺寸稳定性。

二、长毛绒组织的特性与用途

　　长毛绒组织可以利用各种不同性质的纤维进行编织,由于喂入纤维的长短与粗细有差异,使纤维留在织物表面的长度不一,因此可以形成毛干和绒毛两层,毛干较长较粗呈现在织物表面,绒毛较短较细处于毛干层下面紧贴地组织,这种结构接近于天然毛皮而有"人造毛皮"之称。

　　长毛绒织物手感柔软,保暖性和耐磨性好,可仿制各种天然毛皮,单位面积重量比天然毛皮轻,而且不会虫蛀。因而在服装、动物玩具、拖鞋、装饰织物等方面有许多应用。

三、长毛绒组织的编织工艺

(一) 毛条喂入式长毛绒组织的编织

　　在采用舌针与沉降片的单面圆纬机上编织这种长毛绒组织时,每一成圈系统需附加一套纤维毛条梳理喂入装置,将纤维喂入织针,以便形成长毛绒。

　　图3-64(1)和(2)分别显示了纤维毛条梳理装置和纤维束的喂入。毛条梳理装置由一对输入辊1和3、梳理辊4和表面带有钢丝的滚筒5组成。输入辊1和3牵伸纤维毛条2并将其输送给梳理辊4,后者的表面线速度大于前者,使纤维伸直并平行均匀排列。借助于特殊形状的钢丝6,滚筒5从梳理辊4上取出纤维束8,并将其梳

(1)　　　　　　　　(2)

图3-64　毛条梳理装置与纤维束的喂入

入退圈织针 7 的针钩。毛条输入辊 1 和 3 的速度可电子无级调节,这样能调整梳理辊 4 和滚筒 5 上的纤维数量与密度,从而控制梳给每一根织针的纤维数量。

毛条喂入式长毛绒组织的编织过程如图3-65所示。当针钩勾取纤维束后,针头后上方装有一只吸风管(图中 A),利用气流吸引力将未被针钩勾住而附着在纤维束上的散乱纤维吸走,并将纤维束吸向针钩,使纤维束的两个头端靠后,呈"V"字形紧贴针钩(图中针 1、2、3、4),以利编织。当织针进入垫纱成圈区域时,针逐渐下降(图中针

图 3-65　毛条喂入式长毛绒组织的编织过程

5、6、7),从导纱器 B 中喂入地纱。此时,为使地纱始终处于长毛绒织物的工艺正面,地纱垫于纤维束下方,两者一起编织成圈,纤维束的两个头端露在长毛绒组织的工艺反面,形成毛绒。

为了生产提花或结构花型的长毛绒织物或是这两者的组合,可通过电子选针装置,对经过每一纤维束梳入区的织针进行选针,使选中的织针退圈并勾取相应颜色的纤维束。

(二) 毛纱割圈式长毛绒组织的编织

编织这种组织,需要在配置针筒和针盘的双面圆纬机上进行。图 3-66 显示了织针的构型,针盘针 1 与普通的舌针没有区别,针筒针 2 上有一刀刃 3,可以将垫入针钩的毛纱割断,故又称为"刀针",由于刀针 2 上没有针舌,所以它不能成圈。

图 3-67 显示了该组织一个横列的编织方法。下刀针有高踵 A 和低踵 B 两种,在针筒中呈间隔排列。由于喂入下刀针的毛纱比喂入上针的地纱要粗,所以下针筒针距是上针盘针距的一倍。上针有高 C、中 D、低 E 三种踵位,按照图示排列在针盘中。下三角分高低两档,上三角分高、中、低三档,分别控制对应的织针。

图 3-66　织针的构型　　图 3-67　毛纱割圈式长毛绒组织的编织方法　　图 3-68　调整筒口距离

在第 1 系统,被选中的下刀针 A 和上针 C 被垫入第一根毛纱,但是不成圈,形成悬弧。在第 2 系统,被选中的下刀针 B 和上针 D 被垫入第二根毛纱,也不成圈和形成悬弧。在第 3 系统,所有上针垫入地纱并成圈,形成平针地组织。在第 4 系统,所有下刀针上升,将握持在针钩中呈悬弧的毛纱割断,从而使毛纱成为纤维束附着在地组织的部分线圈上。按照上述方法循

环,可以编织出后续横列。

若要改变织物中毛绒(纤维束)的长度,可以调整该针织机的筒口距离 h(上针盘口与下针筒口的间距),如图 3-68 所示,使喂入毛纱的悬弧长度发生变化,h 值一般在 4～30 mm 范围内。

<h1 style="text-align:center">第十一节 移圈组织与编织工艺</h1>

一、移圈组织的结构与分类

凡在编织过程中,通过转移线圈部段形成的织物称为移圈组织。通常,根据转移线圈纱段的不同,将移圈组织分为二类:在编织过程中转移线圈针编弧部段的组织称为纱罗组织,而在编织过程中转移线圈沉降弧部段的组织称为菠萝组织。由于纱罗组织应用较多,习惯上将其称为移圈组织。

(一) 纱罗组织

纱罗组织是在纬编基本组织的基础上,按照花纹要求将某些针上的针编弧进行转移,即从某一纵行转移到另一纵行。根据地组织的不同,纱罗组织可分为单面和双面两类。利用地组织的种类和移圈方式的不同,可在针织物表面形成各种花纹图案。

1. 单面纱罗组织

图 3-69 为一种单面网眼纱罗组织。移圈方式按照花纹要求进行,可以在不同针上以不同方式进行移圈,形成具有一定花纹效应的孔眼。例如:图中第Ⅰ横列,针 2、4、6、8 上的线圈转移到针 3、5、7、9 上;第Ⅱ横列中的 2、4、6、8 针将在空针上垫纱成圈,在织物表面,那些纵行暂时中断,从而形成孔眼。

图 3-69　单面网眼纱罗组织

图 3-70　单面绞花纱罗组织

图 3-70 为一种单面绞花纱罗组织。移圈是在部分针上相互进行的,移圈处的线圈纵行并不中断,这样在织物表面形成扭曲状的花纹纵行。

2. 双面纱罗组织

双面纱罗组织可以在针织物一面进行移圈,即将一个针床上的某些线圈移到同一针床的相邻针上;也可以在针织物两面进行移圈,即将一个针床上的线圈移到另一个针床与之相邻的针上,或者将两个针床上的线圈分别移到各自针床的相邻针上。

图 3-71 显示了正面线圈纵行 1 上的线圈 3 被转移到另一个针床相邻的针(反面线圈纵行

2)上,呈倾斜状态,形成开孔 4。图 3-70 所示为在同一针床上进行移圈的双面纱罗组织。在第 I 横列,将同一面两个相邻线圈朝不同方向转移到相邻的针上,即针 5、针 7 上的线圈分别转移到针 3、针 9 上。在第 II 横列,将针 3 上的线圈转移到针 1 上。在以后若干横列中,如果使移去线圈的针 3、针 5、针 7 不参加编织,而后再重新成圈,则在双面针织物上可以看到一块单面平针组织区域,这样在针织物表面就形成凹纹效应。而在两个线圈合并的地方,产生凸起效应,从而使织物的凹凸效果更明显。

图 3-71　一个针床向另一针床移圈的双面纱罗组织

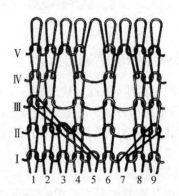

图 3-72　同一针床移圈的双面纱罗组织

(二)菠萝组织

菠萝组织是新线圈在成圈过程中同时穿过旧线圈的针编弧与沉降弧的纬编花色组织。菠萝组织编织时,必须将旧线圈的沉降弧套到针上,使旧线圈的沉降弧连同针编弧一起脱圈到新线圈上。

图 3-73　菠萝组织的结构图

图 3-74　在 2+2 罗纹基础上转移沉降弧

菠萝组织可以在单面组织的基础上形成,也可以在双面组织的基础上形成。图 3-73 是以平针组织为基础形成的一种菠萝组织,其沉降弧可以转移到右边针上(图中 a),也可以转移到左边针上(图中 b),还可以转移到左右相邻的两枚针上(图中 c)。图 3-74 是在 2+2 罗纹基础上转移沉降弧的菠萝组织,两个纵行 1 之间的沉降弧 2 转移到相邻两枚针 1 上,形成孔眼 3。

二、移圈组织的特性与用途

移圈组织可以形成孔眼、凹凸、纵行扭曲等效应，如将这些结构按照一定的规律分布在针织物表面，则可形成所需的花纹图案。移圈织物一般透气性较好。

纱罗组织的线圈结构，除在移圈处的线圈圈干有倾斜和两线圈合并处针编弧有重叠外，一般与它的基础组织并无多大差异，因此纱罗组织的性质与它的基础组织相近。

纱罗组织的移圈原理可以用来编织成形针织物、改变针织物组织结构以及使织物由单面编织改为双面编织或由双面编织改为单面编织。

菠萝组织针织物的强力较低，因为菠萝组织的线圈在成圈时，沉降弧是拉紧的，当织物受到拉伸时，各线圈受力不均匀，张力集中在张紧的线圈上，纱线容易断裂，使织物表面产生破洞。

移圈组织的应用以纱罗组织占大多数，主要用于生产毛衫、妇女时尚内衣等产品。

三、移圈组织的编织工艺

(一) 纱罗组织的编织

纱罗组织既可以在圆机上也可以在横机上编织。在圆机上编织纱罗组织，一般是将下针的线圈转移到上针。如图 3-75 所示，下针 1 上的针编弧 5 被转移到上针 3 上。为了完成转移，下针 1 先上升到高于退圈位置，受连在 1 上的弹性扩圈片 2 的作用针编弧 5 被扩张，并被上抬高于上针。接着上针 3 径向外移穿过针编弧 5，最后下针 1 下降，弹性扩圈片 2 的上端在上针的作用下会张开，从而将针编弧 5 留在上针 3 上。4 为上针的线圈。

图 3-75　纱罗组织的编织方法

编织所用的机器一般为移圈罗纹机。针盘与针筒三角均有成圈系统和移圈系统，且每三个系统中有一个移圈系统。上针与下针之间的隔距，应在原罗纹对位的基础上，重新调整到移圈对位，如图 3-76 所示。这意味着上针 4 必须能在下针针杆 1 与弹性扩圈片 2 之间的空隙 3 中穿过，不能碰到两边。

图 3-76　移圈时上下织针的对位

图 3-77　上下织针的运动轨迹

上下针弯纱的对位配合可根据原料、织物结构、外观和单位面积重量等参数，调整到同步成圈或滞后成圈。由于罗纹织物主要以滞后成圈方式生产，所以下面介绍的是在滞后成圈条件下的移圈过程。

　　图3-77表示移圈系统上下针的运动轨迹及对位配合,其中1表示针筒转向,2和4分别为上下针运动轨迹,3和5分别是上下针的运动方向。图3-78显示了移圈过程,具体可分为以下几个阶段:

图3-78　移圈过程

　　1. 起始位置

　　如图中(1)所示(对应于图3-77中的位置Ⅰ),此时上下针握持住旧线圈,分别处于针盘口和针筒口的位置。

　　2. 下针退圈并扩圈

　　上针向外移动一段距离,旧线圈将上针舌打开但不完全退圈,下针也上升一些,开始退圈,如图中(2)所示(对应于图3-77中的位置Ⅱ)。随后下针继续上升完成退圈,且将欲转移的线圈套在弹性扩圈片外面完成扩圈,此时上针略向内移处于握持状态,上针头与下针针背平齐,可阻挡下针上的旧线圈随针上升,有利于下针的退圈,如图中(3)所示(对应于图3-77中的位置Ⅲ)

　　3. 上针伸入扩展的线圈中

　　如图中(4)所示(对应于图3-77中的位置Ⅳ),下针上升,利用扩圈片上的台阶将扩展的线圈上抬到高于上针位置,上针向外移动伸进下针针杆与弹性扩圈片之间的空隙,使上针头穿进扩展的线圈中。

　　4. 上针接受线圈

　　如图中(5)所示(对应于图3-77中的位置Ⅴ),下针下降针舌关闭,其上的线圈不再受下针约束,将线圈留在上针针钩内。

5. 上针回复起始位置

如图中(6)所示(对应于图 3-77 中的位置Ⅵ),上针向针筒中心移动,带着转移过来的线圈回到起始位置,下针上升一些为在下一成圈系统退圈做准备。

(二) 菠萝组织的编织

编织菠萝组织时,将旧线圈的沉降弧转移到相邻的针上是借助于专门的扩圈片或钩子来完成。扩圈片或钩子有三种,左侧扩圈片或钩子用来将沉降弧转移到左面针上,右侧扩圈片或钩子用来将沉降弧转移到右面针上,双侧扩圈片或钩子用来将沉降弧转移到相邻的两枚针上。扩圈片或钩子可以装在针盘或针筒上。

图 3-79 显示了双侧扩圈片装在针筒上进行移圈的方法。随着双侧扩圈片 1 的上升,逐步扩大沉降弧 2。当上升至一定高度后,扩圈片 1 上的台阶将沉降弧向上抬,使其超过针盘针 3 和 4。接着织针 3 和 4 向外移动,穿过扩圈片的扩张部分,如图中(1)所示。然

图 3-79　双侧扩圈片装在针筒上进行移圈

后扩圈片下降,把沉降弧留在织针 3 和 4 的针钩上,如图中(2)所示。随后将进行垫纱成圈。

第十二节　复合组织与编织工艺

复合组织是由两种或两种以上的纬编组织复合而成。它可以由不同的基本组织、变化组织和花色组织复合而成,并根据各种组织的特性复合成我们所要求的组织结构。复合组织有单面和双面之分,双面复合组织中,根据上、下织针的排针配置的不同,又可分为罗纹型和双罗纹型复合组织。

一、单面复合组织

常用的单面复合组织是在平针组织的基础上,通过成圈、集圈、浮线等不同的结构单元组合而成。与平针组织相比,它能改善织物的脱散性,增加尺寸稳定性,减少织物卷边,并可以形成各种花色效应。

单面复合组织的结构变化很多,这里仅举一个的例子。图3-80所示是由成圈、集圈和浮线三种结构单元复合而成的单面斜纹织物。一个完全组织高 4 个横列宽 4 个纵行,在每一横列的编织中,织针呈现 2 针成圈、1 针集圈、1 针浮线的循环,且下一横列相对于上一横列右移一针,使织物表面形成较明显的仿哔叽机织物的斜纹效应。由于浮线和悬弧的存在,织物的纵、横向延伸性减小,结构稳

图 3-80　具有斜纹效应的单面复合组织

定,布面挺括。该织物可用来制作衬衣等产品。

上述织物可在单面四针道变换三角圆纬机或具有选针机构的圆纬机上编织。

二、双面复合组织

(一)罗纹型复合组织

编织时上下织针呈一隔一交错配置,并由罗纹组织与其他组织复合而成的双面织物称为罗纹型复合组织。常用的有罗纹空气层组织、点纹组织、罗纹网眼组织、胖花组织、衍缝组织等。

1. 罗纹空气层组织

罗纹空气层组织学名称米拉诺组织,它由罗纹组织和平针组织复合而成,其线圈结构与编织图如图 3-81 所示。该组织由三个成圈系统编织一个完全组织,第 1 系统编织一个 1+1罗纹横列;第 2 系统上针退出工作,下针全部参加工作编织一行正面平针;第 3 系统下针退出工作,上针全部参加工作编织一行反面平针,这两行单面平针组成一个完整的线圈横列。

图 3-81 罗纹空气层组织

从图中可以看出,该织物正、反面两个平针组织之间没有联系,在织物中形成了空气层结构,并且在织物表面有凸起的横棱效应,织物的正、反面外观相同。

在罗纹空气层组织中,由于平针线圈浮线状沉降弧分布在织物平面,使针织物横向延伸性较小,尺寸稳定性提高。同时,这种织物比同机号同细度纱线编织的罗纹织物厚实、挺括、保暖性较好,因此在内衣、毛衫等方面得到广泛应用。

罗纹空气层组织可在具有变换三角的罗纹机上编织。

2. 点纹组织

点纹组织是由不完全罗纹组织与单面变化平针组织复合而成,四个成圈系统编织一个完全组织。由于成圈顺序不同,因而产生了结构上不同的瑞士式点纹和法式点纹组织。

图 3-82 为瑞士式点纹组织的线圈结构和编织图。第 1 系统上针高踵针与全部下针编织一行不完全罗纹,第 2 系统上针高踵针编织一行变化平针,第 3 系统上针低踵针与全部下针编织另一行不完全罗纹,第 4 系统上针低踵针编织另一行变化平针。每枚针在一个完全组织中成圈两次,形成两个横列。

图 3-83 显示了法式点纹组织的线圈结构和编织图。虽然在一个完全组织中也是两行单面变化

图 3-82 瑞士式点纹组织

平针,另外两行不完全罗纹,但是编织顺序与瑞士式点纹组织不同。第 1 系统上针低踵针与全部下针编织一行不完全罗纹,第 2 系统上针高踵针编织一行变化平针,第 3 系统上针高踵针与全部下针编织另一行不完全罗纹,第 4 系统上针低踵针编织另一行变化平针。

法式点纹从正面线圈 a 与 c 到反面线圈 b 的沉降弧是向上弯曲的,而瑞士式点纹是向下弯曲的。由于法式点纹中线圈 b 的线圈指数是 2,受到较大拉伸,故其沉降弧弯曲较大并且在弹性恢复力作用下力图伸展,从而将线圈 a 与 c 向两边推开,使得线圈 a 与 c 所在的纵行纹路清晰,织物幅宽增大,表面丰满。而瑞士式点纹中

图 3-83　法式点纹组织

线圈 b 的线圈指数是 0,因此沉降弧弯曲较小,织物结构紧密,尺寸较为稳定,延伸度小,横密增加,纵密减小,表面平整。

点纹组织可用来生产 T 恤衫,休闲服等产品。

点纹组织可在织针呈罗纹配置的双面多针道变换三角圆纬机或双面提花圆机上编织。

3. 胖花组织

胖花组织是按照花纹要求将单面线圈架空地配置在双面纬编地组织中的一种双面纬编花色组织。这种组织的特点是形成胖花的单面线圈与地组织的反面线圈之间没有联系,因而,单面胖花线圈就呈架空状突出在针织物的表面,形成凹凸花纹效应。

胖花组织一般分为单胖和双胖两种,可在具有选针机构的双面提花圆机上编织。

(1) 单胖组织。单胖组织是指在一个完整的正面线圈横列中仅有一次单面编织。根据色纱数多少又可分为素色、两色、三色单胖组织等。

图 3-84 为两色单胖组织的线圈结构图、对应的正面花型意匠图及编织图。一个完全组织由 4 个横列组成,8 个成圈系统编织。下针根据花型选针编织,每两个成圈系统的下针形成一个正面线圈横列,每四个成圈系统的上针形成一个反面线圈横列。正反面线圈纵密比为 2:1,线圈高度之比为 1:2,反面线圈被拉长,织物下机后,被拉长的反面线圈力图收缩,因而符号×代表的下针单面线圈就呈架空状,凸出在针织物表面,形成胖花效应。由于单胖组织在一个线圈横列中只进行一次单面编织,所以正面花纹不够凸出,在实际生产中常采用双胖组织。

图 3-85 是两色单胖组织上针的编织工艺。图中(1)是与图 3-84(2)中编织图相对应的反面花型意匠图,呈一种颜色(色纱 1),一个完全组织高 1 个横列,宽 2 个纵行;图中(2)表示上针的排列,低、高竖线或字母 A、B 分别代表高、低踵上针;图中(3)是与反面花型意匠图和上针排列相对应的每一成圈系统上三角排列及色纱配置,A、B 分别表示高、低档上三角,与高低踵上针相对应。从图 3-85 可以看出:在第 1 系统,上针低踵针 B 用色纱 1 编织成圈,而上针高踵针 A 不编织,形成了反面花型意匠图第 1 横列的一半线圈(第 1 色线圈);在第 2 系统,上针高低踵针 A、B 均不编织;在第 3 系统,上针高踵针 A 用色纱 1 编织成圈,上针低踵针 B 不编织,形成了反面花型意匠图第 1 横列的另一半线圈(第 1 色线圈);在第 4 系统,上针高低踵针

(1) 线圈结构图　　　　(2) 对应的正面花型意匠图及编织图

图 3-84　两色单胖组织

A、B 均不编织。这样，编织一个完全组织（反面花型意匠图中第 1 横列）需要四个成圈系统，尽管上针只在第 1、3 系统成圈，但是还要考虑第 2、4 系统下针根据花型选针用色纱 2 进行的单面编织。

图 3-85　两色单胖组织上针的编织工艺

（2）双胖组织。双胖组织是指在一个完整的正面线圈横列中连续两次单面编织，根据色纱数多少也可分为素色和多色。

图 3-86 为两色双胖组织的线圈结构图、编织图及对应的正面花型意匠图。一个完全组织由 4 个横列组成，12 个成圈系统编织。下针也是根据花型选针编织，每三个成圈系统的下针编织一个正面线圈横列，其中某些下针被选中在连续两个系统编织单面线

(1) 线圈结构图　　　　(2) 对应的正面花型意匠图及编织图

图 3-86　两色双胖组织

圈,每六个成圈系统的上针形成一个反面线圈横列。这样其正面单面线圈与反面线圈高度之比为1:4,两者差异较大。被拉长的反面线圈下机后力图收缩,使架空状的单面胖花线圈更加凸出在织物表面。

图3-87是两色双胖组织上针的编织工艺。图中(1)是与图3-86(2)中编织图相对应的反面花型意匠图,呈一种颜色(色纱1),一个完全组织高1个横列,宽2个纵行;图中(2)表示上针的排列;图中(3)是与反面花型意匠图和上针排列相对应的每一成圈系统上三角排列及色纱配置。从图3-87可以看出:编织一个完全组织需要六个成圈系统,上针低、高踵针分别在在第1、4系统成圈,形成反面花型意匠图中第1横列,第2、3、5、6系统下针根据花型选针用色纱2进行单面编织。

图 3-87 两色双胖组织上针的编织工艺

胖花组织不仅可以在正面形成提花组织那样的色彩花纹,还具有凹凸效应,可以看作是提花组织的一种变化。双胖组织由于单面编织次数增多,所以其厚度、单位面积重量都大于单胖组织,且容易起毛起球和勾丝。此外,由于线圈结构的不均匀,使双胖织物的强力降低。胖花组织除了用作外衣织物外,还可用来生产装饰织物,如沙发座椅套等。

4. 绗缝组织

绗缝组织是在平针组织、衬纬组织、罗纹组织的基础上复合而成。其结构特点为:在上、下针分别进行单面编织形成的夹层中衬入不参加编织的纬纱,然后根据花纹的要求,选针进行不完全罗纹编织形成绗缝。如图3-88所示为表面带有V型花纹的绗缝组织。其中,第1、第4、第7系统上针全部成圈,下针仅按绗缝花纹的要求选择成圈,并将上下针编织的两面连接成一体;第2、第5、第8系统衬入不成圈的纬纱;第3、第6、第9系统仅全部下针成圈。

图 3-88 绗缝组织结构

绗缝组织由于两层结构中间夹有衬纬纱,在没有绗缝的区域内有较多的空气层,织物较厚实蓬松,保暖性好,尺寸也较稳定,是生产冬季保暖内衣的理想面料。

如果绗缝组织的花纹较小,则可在双面多针道变换三角圆纬机上编织,花纹较大则要采用双面提花圆机来编织。

(二)双罗纹型复合组织

编织时上下针槽相对,上下织针呈双罗纹配置,并由双罗纹组织与其他组织复合而成的组织称为双罗纹型复合组织。这种组织的特点是不易脱散,延伸度较小,组织结构比较紧密。

1. 双罗纹空气层组织

双罗纹空气层组织是由双罗纹组织与单面组织复合而成。由于编织方法不同,可以得到结构不同的双罗纹空气层组织。

图 3-89(1)是由 4 个成圈系统编织而成的双罗纹空气层组织,学名称蓬托地罗马组织。其中,第 1、第 2 成圈系统编织一横列双罗纹,第 3、4 成圈系统分别在上、下针编织单面平针。这种组织的特点是上下针分别进行单面编织后,在织物中形成空气层。该组织比较紧密厚实,具有较好的弹性。此外,由于双罗纹编织和单面编织形成的线圈结构上的不同,因而在织物表面呈现双罗纹线圈形成的横向凸出条纹。

图 3-89(2)是由 6 个成圈系统进线编织而成的双罗纹空气层组织。其中,第 1、第 6 成圈系统一起编织一横列双罗纹;第 2、第 4 成圈系统下针编织变化平针,形成一横列正面线圈;第 3、第 5 成圈系统上针编织变化平针,形成一横列反面线圈。由于正反面变化平针横列之间没有联系,形成空气层。这种组织中,空气层线圈以变化平针的浮线相连,正反面横列分别由两根纱线形成,不易脱散。与上一种双罗纹空气层组织相比,此组织表面平整、厚实,横向延伸度较小。

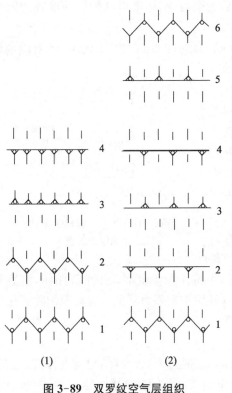

(1)　　　　　(2)

图 3-89　双罗纹空气层组织

双罗纹空气层组织一般用于制作内衣和休闲服等产品。

该组织可在具有变换三角的双罗纹机上编织。图 3-90(1)、(2)所示为与图 3-89(1)、(2)相对应的上机三角排列图。

2. 双层织物组织

双层织物组织是在双罗纹组织的基础进行变化,并结合集圈与平针组织。织物的两面可由不同色泽或性质纱线的线圈构成,从而使两面具有不同性能与效应,行业内又称这种组织为两面派织物或丝盖棉织物。在本章第二节,我们曾经从双面集圈组织的角度,举过一个双层针织物的例子,下面再看两个实例。

图 3-91 为 4 个成圈系统编织的双层织物,在具有变换三角的双罗纹机或双面多针道机圆纬机上编织。其中涤纶丝分别在第 1 成圈系统的上、下低踵针集圈和成圈,在第 3 成圈系统的上、下高踵针集圈和成圈,而棉纱则分别在第 2、第 4 成圈系统的上针高、低踵针成圈。这样在

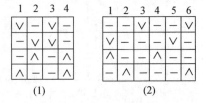

图 3-90　编织双罗纹空气层组织的上机三角排列图

织物的下针编织一面由涤纶线圈构成,上针编织的另一面由棉纱线圈构成,形成了涤盖棉或棉盖涤效应。

图 3-92 为 6 个成圈系统编织的双层织物,采用的机型同上。其中第 1、4 成圈系统由棉纱分别在低、高踵下针上成圈;第 2、5 成圈系统由涤纶低弹丝分别在低、高踵下针上集圈,低、高踵上针上成圈;第 3、6 成圈系统则由涤纶丝分别在低、高踵上针上成圈。这种方法编织的织物,除具有涤纶、棉的两面派外观效应外,两种原料的覆盖性能较好。

(1) 编织图　　　(2) 三角排列图

图 3-91　4 路双层织物组织

(1) 编织图　　　(2) 三角排列图

图 3-92　6 路双层织物组织

双层织物组织可作为外衣,运动服,功能性内衣等的面料。

该组织可在具有变换三角的双罗纹机上编织。

3. 粗细针距织物组织

由不同机号的针盘与针筒及不同细度的纱线编织而成的正、反面横密比不同的组织称为粗细针距织物组织。

该组织一般为双罗纹织针配置,如图 3-93 所示。图中针盘与针筒机号之比为 2：1。第 1 成圈系统采用较粗的纱线,由所有针筒针单面编织形成织物正面;第 2、3 成圈系统采用较细的纱线,由所有针盘针单面编织形成织物反面;第 4 成圈系统采用较细的纱线,由针筒针与针盘低踵针集圈连接织物两面。该织物的正反面线圈横密比为 1：2,正面纵条纹粗犷,反面细洁。

粗细针距织物组织有利于两种不同粗细和不同原料纱线的编织,可在织物两面形成粗犷和细洁的不同风格以及不同的服用性能,立体感强,可制作外衣、休闲服等产品,一般将粗犷的一面作为服装的外层。

图 3-93　粗细针距织物组织

该织物一般要在经过改进的双罗纹机上编织。对于上述实例来说,针筒需特别加工,使其筒口处针槽较宽,以适应编织较粗的纱线。

思考练习题

1. 单面均匀与不均匀提花组织有何区别? 什么是线圈指数,它的大小关系到什么?

2. 完全与不完全提花组织有何区别,其反面组织有哪些,各有何特点? 双面提花组织的正面与反面是如何编织的?

3. 编织两色双面提花组织,当反面呈现横条纹、纵条纹、小芝麻点花纹时,画出反面花型意匠图以及相对应的上针与上三角排列和色纱配置。

4. 编织反面呈小芝麻点花纹的三色双面提花组织,画出反面花型意匠图以及相对应的上针与上三角排列和色纱配置。

5. 以下是一种双面提花组织的编织图,试画出对应的正面与反面花型意匠图,以及上针的编织工艺图。

6. 集圈组织可以产生哪些花色效应? 连续集圈次数的多少将影响到什么? 集圈组织如何编织?

7. 添纱组织有哪几种,结构各有何特点? 影响地纱和添纱线圈的正确配置的因素有哪些?

8. 如何编织平针添纱组织与浮线添纱组织?

9. 衬垫纱的衬垫方式有哪些? 添纱衬垫组织结构有几种,各有何特点?

10. 编织添纱衬垫组织一个横列需要几个编织系统,各个编织系统的作用是什么?

11. 衬纬组织的纬纱对织物性能有何影响,衬纬组织如何编织?

12. 毛圈组织有哪些种类,结构各有何特点?

13. 正包毛圈与反包毛圈的编织方法有何不同? 如何改变毛圈长度?

14. 调线组织可以在哪些纬编组织基础上得到? 四色调线装置如何完成调线过程?

15. 什么是绕经组织的花宽,它取决于哪些因素? 绕经导纱器的配置和垫纱与普通导纱器有何不同?

16. 嵌花组织与单面提花组织结构上有何区别? 编织嵌花组织的关键是什么?

17. 长毛绒组织有几种,其结构和编织方法有何区别?

18. 纱罗组织与菠萝组织在结构和编织方法方面有何不同? 移圈用机件与普通成圈机件有何不同?

19. 瑞士式与法式点纹组织有何区别? 画出与这两种点纹组织编织图相对应的三角排列图。

20. 胖花组织的正面与反面结构以及上三角排列与双面提花组织有何不同?

21. 画出与编织图 3-93 相对应的三角排列图。

22. 纬编花色组织中,哪些组织可以形成下列花色效应:①色彩图案;②横条纹;③纵条纹;④孔眼;⑤凹凸;⑥毛绒表面;⑦丝盖棉。

实验课内容

1. 准备单面两色均匀提花织物、双面两色和三色不完全提花织物各一块,在照布镜下观察,认识织物正面的提花效应与反面的小芝麻点花纹特征;沿织物边缘脱散几个横列,观察成圈与浮线结构单元特征,以及双面提花织物中正反面线圈的连接,并分别画出单面两色均匀提花织物 2 个横列、双面两色提花织物 4 个横列、双面三两色提花织物 6 个横列的编织图。

2. 准备单面集圈斜纹织物、双面集圈双层针织物各一块,通过脱散分析织物的结构以及集圈与成圈单元的特征,并画出与两块织物对应的编织图。

3. 准备平针添纱织物、平针衬垫和添纱衬垫织物、正包毛圈织物、毛纱割圈式普通长毛绒各一块,通过在照布镜下观察和脱散分析,认识织物的结构、地纱与附加纱线的配置以及附加纱线形成的花色效应。

4. 准备移圈织物两块(纱罗组织和菠萝组织各一块),通过在照布镜下观察和脱散分析,认识织物的结构、转移的纱线部段以及形成的花色效应。

第四章 选针装置与选针原理

第一节 织针与沉降片选择装置的分类

在圆纬机等纬编机上编织提花组织等花色组织时,需要根据花纹的设计,在每一成圈系统,选择一些织针成圈(或集圈、不编织),或者选择一些沉降片形成(或不形成)毛圈。这些需借助于选针装置或选沉降片装置(以下简称选片装置),以及其他相关的机件来完成的。

选针与选片装置的形式有多种,根据作用原理一般可分为以下三类。

(一) 直接式选针(片)装置

直接式选针(片)装置是通过选针机件(如三角,提花轮上钢米等)直接作用于织针的针踵或沉降片的片踵来进行选针或选片,因此这些选针机件还具有储存和发出选针(片)信息的功能。直接式选针(片)装置有分针三角、多针道变换三角和提花轮等几种形式。

(二) 间接式选针(片)装置

间接式选针(片)装置是在储存和发出选针(片)信息的机件与织针或沉降片之间有传递信息的中间机件。属于这种类型的装置有:拨片式,推片式,竖滚筒式等。

(三) 电子式选针(片)装置

直接式和间接式选针(片)装置都属于机械控制,花纹信息储存在有关机件上,因此花型的大小受到限制。而电子式选针(片)装置是通过电磁或压电元件来进行选择,花纹信息储存在计算机的存储器中,并配有计算机辅助花型准备系统,具有变换花型快,花型的大小不受限制等优点,在针织机上已得到普遍的应用。

上述选针与选片装置除了可用于圆纬机外,有些还可用于其他纬编机,如横机和圆袜机等。

第二节 分针三角结构与选针原理

分针三角选针是利用不等厚度的三角作用于不同长度针踵的织针来进行选针。如图 4-1 所示,舌针分为短踵针 1、中踵针 2 和长踵针 3 三种(请注意针踵的长短不要与针踵的高低混淆)。起针三角不是等厚度的,而是呈三段厚薄不同的阶梯形状。区段 4 最厚,且位于起针三角的下部。它可以作用到长踵、中踵和短踵针,使三种针处于不退圈(即不编织)高度。随着针筒的回转,中踵针 2 和长踵针 3 走上位于起针三角中部的中等厚度的区段 5,而短踵针 1 则只能从区段 5 的内表面水平经过不再上升,故仍处于不退圈位置。当中踵和长踵针到达区段 5

结束点(即集圈高度),长踵针3继续沿着位于起针三角上部的最薄区段6上升,直至到达退圈高度。而中踵针2只能从区段6的内表面水平经过不再上升,故仍保持在集圈高度。短踵针1继续水平运动,保持在不退圈高度。这样三种针被分成了三条不同的走针轨迹,如图4-2所示,短踵针1、中踵针2和长踵针3分别处于不退圈,集圈和退圈高度。经压针垫纱后,最终使针1,2和3分别完成了不编织,集圈和成圈。

图4-1 分针三角选针原理   图4-2 分针三角选针的走针轨迹

以上所述的不等厚度的三角,在实际圆纬机上也可以通过一种厚度的三角但是向针筒中心径向挺进的距离不同(又称进出活动三角)来分针选针。例如,若该三角向针筒中心挺足(进二级)时,则其相当于最厚的三角,可以作用到长踵针、中踵针和短踵针;若该三角向针筒中心挺进一半(进一级)时,则其相当于中等厚度的三角,可以作用到长踵针和中踵针,而短踵针只能从其内表面水平经过;若该三角不向针筒中心挺进时,则其相当于最薄的三角,仅作用到长踵针,而中踵针和短踵针只能从其内表面水平经过。

分针三角选针方式的选针灵活性有局限性。例如某一成圈系统的起针三角设计成选择短踵针成圈,那么经过该三角的所有中踵针和长踵针也只能被选择为成圈,不能进行集圈或不编织。此外,对于长踵和中踵针来说,三角与针踵之间的作用点离开针筒较远,使三角作用在针踵上力较大。所以分针三角选针主要在圆袜机和横机上有一定的应用,实际生产中,也可能只需要用到两种长度针踵的织针和两种厚度的起针三角(或一种厚度的三角但是可以向针筒中心挺进或不挺进),具体要根据所编织的织物结构而定。

第三节 多针道变换三角结构与选针原理

一、选针原理

多针道变换三角选针,即采用几种不同高度针踵的织针(又称不同踵位织针),配以几条高低档的三角针道,每一档三角又有成圈,集圈和不编织三种变换来实现选针。在实际生产中应用较多的是单面四针道变换三角圆纬机,双面2+4针道(即上针二针道,下针四针道)变换三角圆纬机。

某种单面四针道圆纬机的织针与三角配置如图4-3所示。有四种不同踵位的织针A、B、C和D。每一种织针都带有一个起针踵0和压针踵5,此外还有一个1~4号中的某一号选针踵。

每一成圈系统三角座中自下而上装有6块三角,分别作用于起针踵0、1~4号选针踵和压针踵5。除压针三角6不需要调换,其余5块三角都可以调换,编织平针组织时,作用于1~4号选针踵的三角不工作,只需将对应于0号起针踵的三角调换为成圈三角,它作用于所有织针。编织花色组织时,作用于0号起针踵的三角不工作,将对应于1~4号选针踵的每一个三角根据花纹要求调换为成圈三角(ZA)、集圈三角(ZB)或不编织三角(ZC)。按图4-3中的三角排列,A针受成圈三角ZA的作用正常编织,B和C针受不编织三角ZC作用不成圈,D针受集圈三角ZB作用进行集圈。所有三角安装时,均有销钉8定位,用螺钉7固定在三角座上。

图4-3 单面四针道针织机的织针与三角配置

四种织针在针筒里可排成选针踵呈步步高"/"或步步低"\"的不对称形式,或选针踵呈屋顶状"∧"的对称形式,还可以根据花纹要求排成其他的形式。

这种选针形式,织针每经过一个成圈系统,都有成圈、集圈和不编织三种可能,又称为三功位选针。

二、花型的大小

(一) 不同花纹的纵行数 B_0 与最大花宽 B_{max}

由于每一线圈纵行是由一枚针编织的,各根针的运动是相互独立的,不同踵位的针的运动规律可以不一样,所以能够形成的不同花纹的纵行数应由踵位数决定,即:

$$B_0 = n \tag{4-1}$$

式中:n 为选针踵的档数,本例 $n = 4$。

如果四档针踵作顺序排列,呈"步步高"("/")或"步步低"("\")形式,则一个完全组织的宽度 $B = B_0$ 纵行。

为了增加完全组织的纵行数即花宽 B,可以在机上将四档针踵的织针按各种顺序交替重复排列。这样,在一个完全组织中有许多纵行的花纹分布是四种不同花纹纵行的重复,但不成循环。按这一原理,最大的花宽 B_{max} 可等于针筒的总针数 N,即 $B_{max} \leqslant N$。需要注意的是,如果完全组织的花宽 B 超过 B_0,则不能在 B 范围内任意设计花型。

（二）不同花纹的横列数 H_0 与最大花高 H_{max}

在多针道机上，一般每一成圈系统编织一个花纹横列。但是也有一些花色组织，如多色提花组织等，需要几个系统编织一个完整的花纹横列，每个系统编织一行。对于一个成圈系统的每一档三角，可有成圈，集圈和不编织三种变换。四针道机每一系统有四档三角，且各档三角的变换是互相独立的，所以该机变换三角排列的可能性，即完全组织中不同花纹横列数（或行数）H_0 可用下式计算：

$$H_0 = 3 \times 3 \times 3 \times 3 = 3^4 = 81$$

这一计算方法可以推广到多针道变换三角选针的圆纬机：

$$H_0 = 3^n \tag{4-2}$$

式中：n 为选针踵位数即针道数。

例如对于三针道圆纬机，$H_0 = 3^3 = 27$。

以上仅仅是所有排列的可能，还应扣除完全组织中无实际意义的排列，如一个系统四档均排列不编织三角。所以对于四针道机来说，一个完全组织中不同花纹的横列数 H_0 应为：

$$H_0 = 3^4 - 1 = 80 \tag{4-3}$$

如果使有些花纹横列重复出现，而不成循环，则完全组织的花高可比上述计算数 H_0 大，但最大花高不能超过机器上成圈系统数 M，即 $H_{max} \leqslant M$。与花宽同理，如果完全组织的花高 H 超过 H_0，也不能在 H 范围内任意设计花型。

在实际设计花型时，既要从多针道圆纬机成圈机件的配置考虑形成花纹的可能性，还应兼顾美学效果，选择合适的花高与花宽，使两者成一定比例。

三、应用实例

多针道变换三角圆纬机编织工艺的应用，除了设计织物外，还要根据给出的意匠图或编织图作出织针排列和三角排列。下面通过两个例子来说明具体的上机工艺。

图 4-4 所示为单面花色织物的上机工艺实例。图中（1）为一个完全组织的结构意匠图，花宽和花高分别是 6 纵行和 5 横列。

图中（2）表示织针的排列，竖线位置高低代表不同踵位的针。也可以用字母表示织针的排列，如本例 A、B、C 和 D 代表踵位由高到低。一个花宽范围内排针的原则是凡不相同的花纹纵行一定要排不同踵位的针，本例有四种不同的花纹纵行，因此要用到四种不同踵位的针。对于相同的花纹纵行又有两种可能。若花纹纵行种类数等于踵位数，则一定要排相同踵位的针（正如本例的情况）；如果花纹纵行种类数小于踵位数，可以排相同踵位的针，也可以排不同踵位的针。

图 4-4　单面花色织物的上机工艺图

图中(3)表示相对应的三角排列,其中A、B、C和D代表不同高低位置的三角针道,即有几种踵位的针就要用到几档高低位置的三角针道,所以本例采用的机器为单面四针道变换三角圆纬机。排三角时,应根据意匠图和针踵的排列,以及每一成圈系统编织一个花纹横列的对应原则,逐个系统排出。如第1横列左起第1个结构单元是成圈,是由最高踵位织针A编织的,因此在第1成圈系统最高档位置A应排成圈三角,其余以此类推。

需要说明的是,图中只作出了编织一个完全组织的针踵和三角排列。实际机器上,应根据六根织针一组的原则,重复排满针筒一周。同样,还要根据五个成圈系统一组的原则以及机器总的系统数多少,重复排若干组三角系统。

图4-5所示为双面花色织物上机工艺实例。图中(1)是编织图,一个完全组织6行,下针编织了两个完整的线圈横列,而上针形成了一个完整的线圈横列。

图中(2)是针踵的排列,对于双面织物,要分别根据上下针编织的状况来排列。本例下针编织的一面有四种不同的花纹纵行,因此要用到四种不同踵位的下针(用高低位置的竖线或者字母A、B、C和D表示),上针编织的一面有两种不同的花纹纵行,因此要用到两种不同踵位的上针(用高低位置的竖线或者字母E和F表示)。

图中(3)表示相对应的三角排列,其

图 4-5　双面花色织物上机工艺图

中A、B、C和D代表不同高低位置的下三角针道,与四种不同踵位的下针相对应;E和F代表不同高低位置的上三角针道,与两种不同踵位的上针相对应;所以要采用双面2+4针道变换三角圆纬机来编织。排三角时,应根据编织图和针踵的排列,以及每一成圈系统对应于编织图中一行的原则,逐个系统排出。实际机器上的织针与三角排列方法同例一所述。

实际生产时,完整的上机工艺排列图还需要根据具体产品所使用的纱线种类与细度,在各个系统(各路)上标注出纱线规格。

第四节　提花轮选针与选片装置及选针原理

一、选针与选片原理

提花轮圆纬机的选针成圈系统如图4-6所示。每一系统由起针三角1、侧向三角2、压针三角5和提花轮6组成,针筒上插有一种踵位的针。

提花轮安装在每一成圈系统三角的外侧,其结构见图4-7。提花轮上装有许多钢片,组成许多凹槽,与针踵啮合,当针筒转动时由针踵带动而使提花轮绕自身轴芯回转,针筒与提花轮的传动关系犹如一对齿轮。在提花轮的每一凹槽中,可按花纹的要求装上高钢米或低钢米,也可不装钢米。由于提花轮是呈倾斜配置的,当它绕自身轴芯回转时,便可使织针分成三条运动轨迹。

第一种情况:与提花轮上无钢米的凹槽相啮合的针踵,沿起针三角 1 上升,在侧向三角 2 的作用下即下降(见图 4-6),使织针不上升到退圈高度,故不参加编织。

图 4-6　提花轮圆机的选针成圈系统　　　　图 4-7　提花轮结构

第二种情况:与提花轮上装有低钢米的凹槽相啮合的针踵,被低钢米上抬,使织针上升到不完全退圈的高度,(图 4-6 中轨迹线 4),形成集圈。

第三种情况:与提花轮上装有高钢米的凹槽相啮合的针踵,被高钢米上抬,使织针上升到完全退圈高度(图 4-6 中轨迹线 3),进行编织。

这种选针形式也属于三功位选针。提花轮凹槽中钢米的高、低和无储存了选针信息,因此必须根据织物中花纹分布的要求配置钢米。

在生产单面提花织物时,可利用三功位选针编织集圈的方法,使浮线固结在地组织中,克服同一种色纱线圈连续排列较多造成织物反面其他色纱浮线过长易产生勾丝的缺点,这种加有集圈的单面提花织物如图 4-8 所示。

图 4-9 显示了提花轮选沉降片的原理。提花轮呈水平配置安装在沉降片圆环的外侧,且位于每一成圈系统处。提花轮上装有许多钢片,组成许多凹槽,与沉降片的片尾啮合,当针筒与沉降片圆环同步转动时,沉降片的片尾带动提花轮绕自身轴芯回转,沉降片圆环与提花轮的传动关系也犹如一对齿轮。在提花轮的每一凹槽中,可按花纹的要求装上钢米或不装钢米。

图 4-8　利用集圈缩短反面浮线的单面提花织物

(1)　　　　　　　　　　　　　　　(2)

图 4-9　提花轮选沉降片的原理

当提花轮上某一凹槽装有钢米时,会将与它啮合的沉降片向针筒中心推进,如图 4-9(1) 所示,从而使地纱和毛圈纱分别搁在沉降片的片颚和片鼻上弯纱,毛圈纱形成了拉长的沉降弧即毛圈[见图 3-53(1)]。当提花轮上某一凹槽未装钢米时,与它啮合的沉降片不被向针筒中心推进,如图 4-9(2)所示,从而使地纱和毛圈纱都搁在沉降片的片颚上弯纱,不形成毛圈[见图 3-53(2)]。

二、矩形花纹的形成与设计

提花轮圆纬机所形成的花纹区域可以分为矩形,六边形和菱形三种,其中以矩形最为常用。下面介绍通过选针形成的矩形花纹及设计方法,选片形成的花纹及设计相同。

在针筒回转时,针踵与提花轮槽的啮合带动提花轮转动,因此针筒上总针数 N 和提花轮槽数 T 之间的关系可用下式表示:

$$N = ZT + r \tag{4-4}$$

式中:Z——正整数;

r——余数。

根据总针数可否被提花轮槽数整除,可分为下列两种情况:

(一) 余数 $r=0$

在这种情况下,针筒转一圈,提花轮自转 Z 转。因此,针筒每一转中针与提花轮槽的啮合关系始终不变。可形成花纹的大小为:

花纹的最大宽度(纵行):

$$B_{\max} = T \tag{4-5}$$

花纹的最大高度(横列):

$$H_{\max} = M/e \tag{4-6}$$

式中:M——成圈系统数(等于提花轮数);

e——色纱数(编织一个完整横列所需的纱线数即成圈系统数)。

实际设计花纹时,可以将提花轮槽数分成几等分,即提花轮一转编织几个花宽,从而使花宽减小,花高与花宽接近或相等。

(二) 余数 $r \neq 0$

1. 织针与提花轮槽的啮合关系

当总针数 N 不能被提花轮槽数 T 整除时,提花轮槽与针的关系就不会像 $r=0$ 时那样固定不变。若在针筒第一转时,提花轮的起始槽与针筒上的第一针啮合,当针筒第二转时,起始槽就不会与第一针啮合了。

假设某机的总针数 $N = 170$,提花轮槽数 $T = 50$,则余数 $r = 20$。此时,N、T 和 r 三者的最大公约数为 10。

图 4-10(1)表示了这种啮合关系,其中小圆代表提花轮,大圆代表针筒,每一圈代表针筒一转,罗马数字 Ⅰ、Ⅱ、…Ⅴ 分别代表 10 针或 10 槽组成的一段。当针筒第一转,提花轮自转 $3\frac{2}{5}$ 圈。针筒第二转,与针筒上第一枚针啮合的是提花轮上第 21 槽(即第Ⅲ段中第一槽)。

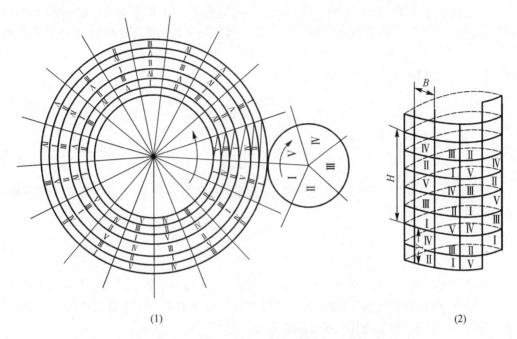

(1)   (2)

图4-10 $r \neq 0$ 时织针与提花轮槽啮合关系展开图

从图4-10(1)可以看出,针筒要转过5圈,针筒上最后一针才与提花轮最后一槽啮合,完成一个完整的循环。从图4-10(2)可以看出,该提花轮的五个区段在多次滚动啮合中,互相合并构成一个个矩形区域(即完全组织),其高度为H,宽度为B。相邻两个矩形区域之间有纵向位移Y,因此在圆筒形织物中,花纹呈明显的螺旋形分布,给裁剪和缝纫带来麻烦。

2. 完全组织的宽度B和高度H

为了保证针筒一周编织出整数个花型,完全组织的宽度B应取总针数N,提花轮槽数T和余针数r三者的公约数。若B是三者的最大公约数,则$B = B_{max}$。对于图4-10所示的例子来说,花宽$B = B_{max} = 10$纵行。由于只采用了一个成圈系统,故花高$H = T/B = 5$横列。

为了增加完全组织的高度H,可采用多个成圈系统,由此可得编织多色提花织物时,完全组织高度H的计算公式:

$$H = \frac{T \times M}{B \times e} \tag{4-7}$$

式中:T——提花轮槽数;

M——成圈系统数;

B——完全组织宽度;

e——色纱数。

3. 段的横移

将提花轮的槽数分成几等分,每一等分所包含的槽数等于完全组织的宽度,这个等分称为"段"。因此,提花轮中的段数A可用下式计算:

$$A = \frac{T}{B} \tag{4-8}$$

对于上述例子来说，$T=50$ 槽，$B=10$ 纵行，故段数 $A=5$，即提花轮分成 5 段，每一段依次编号，称段号，如图 4-10 中的 Ⅰ，Ⅱ，Ⅲ，Ⅳ，Ⅴ 等。每一段包含了 10 槽，与 10 枚织针相啮合。

由以上公式可得：

$$H = \frac{T}{B} \times \frac{M}{e} = A \times \frac{M}{e} \tag{4-9}$$

$$A = H / \left(\frac{M}{e}\right) \tag{4-10}$$

由于余数 $r \neq 0$，所以针筒每转过一圈，开始作用的段号就要变更一次，这称为段的横移。段的横移数用 X 表示：

$$X = \frac{r}{B} \tag{4-11}$$

对上述例子来说，$X = r/B = 20/10 = 2$。这表明，段的横移数就是余数中有几个花宽 B。

由于段的横移，针筒每转开始时，第一区段织针所啮合的不一定是提花轮的第一段，所以需要计算针筒 p 转时，开始作用的提花轮段号 S_P。

像上述例子中，针筒第一转时，开始作用的段号为 Ⅰ，取 $S_1 = 1$。

针筒第二转时，开始作用段号为 Ⅲ，即 $S_2 = X + 1 = 3$。

针筒第三转时，开始作用段号为 Ⅴ，即 $S_3 = 2X + 1 = 5$。

针筒第四转时，开始作用段号为 Ⅱ，即 $S_4 = 3X + 1 - KA = 3X + 1 - 1 \times A = 2$（按 $S_4 = 3X + 1 = 7$，所得数值大于 A，不符合原意。故需减去 K 个 A，使 S_P 小于 A，式中 K 是正整数）。

针筒第五转时，开始作用段号是 Ⅳ，即 $S_5 = 4X + 1 - KA = 4X + 1 - 1 \times A = 4$。

根据上述规律，可归纳出当针筒第 p 转时，求开始作用的提花轮槽段号 S_P 的计算公式：

$$S_P = [(p-1)X + 1] - KA \tag{4-12}$$

式中：p——针筒回转数；

$\quad X$——段的横移数；

$\quad A$——提花轮槽的段数；

$\quad K$——正整数。

4. 花纹的纵移

两个相邻的完全组织垂直方向上的位移称为纵移，用 Y 表示。从图 4-10(2) 可以看出，左面一个完全组织的第一横列比其相邻的右面完全组织的第一横列升高两个横列，故它的纵移 $Y = 2$。

在同一横列中，花纹的第 Ⅰ 段总是紧接着最后一段（本例为第 Ⅴ 段）。图 4-10(2) 中右边一个完全组织的最后一段（第 Ⅴ 段）所在的横列为第三横列，比第 Ⅰ 段所在的横列上升两个横列（$3-1=2$），这样便可得到这两个完全组织的纵移值 $Y = 2$。

设某一完全组织中最后一个段号为 A_P（A_P 总是等于段数 A），它所在的横列为第 p 横列，当圆纬机上只有一个提花轮，针筒每一转编织一个横列时，第 p 横列就是针筒转过 p 圈，利用

下列公式可求 p 值：

$$S_p = A_p = [(p-1)X + 1] - KA$$

$$p = \frac{A(K+1)-1}{X} + 1 \qquad (A_p = A)$$

当圆纬机只有一个成圈系统时，两个完全组织的纵移为：

$$Y' = p - 1 = \frac{A(K+1)-1}{X} \tag{4-13}$$

如果圆纬机上有 M 个成圈系统和 e 种色纱，则针筒一转要织出 M/e 个横列，在这种情况下，并结合(4-10)式，纵移 Y 可用下式求得：

$$Y = Y' \times \frac{M}{e} = \frac{\frac{M}{e} \cdot A(K+1) - \frac{M}{e}}{X} = \frac{H(K+1) - \frac{M}{e}}{X} \tag{4-14}$$

在求得上述各项参数的基础上，就可以设计矩形花纹。因为有段的横移和花纹纵移存在，所以一般要绘出两个以上完全组织，并指出纵移和段号在完全组织高度中的排列顺序。

三、应用实例

下面通过一个例子来说明矩形花纹的设计步骤与制定上机工艺的方法。

(一) 已知条件

总针数 $N = 552$，提花轮槽数 $T = 60$，成圈系统数 $M = 8$，色纱数 $e = 2$。

(二) 求花纹完全组织宽度 B

$$\frac{N}{T} = \frac{552}{60} = 9 \text{ 余 } 12 \qquad r = 12$$

N、T、r 三者的最大公约数为 12，故取花宽 $B = 12$ 纵行。

(三) 求花纹完全组织的高度 H

$$H = \frac{T \cdot M}{B \cdot e} = \frac{60}{12} \cdot \frac{8}{2} = 20 \text{ 横列}$$

(四) 求段数 A 和段的横移数 X

$$A = \frac{T}{B} = \frac{60}{12} = 5 \text{ 段} \qquad X = \frac{r}{B} = \frac{12}{12} = 1$$

(五) 求花纹纵移 Y

$$Y = \frac{H(K+1) - \frac{M}{e}}{X} = \frac{20(0+1) - \frac{8}{2}}{1} = 16 \text{ 横列}$$

这里正整数 K 只有取 0 才能符合要求。

(六) 确定针筒转数 p 与开始作用段号 S_p 的关系

根据公式(4-12)可得：

针筒第一转,开始作用的段号 $S_1=[(p-1)X+1]-KA=[(1-1)\times1+1]-0=1$,即由提花轮槽的段号 I 编织。

针筒第二转,开始作用段号 $S_2=[(2-1)\times1+1]-0=2$,即由段号 II 编织。

针筒第三、四、五转,分别得 $S_3=3,S_4=4,S_5=5$。

(七) 设计花纹图案

在方格纸上,画出两个以上完全组织的范围以及纵移情况。在 $H\times B$ 范围内设计花纹图案,如图 4-11 所示。

(八) 绘制上机工艺图表

提花轮顺序(即成圈系统数序)的编排,由于是两色提花织物,所以按两路编织一个横列的规律排列,其中奇数路配置"×"色纱,偶数路配置"□"色纱。针筒每一转编织四个横列,回转五圈织一个完全组织,见图 4-11。

段号的排列顺序,按前面针筒转数与段号关系的计算结果排出,如图 4-11 所示。

提花轮上钢米的排列,应根据每一提花轮上各段所对应的是意匠图中第几横列,并注意到是选针编织何种色纱的线圈。例如,第 2 号提花轮上的第 III 段(25~36 槽,即第 III 段中的第 1~12 槽)对应于意匠图中第九横列,且是选针编织"□"色纱的线圈,所以第 25~28 槽(即第 III 段中的第 1~4 槽)应排高钢米,第 29~36 槽(即第 III 段中的第 5~12 槽)应不排钢米。8 个提花轮上其余各段的钢米排列以此类推,全部排列如表 4-1 所示。

图 4-11 花型意匠图与上机工艺图

(九) 减轻花纹的螺旋形分布

从图 4-11 的花纹分布可以看出,花纹呈现大约 $70°$ 的倾斜配置,成螺旋形分布,幸而这种花纹有较明显的两色相间的纵条纹,花纹的螺旋形分布才不明显。

当成圈系统数愈多,花纹的纵移愈大,螺旋形分布也愈明显。只有在余数 $r=0$ 时,花纹的螺旋形分布才会消失。

当余数 $r \neq 0$ 时,为了减轻这种螺旋形分布的不良影响,在设计花纹图案时,应对花纹尺寸、位置布局、纵移和段的横移情况作全面考虑,使相邻的两个完全组织能合理配置,首尾衔接,形成比较自然的 45° 左右的螺旋形分布,这样比较合乎人们的习惯。

表 4-1 提花轮槽钢米排列表

色纱	提花轮段号 针筒转数 提花轮编号	I	II	III	IV	V
		1	2	3	4	5
×	1	1~6 无、7~12 高	1~2 高、3~6 无、7~9 高、10~11 无、12 高	1~4 无、5~12 高	1~6 无、7 高、8~9 无、10~12 高	1~2 无、3~4 高、5~7 无、8~10 高、11~12 无
□	2	1~6 高、7~12 无	1~2 无、3~6 高、7~9 无、10~11 高、12 无	1~4 高、5~12 无	1~6 高、7 无、8~9 高、10~12 无	1~2 高、3~4 无、5~7 高、8~10 无、11~12 高
×	3	1~9 无、10~12 高	1 无、2~3 高、4~7 无、8~10 高、11 无、12 高	1~5 无、6~12 高	1~6 无、7~8 高、9~10 无、11~12 高	1~3 无、4~5 高、6 无、7~11 高、12 无
□	4	1~9 高、10~12 无	1 高、2~3 无、4~7 高、8~10 无、11 高、12 无	1~5 高、6~12 无	1~6 高、7~8 无、9~10 高、11~12 无	1~3 高、4~5 无、6 高、7~11 无、12 高
×	5	1~6 无、7 高、8~9 无、10~12 高	1~2 无、3~4 高、5~7 无、8~10 高、11~12 无	1~6 无、7~12 高	1~2 无、3~6 无、7~9 高、10~11 无、12 高	1~4 无、5~12 高
□	6	1~6 高、7 无、8~9 高、10~12 无	1~2 高、3~4 无、5~7 高、8~10 无、11~12 高	1~6 高、7~12 无	1~2 无、3~6 高、7~9 无、10~11 高、12 无	1~4 高、5~12 无
×	7	1~6 无、7~8 高、9~10 无、11~12 高	1~3 无、4~5 高、6 无、7~11 高、12 无	1~9 无、10~12 高	1 无、2~3 高、4~7 无、8~10 高、11 无、12 高	1~5 无、6~12 高
□	8	1~6 高、7~8 无、9~10 高、11~12 无	1~3 高、4~5 无、6 高、7~11 无、12 高	1~9 高、10~12 无	1 高、2~3 无、4~7 高、8~10 无、11 高、12 无	1~5 高、6~12 无

第五节 拨片式选针装置与选针原理

一、选针原理

拨片式选针单面提花圆纬机的成圈与选针机件及其配置如图4-12所示。在针筒1的每一针槽中,从上而下安插着织针2、挺针片(又称中间片)3和选针片(又称提花片)4,拨片式选针装置5和三角座6安装在针筒外侧,分别作用于选针片和挺针片及织针。沉降片7安插在沉降片圆环8中,受沉降片三角9的作用,10是导纱器。

图 4-12 拨片式单面提花机的成圈与选针机件配置　　图 4-13 拨片式选针装置

（1）正视图

（2）俯视图

图4-13显示了拨片式选针装置的结构。每一选针装置上有39档从低到高彼此平行排列的拨片1,每一档拨片可拨至左、中和右三个位置,如图中(2)中的位置2、3和4。

图4-14显示了选针片的构型。每一选针片上有39档齿,其中1~37档齿称为选针齿,每片选针片只保留其中一档选针齿。此外,奇数选针片还保留了A齿,偶数选针片还保留了B齿,A和B齿用于快速设置。选针片上39档不同高度的齿与拨片式选针装置的39档拨片一一对应。

选针原理如图4-15所示。当某一档拨片置于中间位置时,拨片的前端作用不到留同一档齿的选针片,不将这些选针片压入针槽,从而使与选针片相嵌的挺针片的片踵露出针筒,在挺针片三角的作用下,挺针片上升,将织针推升到退圈高度,从而编织成圈。如果某一档拨片拨至右方,挺针片在挺针片三角的作用下上升将织针推升到集圈(不完全退圈)高度后,与挺针片相嵌的并留同一档齿的选针片被拨片前端压入针槽,使挺针片不再继续上升退圈,从而其上方的织针集圈。如果某一档拨片拨至左方,它会在退圈一开始就将留同一档齿的选针片压入针槽,使挺针片片踵埋入针筒,从而导致挺针片不上升,这样织针也不上升(该机没有起针三角)即不编织。这种选针方式也属于三功位(成圈、集圈、不编织)选针。

图 4-14　选针片构型　　　　　图 4-15　拨片选针原理

二、花型的大小

拨片式选针装置形成花型的大小与拨片的档数,机器的成圈系统数以及总针数有关。

(一)完全组织宽度 B

由于各片选针片的运动是相互独立的,每片选针片只保留第 1～37 档选针齿中的一齿,留齿高度不同的选针片的运动规律可以不一样,所以通过挺针片作用于织针后能形成 37 种不同的花纹纵行,即 $B_0 = 37$。如果选针片留齿呈步步高或步步低不对称排列,则一个完全组织的最大花宽 $B_{max} = 37$ 纵行。如留齿呈"∧"或"∨"形式的排列,则 $B_{max} = 74$ 纵行。为了使花宽能被总针数 N 整除,一般对于前一种排列,取 $B_{max} = 36$;如后者采用对称单片排列,最大花宽 $B_{max} = 72$。若将留齿不同的 37 档选针片按各种顺序交替重复排,使一个完全组织中有许多纵行是这 37 种不同花纹纵行的重复,但不成循环,这样可以增加花宽。实际设计花型时,最好使花宽能被总针数整除,这样针筒一周可编织整数个花型。

(二)完全组织高度 H

一个完全组织的最大花高 H_{max} 等于机器的成圈系统数(即选针装置数)M 除以色纱数 e。例如某机有 90 个成圈系统,欲编织两色提花织物,则最大花高 $H_{max} = M/e = 90/2 = 45$ 横列。与后面将要介绍的电子选针相比,拨片式选针能够编织的花高较小,有一定的限制,故又称"小提花"选针。

实际设计花型时,不一定要使完全组织横列数 H 等于最大花高 H_{max},但最好做到 H 被 M 整除,这样针筒转一圈,可编织出整数个花型。如不能做到整除,可将余数系统选针装置的各档拨片设置成不编织(拨至左方)。例如:$M = 96$,$H = 15$,$96 = 6 \times 15 + 6$,可将余下的六个系统设置成不编织,这样机器转一圈可编织六个花型。

三、应用实例

拨片式选针提花圆纬机编织工艺的应用,包括织物设计、根据意匠图或编织图排列成圈系统和色纱、选针片的排列、设置各选针装置各档拨片的位置。

图 4-16(1)显示的是一种两色单面结构均匀提花织物的原始花型意匠图,一个完全组织高 10 横列,宽 10 纵行。可以看出,每一横列第 1 色和第 2 色线圈都是连续五个排列,这样在连续五个某色线圈的背后,将存在另一色的长浮线,容易勾丝。为此,可以利用拨片式选针具有三功位选针的特点,引入集圈来缩短浮线。图 4-16(2)是经过改进的意匠图,新引入了两个符号。符号"○"表示该位置在奇数系统用第 1 色纱成圈,在偶数系统用第 2 色纱集圈;符号"·"则正好相反。为了便于理解,图 4-17 给出了与图 4-16(2)第 1 横列相对应的编织图,可见集圈的引入,使浮线长度从跨越 5 个纵行缩短至跨越 2 个纵行。此外,从第三章所述的集圈组织特性可知,集圈悬弧在织物正面不显露,所以集圈的引入对于两色花型图案并无影响。

图 4-16 两色单面提花织物花型意匠图

图 4-16(2)的右侧是成圈系统(即选针装置)的排列和色纱配置,按照两个系统编织一个横列的原则自第 1 横列开始排序,编织一个完全组织需要 20 个成圈系统,且奇数系统排第 1 色纱,偶数系统排第 2 色纱。如果该提花圆纬机有 80 个成圈系统,则重复排列后续 60 个系统,机器一转可以编织 4 个花型。

图 4-17 与改进意匠图第 1 横列相对应的编织图

由于该织物的花宽只有 10 个纵行,小于选针片上 37 档选针齿数,所以选针片留齿可以按照步步高或步步低方式排列,这里假定按照步步高(/)方式排列,即留第 1 档齿的选针片与意匠图中第 1 纵行对应,……,留第 10 档齿的选针片与意匠图中第 10 纵行对应。实际针织机上,选针片应按照 10 片一组插满针筒(假定总针数是 10 的倍数)。

根据花型意匠图、选针片的排列、每一选针装置(即每一系统)对应的花纹横列及色纱,可以作出每一选针装置中第 1 至第 10 档拨片的位置设置。为了说明问题,这里仅给出了与图 4-16(2)中第 1 至第 3 横列相对应的选针装置拨片的位置设置,如表 4-2 所示,其余选针装置拨片的设置读者可以自己分析。

表 4-2　拨片的设置

拨片档数	拨 片 位 置					
	第 1 系统	第 2 系统	第 3 系统	第 4 系统	第 5 系统	第 6 系统
10	右	中	左	中	左	中
9	左	中	左	中	中	左
8	左	中	左	左	中	左
7	中	左	左	左	中	右
6	中	左	左	右	左	中
5	中	右	左	左	左	中
4	中	左	左	左	左	中
3	中	左	左	中	左	中
2	左	中	左	中	右	中
1	左	中	右	中	左	中

第六节　电子选针与选片装置及选针原理

一、多级式电子选针原理

图 4-18 为多级式电子选针器的外形。它主要由多级(一般六或八级)上下平行排列的选针刀 1、选针电器元件 2 以及接口 3 组成。每一级选针刀片受与其相对应的同级电器元件控制,可作上下摆动,以实现选针与否。选针电器元件有压电陶瓷和线圈电磁铁两种。前者具有工作频率较高,发热量与耗电少和体积小等优点,因此使用较多。选针电器元件通过接口和电缆接收来自针织机电脑控制系统的选针脉冲信号。

由于电子选针器可以安装在多种类型的针织机上,因此机器的编织和选针机件的形式与配置可能不完全

图 4-18　多级式电子选针器

一样,但其选针原理还是相同的,下面仅举一个例子说明选针原理。

图4-19为一种电脑控制针织机编织与选针机件及其配置。图中1为八级电子选针器,在针筒2的同一针槽中,自下而上插着选针片3,挺针片4和织针5。选针片3上有八档齿,高度与八级选针刀片一一对应。每片选针片只保留一档齿,留齿呈步步高"/"或步步低"\"排列,并按八片一组重复排满针筒一周。如果选针器中某一级电器元件接收到不选针编织的脉冲信号,它控制同级的选针刀向上摆动,刀片可作用到留同一档齿的选针片3并将其压入针槽,通过选针片3的上端6作用于挺针片4的下端,使挺针片的下片踵没入针槽中,因此挺针片不走上挺针片三角7,即挺针片不上升。这样,在挺针片上方的织针也不上升,从而不编织。如果某一级选针电器元件接收到选针编织的脉冲信号,它控制同级的选针刀片向下摆动,刀片作用不到留同一档齿的选针片,即后者不被压入针槽。在弹性力的作用下,选针片的上端和挺针片的下端向针筒外侧摆动,使挺针片下片踵能走上挺针片三角7,这样挺针片上升,并推动在其上方的织针也上升进行编织。三角8和9分别作用于挺针片的上片踵和针踵,将挺针片和织针向下压至起始位置。

图4-19 多级式选针相关机件配置

对于八级电子选针器来说,在针织机运转过程中,每一选针器中的各级选针电器元件在针筒每转过八个针距都接收到一个信号,从而实现连续选针。选针器级数的多少与机号和机速有关。由于选针器的工作频率(即选针刀片上下摆动频率)有一上限,所以机号和机速愈高,需要级数愈多,致使针筒高度增加。这种选针机构属于两功位选针方式(即编织与不编织)。

二、单级式电子选针原理

图4-20显示了一种单级电子选针针织机的编织与选针机件及其配置。针筒的同一针槽中,自上而下安插着织针1,导针片2和带有弹簧4的选针片3。选针器5是一永久磁铁,其中有一狭窄的选针区(选针磁极)。根据接收到选针脉冲信号的不同,选针区可以保持或消除磁性,而选针器上除了选针区之外,其他区域为永久磁铁。6和7分别是选针片起针三角和复位三角。该机没有织针起针三角,织针工作与否取决于选针片是否上升。活络三角8和9可使被选中的织针进行编织或集圈。8和9同时被拨至高位置时,被选中的织针编织,两者同时被拨至低位置时,被选中的织针集圈。

选针原理如图4-21所示。在选针片3即将进入每一系统的选针器5时,先受复位三角1的径向作用,使选针片片尾2被推向选针器5,并被其中的永久磁铁区域7吸住。此后,选针片片尾贴住选针器表面继续横向运动。在机器运转过程中,针筒每转过一个针距,从电脑控制系统发出一个选针脉冲信号给选针器的狭窄选针磁极8。当某一选针片运动至磁极8时,若此刻选针磁极收到的是低电平的脉冲信号,则选针磁极保持磁性,选针片片尾仍被选针器吸住,如图中(2)的4。随着片尾移出选针磁极8,仍继续贴住选针器上的永久磁铁7区域横向运动。这样,选针片的下片踵只能从起针三角6的内表面经过,而不能走上起针三角,因此选针片不推动织针上升,即织针不编织。若该时刻选针磁极8收到的是高电平的脉冲信号,则选针磁极8的磁性消除。选针片在弹簧的作用下,片尾2脱离选针器5,如中(3)的4,随着针筒的回转,选针片下片踵走上起针三角6,推动织针上升工作(编织或集圈)。这种选针机构也属于两功位选针(编织或集圈,不编织)方式。

图 4-20　单级式选针与成圈机件配置　　　　图 4-21　单级式选针原理

与多级式电子选针器相比,单级式选针具有以下优点。

(1) 选针速度快,可超过2 000针/秒,能适应高机号和高机速的要求,而多级式选针器的每一级,不管是压电陶瓷或电磁元件,目前只能做到80~120针/秒,因此为提高选针频率,要采用六级或六级以上。

(2) 选针器体积小,只需一种选针片,运动机件较少,针筒高度较低。

(3) 机件磨损小,灰尘造成的运动阻力也较小。

但单级式电子选针器对机件的加工精度以及机件之间的配合要求很高,否则不能实现可靠选针。

对于多极式和单极式电子选针器来说,只能进行两功位选针。为了在一个成圈系统实现三功位电子选针,需要在一个系统中安装两个电子选针器,对经过该系统的所有织针进行两次选针,三角也要相应专门设计。有关内容在第五章第三节"无缝内衣成形编织工艺"以及第五章第四节"横机产品成形编织工艺"中有所介绍。

三、电子选沉降片原理

图 4-22 显示了一种电子选沉降片装置及选片原理。在沉降片圆环的每一片槽中,自里向外安插着沉降片 1、挺片 2、底脚片 3 和摆片 4。电子选片器 5 上有两个磁极,分别是内磁极 6 和外磁极 7,它们可交替吸附摆片 4,使其摆动。沉降片圆环每转过一片沉降片,电子选片器接收到一个选片脉冲信号,使内磁极或外磁极产生磁性。当外磁极吸附经过摆片 4 时,摆片 4 逆时针摆动[图中(2)],通过摆片 4 作用于底脚片 3,使底脚片 3 受底脚片三角 8 的作用,沿着箭头 A 的方向运动[图中(1)],再经挺片 2 的传递,使沉降片 1 向针筒中心挺进,其片喉的运动轨迹为 A′,此时将形成毛圈。如果是内磁极吸附经过的摆片 4 时,摆片 4 顺时针摆动[图中(3)],通过摆片 4 作用于底脚片 3,使 3 不受底脚片三角 8 的作用,沿着箭头 B 的方向运动[图中(1)],从而使沉降片 1 不向针筒中心挺进,其片喉的运动轨迹为 B′,即不形成毛圈。图中(1)的 9 和 10 分别是挺片分道三角和沉降片三角。

图 4-22 电子选沉降片原理

四、电子选针盘针原理

电子选针装置最初是用于选择针筒针,随着技术的进步,近年来也用在双面圆纬机上选择针盘针,实现了上下针都电子选针,从而大大扩展了双面织物的花型与结构。

沉降片是安插在水平配置的沉降片圆环中,作圆周转动和径向运动。而针盘针是安插在水平配置的针盘中,也作圆周转动和径向运动。因此上述电子选沉降片原理也可用于电子选针盘针。

图 4-23 显示了部分成圈与选针机件的配置。电子选针器 5 也有两个磁极,通过交替吸附,可使摆片 4 顺时针或逆时针摆动。当摆片 4 顺时针摆动时,底脚片 3 受底脚片三角(图中未画出)的作用向针筒(针盘)外侧方向挺进,通过挺针片 2 的传递,推动针盘针 1 退圈与编织。

当摆片 4 逆时针摆动时,底脚片 3 不受底脚片三角的作用不向针筒(针盘)外侧方向运动,挺针片 2 也不向外运动,从而使针盘针 1 不退圈与编织。这种选针形式也属于两功位选针方式。

图 4-23　电子选针盘针的部分机件配置

五、电子选针(选片)圆纬机的特点

在具有机械选针装置的普通针织机上,不同花纹的纵行数受到针踵位数或选针片片齿档数等的限制,而电子选针(选片)圆纬机(常称电脑针织机)可以对每一枚针(沉降片)独立进行选择(又称单针选针/选片)。因此,不同花纹的纵行数最多可以等于总针数。对于机械选针(选片)来说,花纹信息是储存在变换三角、提花轮、拨片等机件上,储存的容量有限,因此不同花纹的横列数也受到限制。而电子选针(选片)针织机的花纹信息是储存在计算机的内存和磁盘上,容量大得多,而且针筒每一转输送给各电子选针器的信号可以不一样,所以不同花纹的横列数可以非常多。从实用的角度说,花纹完全组织的大小及其图案可以不受限制。

在设计花型和织物结构以及制定编织工艺时,需要采用与电脑针织机相配的计算机辅助花型准备系统,通过鼠标、数字化绘图仪、扫描仪、数码相机等装置来绘制花型和输入图形,并设置上机工艺数据。设计好的花型信息保存在优盘上,将优盘插入与针织机相连的电脑控制器中,便可输入选针(选片)等控制信息,进行编织。

思考练习题

(1) 选针与选片装置分几种类型,各有何特点?

(2) 分针三角选针的特点和适用对象是什么?

(3) 多针道变换三角选针的花宽和花高与哪些因素有关?

(4) 画出与编织图 3-80 和 3-88 相对应的织针与三角排列图,并说明这两种组织在什么针织机上编织。

(5) 什么是段的横移和花纹的纵移,它们与哪些因素有关?

(6) 已知提花轮选针圆纬机的总针数 $N=470$,提花轮槽数 $T=50$,成圈系统数 $M=9$,色纱数 $e=3$。试在方格纸的 $H \times B$ 的范围内任意设计三色提花图案,并作出提花轮排列顺序、色纱配置、段号排列顺序及与针筒转数的关系,以及第 5 提花轮上钢米的排列。

(7) 拨片式选针的花宽和花高与哪些因素有关?

(8) 作出与图 4-16(2)对应的第 11～14 选针装置上各拨片的位置设置。

(9) 多极式电子选针器的级数与哪些因素有关?单极式电子选针器与多极式相比有何优缺点?

实验课内容

1. 在双面多针道圆纬机现场,开慢车观察该机的运转;拆下编织一个完全组织所用到的上三角和下三角,观察并记录下上下织针的排列、上下三角的构型与配置、以及纱线的排列,了解多针道变换三角的选针原理以及对应的走针轨迹;根据织针、三角和纱线排列,画出对应的一个完全组织编织图。

2. 在双面拨片式提花圆纬机现场,开慢车观察该机的运转;拆下编织一个完全组织所用到的上三角和下针拨片式选针机构,对照备用的上下织针、挺针片和选针片,观察上下织针、下针的挺针片和选针片的构型与在机上的排列;尝试向左、中、右位置拨动某一路拨片式选针机构的最高一档拨片并在结束时恢复原位;记录一个完全组织所用到的纱线与上三角排列、各路拨片式选针机构所用到的各挡拨片的左中右位置,画出对应的一个完全组织编织图和织物正面意匠图。

3. 在双面多级式电脑提花圆纬机现场,开慢车观察该机的运转;拆下一路上三角和一个下针电子选针装置,对照备用的上下织针、挺针片和选针片,观察上下织针、下针挺针片和选针片的构型与在机上的排列;观察并上下拨动下针电子选针装置的选针刀片,认识该选针装置的选针原理。

第五章　纬编成形产品与编织工艺

第一节　纬编针织成形方法

成形是针织生产的一个重要特点,它是在编织过程中就形成具有一定尺寸和形状的全成形或半成形衣片及衣坯,可以不需进行裁剪缝纫或只需进行少量裁剪缝纫就能制成所要求的服装。纬编针织成形的方法主要有以下三种。

(一) 改变织物的线圈长度

由公式(2-2)可知,线圈长度与织物圈距圈高有关,且基本上是正比关系。当参加编织的针数不变的情况下,通过改变线圈长度,可以使不同部位、不同区域的尺寸发生变化以达到所需要的形状。电脑控制的袜机、无缝内衣机和横机等可采用这种方法。例如,长筒袜从大腿至小腿的线圈长度逐步减小,从而实现袜筒筒径也逐步减小,以符合腿形的变化。

这种成形方法的优点为:在电脑控制袜机、无缝内衣机和横机等上可以通过程序和步进电机,编织时动态调整弯纱三角的高低位置,改变线圈长度比较方便;缺点是线圈长度变化范围有限,且不同线圈长度区域的织物密度不同,导致其物理机械性能和服用性能存在差异。

(二) 不同织物组织的组合

在编织过程中,不改变参加编织的针数,利用不同织物组织的组合使所编织的织物宽度发生变化,从而形成所需要的形状。例如,单面集圈组织中的未封闭悬弧在纱线弹性力的作用下力图伸直,会将相邻的线圈纵行向两侧推开,从而使相同针数下单面集圈组织的宽度大于纬平针组织的宽度。编织无缝针织内衣、横机产品等常采用这一方法。

这种成形方法的优点在于,在电脑控制的无缝内衣机和横机等针织机上改变织物组织结构较方便;缺点是织物形状与尺寸的变化有一定限度,且不同组织结构其物理机械性能和服用性能也不相同。

(三) 减少或增加参加编织的针数

在编织过程通过减少或增加参加编织的针数(又称收放针)使所编织织物的宽窄和形状发生变化,从而编织出所要求的形状。针织横机成形衣片、袜机编织袜头袜跟等常采用这一方法。

这种成形方法的优点是可以根据设计要求编织各种形状与尺寸的衣片以及三维全成形的衣坯等产品。缺点是编织过程较复杂,对纱线性能要求较高,生产效率较低。

第二节 袜品成形编织工艺

一、袜品的结构

袜品种类很多,根据袜子的花色和组织结构,可以分为素袜、花袜(绣花袜、提花袜等)、单面(组织)袜、双面(组织)袜等;根据袜筒长短可以分为连裤袜、长筒袜、中筒袜和短筒袜、船袜等。

尽管袜品的种类繁多,但就其结构而言主要组成部分大致相同,仅在尺寸大小和花色组织等方面有所不同。图5-1所示为几种常见袜品的外形图,其中(1)为短筒袜坯,(2)为中筒袜,(3)为长筒袜。

下机的袜子有两种形式:一种是袜头敞开的袜坯,如图中(1)所示,需将袜头缝合后才能成为一只完整的袜子;另一种是已形成了完整的袜子(即袜头已缝合),如图中(2)、(3)所示。

传统的长筒袜主要组成部段一般包括袜口1、上筒2、中筒3、下筒4、高跟5、袜跟6、袜底7、袜面8、加固圈9、袜头10等。中筒袜没有上筒,短筒袜没有上筒和中筒,其余部段与长筒袜相同。

不是每一种袜品都包括上述的组成部

图5-1 袜品外形与结构

段。如目前深受消费者青睐的高弹丝袜结构比较简单,袜坯多为无跟型,由袜口(裤口)、袜筒过渡段(裤身)、袜腿和袜头组成。袜品各部段的结构与作用如下。

1. 袜口

袜口的作用是使袜边既不脱散又不卷边,能紧贴在腿上,穿脱时方便。单面圆袜机编织的袜品一般采用平针双层袜口或衬垫氨纶弹力线双层袜口,双面圆袜机编织的袜品一般采用具有良好弹性和延伸性的罗纹组织或衬以橡筋线或氨纶丝的罗纹衬纬组织。

2. 袜筒

袜筒的形状必须符合腿型,特别是长袜,应根据腿形不断改变各部段的尺寸即密度。袜筒的织物组织除了采用平针组织和罗纹组织之外,还可采用各种花色组织来增强外观效应,如提花袜、绣花添纱袜、网眼袜、集圈袜、凹凸袜和毛圈袜等。

3. 高跟

高跟属于袜筒部段,但由于这个部段在穿着时与鞋子发生摩擦,所以编织时通常在该部段加入一根加固线,以增加其坚牢度。

4. 袜跟与袜头

袜跟要织成袋形,以适合脚跟的形状。否则袜子穿着时将在脚背上形成皱痕,而且容易脱落。编织袜跟时，相应于袜面部分的织针要停止编织，只有袜底部分的织针工作，同时按要求进行收放针，以形成梯形的袋状袜跟。这个部段一般用平针组织，并需要加固，以增加耐磨性。袜头的结构和编织方法与袜跟相同。

5. 袜脚

袜脚由袜面与袜底组成。袜底容易磨损，编织时需要加入一根加固线，俗称夹底。编织花袜时，袜面一般织成与袜筒相同的花纹，以增加美观，袜底无花。由于袜脚也呈圆筒形，所以其编织原理与袜筒相似。袜脚的长度决定袜子的大小尺寸，即决定袜号。

6. 加固圈

加固圈是在袜脚结束时、袜头编织前再编织 12、16、24 个横列（根据袜子大小和纱线粗细而不同）的平针组织，并加入一根加固线，以增加袜子牢度，这个部段俗称"过桥"。

7. 套眼横列与握持横列

袜头编织结束后还要编织一列线圈较大的套眼横列，以便在缝头机上缝合袜头时套眼用；然后再编织 8～20 个横列作为握持横列，这是缝头机上套眼时便于用手握持操作的部段，套眼结束后即把它拆掉，俗称"机头线"，一般用低级棉纱编织。

近年来，随着新型原料的应用和产品向轻薄细致、花色多样的方向发展，以及人们生活水平的提高，袜品的坚牢耐穿已退居次要，许多袜品的结构也在变化。例如，袜底不再加固，高跟和加固圈也被取消，五指袜等。

袜品的袜筒与袜脚部段为圆筒形织物，其组织结构及编织工艺与第三章的许多内容相似，这里不再赘述。袜品的成形部段包括袜口、袜跟和袜头，下面介绍单面圆袜的袜口与袜跟及袜头的编织工艺。

二、双层袜口的编织工艺

(一) 袜口的组织结构

单面袜子的袜口按其组织结构的不同可分为平针双层袜口、衬垫袜口、罗纹袜口等。

平针双层袜口是平针组织，但由于平针组织具有卷边性，故平针袜口一般采用双层。此外平针组织的延伸性和回弹性较差，使袜子在穿着过程中容易脱落，因此平针袜口除了地纱外，还加入了氨纶等弹性纱线，后者以添纱方式成圈。平针双层袜口在女丝袜等产品中应用较多。

目前单面圆袜机编织的袜口多采用氨纶（或橡筋线）衬垫双层袜口来提高延弹性和防脱落性，也就是所谓的双层假罗口，其广泛用于各类单面袜品。袜口中除了地纱外，弹性纱线以衬垫方式被地组织锁住。

(二) 双层袜口的编织工艺

双层袜口的编织可采用双片扎口针或单片扎口针。两种扎口针的编织原理相似，单片扎口针主要用于高机号袜机。这里介绍双片扎口针编织衬垫双层袜口的方法，其过程分为起口挂圈、双层衬垫编织和扎口转移三个阶段。

1. 起口和扎口装置的结构

采用带有双片扎口针（俗称哈夫针）的起口和扎口装置，如图 5-2 所示。1 为扎口针圆盘，位于针筒上方；2 为扎口针三角座；扎口针 3 水平地安装在扎口针圆盘的针槽中；扎口针圆盘 1 由齿轮传动，并与针筒同心、同步回转。扎口针 3 的形状如图 5-3 所示，由可以分开的两片薄片组成。扎口针的片踵有长短之分，其配置与针筒上的袜针一致，即长踵扎口针配置在长踵袜针上方,短踵扎口针配置在短踵袜针上方,扎口针针数为袜针数一半,即一隔一地插在扎口针圆盘的针槽中。编织袜面部分的一半袜针排短踵针(或长踵针),编织袜底部分的另一半袜针排长踵针(或短踵针)。袜针的具体排列取决于袜跟、袜头的编织方法。

扎口针三角座中的三角配置如图 5-4 所示,可垂直升降的推出三角 1 和拦进三角 2 控制扎口针在扎口针圆盘内做径向运动。推出三角 1 在起口时下降进入工作,使扎口针移出,挂住未升起袜针上方的线弧,随后扎口针沿圆盘内沿收进一些。在扎口转移时,三角 1、2 同时下降进入工作,使扎口针上的线圈转移到袜针上,从而形成双层袜口。

2. 起口过程

袜子的编织过程是单只落袜,所以每只袜子开始编织前,上一只袜子的线圈全部由针上脱下,为了起口必须将关闭的针舌全部打开。此时通过选针使袜针一隔一地上升钩取纱线,并配合沉降片的运动,使纱线处于那些未升起的袜针背后,形成一隔一垫纱,如图 5-5 中(1)所示,图中奇数袜针为上升的袜针,针钩内垫入了纱线 I。

图 5-2 扎口装置

图 5-3 扎口针   图 5-4 扎口针三角

图 5-5 袜口起口过程

在编织第二横列时,所有袜针上升退圈,面纱导纱器对所有袜针垫入纱线Ⅱ。这样,在上一横列被升起的奇数袜针上形成了正常线圈,而在那些未被升起的偶数袜针上只形成了不封闭的悬弧,如图5-5中(2)所示。

第三横列要形成挂圈,袜针以一隔一的形式上升。此时扎口针装置要与其配合,使与袜针相间排列的扎口针径向向外伸出,具体过程:扎口针三角座中的推出三角1分级下降进入工作,即在长踵扎口针通过之前下降一级,待长踵针通过时,三角1再下降一级;于是所有扎口针受三角1作用向圆盘外伸出,并伸入一隔一针的空档中钩取纱线Ⅲ,如图5-5中(3)所示。推出三角1在针筒第三转结束时就停止起作用,即当长踵扎口针重新转到三角1处,它就上升退出工作。扎口针钩住第三横列纱线后,受扎口针三角座的圆环边缘作用径向退回,并握持这些线圈直至袜口织完为止。

第四横列编织时,针筒上的袜针还是一隔一地垫入纱线Ⅳ进行编织,如图5-5中(4)所示。在扎口针完成钩住悬弧后,其悬弧两端与相邻袜针上的线圈相连,使袜针上线圈受到向上吊起拉力;再编织一个一隔一针的线圈横列,可以消除线圈向上吊起的拉力,特别是对于短纤维纱线袜口更有利。

第五横列,在全部袜针上垫入纱线Ⅴ成圈,如图5-5中(5)所示。

3. 双层衬垫组织的编织

双层衬垫组织是袜口的主体段。编织此部段时,所有袜针在一个系统垫入面纱;在下一系统中,按照衬垫比例进行选针垫入的氨纶纱,形成了平针衬垫组织。由于氨纶纱具有弹性,当编织结束失去张力后即在织物中伸展而成直线配置,浮在织物反面,并使平针线圈纵行相互靠拢而间隔地呈凹凸状态,它的外观与罗纹相似,故被称假罗口。

4. 扎口过程

袜口编织到一定长度后,将扎口针上的线圈转移至袜针针钩内,将所织袜口长度对折成双层,这个过程称为扎口。

首先使所有袜针上升,此时扎口装置配合工作,带有悬弧的扎口针在袜针上升前,经分级推出三角1的作用被向外推出,所有袜针中的偶数针升起进入扎口针的小孔内,如图5-6所示。而后扎口针经拦进三角2的作用向里缩回,这样便把扎口针上的线圈转移到袜针上。此后全部袜针上升,进入编织区域,这时在奇数袜针上,旧线圈退圈、垫纱形成正常的线圈;而在偶数袜针上,除套有原来的旧线圈以外,还有一只从扎口针中转移过来的悬弧,在编织过程中,线圈和悬弧一起脱到新线圈上,将袜口对折相连,袜口扎口处的线圈结构如图5-7所示。

图5-6　扎口　　　　　　　　图5-7　扎口的线圈结构

袜口编织结束后,在编织袜筒时常常先编织几个横列的防脱散线圈横列。

三、袜跟和袜头的结构与编织工艺

(一) 袜头和袜跟的结构

袜跟应编织成袋形,其大小要与人的脚跟相适应,否则袜子穿着时会在袜背上将形成皱痕。

圆袜机上编织袜跟,是在一部分织针上进行,并在整个编织过程中袜跟部分的袜针进行握持线圈收放针(简称持圈收放针),以达到织成袋形的要求。在开始编织袜跟时,相应于编织袜面的一部分针停止工作。针筒做往复回转,编织袜跟的针先以一定次序收针,当达到一定针数后再进行放针,如图 5-8 所示。当袜跟编织完毕,那些停止作用的针又重新工作。

图 5-8　袜跟的形成

在袋形袜跟中间有一条跟缝,跟缝的结构影响着成品的质量,跟缝的形成取决于收放针方式。跟缝有单式跟缝和复式跟缝等几种。

如果收针阶段针筒转一转收一针,而放针阶段针筒转一转也放一针,则形成单式跟缝。在单式跟缝中,双线线圈是脱卸在单线线圈之上,袜跟的牢度较差,一般很少采用。如果收针阶段针筒转一转收一针,在放针阶段针筒转一转放两针收一针,则形成复式跟缝。复式跟缝是由两列双线线圈相连而成,跟缝在接缝处所形成的孔眼较小,接缝比较牢固,故在圆袜生产中广泛应用。

袜头的结构与编织方法与袜跟相似。有些袜品在袜头织完之后进行套眼横列和握持横列的编织,其目的是为了以后缝袜头的方便,并提高袜子的质量。

(二) 袜跟和袜头的编织

1. 编织的基本原理

袜跟有多种结构,图 5-10 所示为普通袜跟的展开图。在开始编织袜跟时应将形成 ga 与 ch 段部段的针停止工作,其针数等于针筒总针数的一半,而另一半形成 ac 段部段的针(袜底针),在前半只袜跟的编织过程中进行单针收针,直到针筒中的工作针数只有总针数的 1/5~1/6 为止,这样就形成前半只袜跟如图中 $a—b—d—c$。后半只袜跟是从 bd 部段开始进行编织,这时就利用放两针收一针的方法来使工作针数逐渐增加,以得到如图中 $b—d—f—e$ 部段组成的后半只袜跟。袜坯下机后,ab、cd 分别与相应部分 be、df 相连接,ga 与 ie、ch 与 fj 相连接,即得到了袋形的袜跟。

袜头也有多种结构,图 5-11 显示了楔形袜头的展开图,它是在针筒总针数的一半(袜面针)上织成的。首先在袜面针 ab 处开始收针编织,直到 1/3 袜面针 cd 处;接着所有袜面针 ef 进入编织,并在左右两侧进行收针编织 12 个横列;在编织至 gh 处时,使左右两侧的织针 gj 和 hk 同时退出工作,只保留 1/3 袜面针 jk 编织;而后进行放针编织,直至 mn 处所有针放完。袜坯下机后,ac、bd 分别与 ec、fd 相连接,eg、gj 与 mj 相连接,fh、hk 与 nk 相连接,再将袜头缝合,便可得到封闭的袋形袜头。

2. 圆袜机成形编织的技术特征

根据所编织袜品结构与花型的不同,圆袜机可分为单面袜机和双面袜机两大类,并有丝袜机、提花袜机、绣花袜机、毛圈袜机、医疗袜机等,其中单面圆袜机数量较多,且普遍采用了电脑

图 5-10　袜跟的展开图

图 5-11　楔形袜头的展开图

控制。单面圆袜机在编织袜筒和袜脚时,针筒单向转动,编织原理如同一般的圆纬机。为了实现袜跟、袜头袋形结构的成形编织,还具有一般圆纬机所不具备的技术特征,主要表现在:(1)袜机的针筒可以正、反向往复回转,并采用了双向针三角座,使织针可在两个方向运动进行成圈、收放针等编织;(2)配置了挑针器与撤针器等机件,以便进行收针与放针;(3)一些三角可以受程序控制径向进出运动,以驱动不同长度针踵的部分袜针等机件进入或退出工作。

第三节　无缝内衣成形编织工艺

一、无缝内衣的结构与编织原理

传统的针织内衣(汗衫、背心、短裤等)的生产,都是先将光坯布裁减成一定形状的衣片,再缝制而成最终产品。因此,在内衣的两侧等部位具有缝迹,对内衣的整体性、美观性和服用性能都有一定的影响。此外,普通针织内衣是由平面衣片缝制而成,对人体三维型态的适型性较差。

无缝针织内衣是 20 世纪末发展起来的新型高档针织产品,其加工特点是在专用针织圆机上一次基本成形即半成形,不仅在内衣的两侧无缝迹,而且可以在内衣不同部位采用不同的织物组织并结合原料搭配来适应人的三维体型,衣坯下机后稍加裁剪缝边以及后整理便可成为无缝的最终产品。图 5-12 显示了一件女士无缝背心的实例,其各部位采用了不同的组织结构;在编织针数(即线圈纵行数)相同的情况下,平针组织尺寸较宽用作文胸凸出部位,而

图 5-12　女士无缝背心的结构

3+2假罗纹组织尺寸较窄用于收腰部位,吊针组织使文胸具有向中间收紧和向上吊起的表观。无缝针织内衣产品除了一般造型的背心和短裤等外,还包括吊带背心、胸罩、护腰、护膝、高腰缩腰短裤、泳装、健美装、运动服和休闲装等。

无缝内衣专用针织圆机是在袜机的基础上发展而来,其特点为:一是基本上具有袜机除编织头跟之外的所有功能,并增加了一些机件以编织多种结构与花型的无缝内衣;二是针筒直径较袜机大,一般在254~432 mm(10~17英寸),以适应各种规格产品的需要。

下面以一件简单的单面无缝三角短裤为例,说明其结构与编织原理。图5-13显示了一种三角短裤的外形。图中(1)为无缝圆筒形裤坯结构的正视图,(2)和(3)分别为沿圆筒形两侧剖开后的前片和后片视图。

图5-13　无缝针织短裤结构

编织从 A—B 开始。A—B—C—D 段为裤腰,采用与平针双层或衬垫双层袜口类似的编织方法,通常加入橡筋线进行编织。C—D—E—F 段为裤身,为了增加产品的弹性、形成花色效应以及成形的需要,一般采用两根纱线编织,其中地纱多为较细的锦纶弹力丝或锦纶/氨纶包芯纱等,织物结构可以是添纱(部分或全添纱)、集圈、提花、毛圈等组织或它们的组合。E—F—G—H 段为裤裆,原料与结构可以与 C—D—E—F 段相同或不同,曲线 E—I 和 F—J 是编织出的裁剪线,其织物结构与裤身及裤裆不同。G—H—K—L 为结束段,采用双纱编织。圆筒形裤坯下机后,将 E—K—I' 和 F—L—J' 部分裁去并缝上弹力花边,再将前后的 I—J 段缝合(其中 I—J—J'—I'—I 为缝合部分),便形成了一件无缝短裤。

尽管无缝针织内衣属于半成形产品,但它具有工艺流程短,生产效率高,无缝和整体性好、穿着舒适等优点,尤为适合生产贴身或紧身内衣类产品。

二、无缝内衣针织圆机的结构与工作原理

电脑控制无缝内衣针织圆机分单针筒和双针筒两类,可分别生产单面和双面无缝针织产品,目前单面无缝针织产品与单针筒无缝内衣机占大多数。下面介绍一种单针筒无缝内衣针织圆机的主要机件配置与工作原理。

(一)编织机件

1. 织针

如图 5-14(1)所示,针踵分长、短两种,便于三角在机器运转过程中径向进出控制,以适合不同织物组织的编织。在针筒的同一针槽中,自上而下安插着织针、中间片(也称挺针片)和选针片(也称提花片)。

2. 沉降片

如图 5-14(2)所示,插在沉降片圆环槽中,与针槽相错排列,配合织针进行成圈。片踵分

高、低两种,高片踵沉降片可用来编织毛圈组织。

图 5-14　编织机件　　　　　　　　图 5-15　选针装置

3. 哈夫针

采用单片式哈夫针,如图 5-14(3)所示。哈夫针仅在编织产品的下摆或腰部等起始部段的起口与扎口时进入工作,具体的起口与扎口过程见本章第二节中的双层袜口的编织。

4. 中间片

如图 5-14(4)所示。中间片装在针筒上,位于织针和选针片之间,起传递运动的作用,可将织针升高或将选针片压下,供下一个电子选针器进行选针。

5. 选针片

如图 5-14(5)所示。每片选针片上仅留一档齿,共有 16 片留不同档齿的选针片,在机器上呈"/"(步步高)排列。受相对应的 16 把电磁选针刀的控制,进行选针。

(二) 选针装置

该机采用 8 个编织系统,每一系统有两个电子选针装置。图 5-15 显示的该选针装置共有上下平行排列的 16 把电磁选针刀,每把选针刀片受一双稳态电磁装置控制,可摆到高低两种位置。当某一档选针刀片摆到高位时,可将留同一档齿的选针片压进针槽,使其片踵不沿选针三角上升,故其上方的织针不被选中。当某一档选针刀片摆至低位时,不与留同一档齿的选针片齿接触,选针片不被压进针槽,片踵沿选针三角上升,其上方的织针被选中。双稳态电磁装置由计算机程序控制,可进行单针选针,因此花型的花宽和花高不受限制,在总针数范围内可随意设计。

(三) 三角装置及其作用

图 5-16 为该机一个成圈系统的三角装置展开图。1~9 为织针三角,10 和 11 为中间片三角,12 和 13 分别为第一和第二选针区的选针三角,14 和 15 分别为第一和第二选针区的电子选针装置,该机在每一成圈系统有两个选针区。图中的黑色三角为活动三角,其中三角 1、2、4、5 和 11 可受电脑程序与电磁铁的控制径向进出,三角 8 和 9 可受电脑程序与步进电机的控制上下移动,其他三角(三角 3、6、7、10、12、13)均为固定三角。

当集圈三角 1 和退圈三角 2 都径向进入工作时,所有织针在此处上升到退圈高度。当集圈三角 1 径向进入工作而退圈三角 2 径向退出工作时,所有织针在此处只上升到集圈高度。而当集圈三角 1 和退圈三角 2 都径向退出工作时,织针在此处不上升,只有在选针区通过选针装置来选针编织,未被两个选针装置选中的选针片被压入针槽,对应的织针不上升即不编织。

参加成圈的织针在上升到退圈最高点后,在收针三角 3、4、6 和成圈三角 8 的作用下下降,垫纱成圈。收针三角 3、4、6 还可以防止织针上窜。当三角 4 和 5 径向退出工作及中间片挺针三角 11 径向进入工作时,在第一选针区被选中的织针在经过第二选针区时,仍然保持在退圈高度,直至受到第二选针区的收针三角 6 和成圈三角 8 作用时,才被压下垫纱成圈。

图 5-16　三角装置展开图

成圈三角 8 和 9 可上下移动改变弯纱深度,从而改变线圈长度。在有些型号的机器上,奇数路上成圈三角也可以沿径向运动,进入或退出工作,这时相邻两路就会只用一个偶数路上的成圈三角进行弯纱成圈。

中间片护卫三角 10 可以将被选中上升的中间片压回到起始位置,也可以防止中间片向上窜动。中间片挺针三角 11 作用于中间片的片踵上,当三角 11 径向进入工作时,中间片沿其上升,从而推动在第一选针区(选针装置 14 与选针三角 12)被选中的处于集圈高度的织针继续上升到退圈高度;当三角 11 径向退出工作时,在第一选针区被选中的织针只能上升到集圈高度。选针三角 12 和 13 位于针筒座最下方,可分别使被选针装置 14 和 15 选中的选针片沿其上升,从而通过其上的中间片推动织针上升。其中选针三角 12 只能使被选中的织针上升到集圈高度,而选针三角 13 可使被选中的织针上升到退圈高度,使针踵在三角 6、7 之间运行。

当集圈三角 1、退圈三角 2 和中间片挺针三角 11 都径向退出工作时,利用选针装置 14 和 15 以及选针三角 12 和 13,可以在一个成圈系统实现三功位选针:经过选针装置 14 和 15 都不被选中的织针不编织;仅在选针装置 14 被选中的织针集圈;仅在选针装置 15 被选中的织针成圈。

此外,该机每一成圈系统装有 8 个导纱器(又称纱嘴),数字①～⑧表示第 1 至第 8 号导纱器。每个导纱器都可以根据需要由电脑程序控制进入或退出工作。一般第 1、第 2 号导纱器穿地纱(常用锦纶/氨纶包芯纱),第 3 号导纱器穿橡筋线,第 4 至第 8 号导纱器穿面纱(常用锦纶、涤纶、棉纱等原料)。

三、无缝内衣设计与编织

(一) 无缝内衣的设计

无缝内衣机由电脑程序控制全自动编织。无缝内衣的设计需借助专用的绘图软件和工艺设计软件。绘图软件用来绘制无缝内衣的款式与造型,并对内衣各个部位填充适当的织物组织。工艺设计软件根据绘制的无缝内衣构型,设置编织过程中三角、导纱器、牵拉、转速等的工艺参数。

(二)常用织物组织的编织工艺

单面无缝内衣针织机的产品结构以添纱组织为主,包括普通添纱织物、浮线添纱织物、添纱网眼织物、提花添纱织物、集圈添纱织物和添纱毛圈织物等。下面结合图 5-16,介绍几种常用结构的编织工艺。

1. 局部(架空)添纱组织

其线圈图如图 5-17 所示(1、2、3 分别为面纱、地纱、面纱浮线)。编织该组织时,地纱始终成圈,而面纱根据结构和花型需要,有选择地在某些地方成圈,在不编织的地方以浮线的形式存在。当地纱较细时,可以形成网眼效果,而当地纱和面纱都较粗时,可以形成绣纹效果。

图 5-18 显示了编织浮线添纱组织的三角配置及走针轨迹。三角 1 和 2 径向退出工作,三角 4、5 和 11 径向进入工作。在第一选针区(选针装置 14 与选针

图 5-17 局部(架空)添纱组织

三角 12)被选中的织针经收针三角 4 后下降,如果在第二选针区(选针装置 15 与选针三角 13)不被选中,就沿三角 7 的下方通过,此时织针只能钩取到第 2 号(或第 1 号)导纱器的地纱而不会钩取到第 4 号(或第 5 号)导纱器的面纱,故地纱形成单纱线圈,面纱形成浮线;而在第二选针区又被选中的织针,将会沿三角 7 的上方通过,可以同时钩取到第 4 号(或第 5 号)导纱器的面纱以及第 2 号(或第 1 号)导纱器的地纱,面纱与地纱一起编织形成添纱线圈。

图 5-18 编织浮线添纱组织的三角配置及走针轨迹

2. 浮线添纱组织

其线圈图如图 5-19 所示(1、2、3 分别为面纱、地纱、地纱面纱浮线)。浮线添纱组织是通过选针使某些针参加编织形成线圈,而另一些针不参加编织形成浮线。如果参加编织的织针钩取两根纱线织成添纱线圈,就形成了添纱浮线结构;如果只有一个导纱器进入工作,采用一根纱线编织,就形成了平针浮线结构。

假罗纹组织是无缝内衣产品中使用较多的一种浮线添纱组织。图 5-20(1)、(2)、(3)分别显示了 1×1、1×2、1×3 假罗纹的结构意匠图,其中前面的数字表示在一个横向循环中参加编织的针数,后面的数字表示不编织的针数。图中,在有不编织的线圈纵行,形成了拉长线圈,其线圈大而松,且在线圈后面有浮线,使该线圈纵行正面拱起,形成凸条纹;而在都成圈的线圈纵行,线圈小而均匀紧密,凹陷在织物后面,形成凹条纹。故这类织物外观很像罗纹组织的效果,简称假罗纹。

图 5-19 浮线添纱组织

图 5-20　常用假罗纹组织结构意匠图

图 5-21 显示了编织假罗纹组织的三角配置及走针轨迹。三角 1 和 2 径向退出工作，三角 4、5 和 11 径向进入工作。在两个选针区都选中的织针钩取第 4 号导纱器的面纱和第 2 号导纱器的地纱，编织添纱线圈；而在两个选针区都不被选中的织针既不钩取面纱也不钩取地纱，形成浮线。

图 5-21　编织假罗纹组织的三角配置及走针轨迹

图 5-22　两色提花添纱组织

3. 提花添纱组织

两色提花添纱组织的编织图如图 5-22 所示（1、2、3、4 分别为面纱色①、面纱色②、地纱、织针，虚线部段表示该色纱在对应的织针上不编织呈浮线）。编织提花添纱组织时，地纱为一种纱线，面纱一般为两种纱。可以根据花型需要，选择不同的颜色或种类的面纱编织，从而形成彩色提花图案。

图 5-23 显示了编织两色提花添纱组织的三角配置及走针轨迹。编织时，第 7 号（或第 8 号）导纱器穿色纱 A 作第一面纱，第 4 号（或第 5 号）导纱器穿色纱 B 作第二面纱，两种颜色的面纱都用第 2 号（或第 1 号）导纱器的纱作地纱。三角 1、2、4、5 和 11 径向进入工作。其余过程如下。

在第一选针区被选中的中间片上升到集圈高度，同时所有织针在集圈三角 1 和退圈三角 2 的作用下上升到退圈高度，并在收针三角 3 的作用下回到集圈高度，此时所有织针针舌开启，旧线圈处于针杆上。

在第一选针区被选中的中间片在挺针三角 11 的作用下将织针升起，这些织针在挺针三角 5 的作用下再次上升到退圈高度，随后沿着收针三角 4 下降，在第 7 号（或第 8 号）导纱器钩取第一面纱后回到集圈高度。钩取第一面纱的织针在第二选针区不被选中，在挺针三角 7 的下方水平横移,不能钩取第 4 号(或第 5 号)导纱器的第二面纱,最后在成圈三角 8 的作用下,在第 2 号(或第 1 号)导纱器再钩取地纱。第一面纱和地纱一起成圈,形成色纱 A 提花线圈。

图 5-23　编织两色提花添纱组织的
三角配置及走针轨迹

第一选针区未被选中的所有织针,在挺针三角 5 的下方水平横移,不能钩取第一面纱。当经过第二选针区时,这些织针中,被选中的织针在挺针三角 7 的作用下再次上升,到达退圈高度后沿着收针三角 6 下降,在第 4 号(或第 5 号)导纱器钩取第二面纱,然后沿着成圈三角 8 下降,在第 2 号(或第 1 号)导纱器再钩取地纱。第二面纱和地纱一起成圈,形成色纱 B 提花线圈。

第一选针区和第二选针区均未被选中的织针,在挺针三角 5 和挺针三角 7 的下方水平横移,最后沿着成圈三角 8 下降,在第 2 号(或第 1 号)导纱器钩取地纱,形成单线圈,显露地纱的颜色。

为了避免产生单线圈,可以在设计时根据花型要求,使所有织针不是在第一选针区就是在第二选针区被选中,从而在织物正面形成了每一横列 A、B 两色线圈互补的提花添纱效应。

第四节　横机产品成形编织工艺

一、横机产品简介

横机是一种平型双针床纬编机,主要用来生产毛衫类产品以及 T 恤衫的衣领等辅件。横机可以编织第二章所述的所有纬编基本与变化组织和第三章所述的大部分花色组织,还可以编织一些圆纬机所不能或不易编织的织物结构。实际生产中,横机产品所采用的织物结构主要包括:平针组织(只用一个针床编织)、罗纹组织、双反面组织、提花组织、集圈组织、添纱组织、嵌花组织、移圈组织、调线组织、以及部分复合组织(罗纹空气层等)。此外,在一件横机产品中,通常有几种不同的织物结构。

横机还具有成形编织功能,它可以在机器上一次性编织出具有一定形状的平面或三维成形衣片,利用"织可穿"电脑横机可以在机器上一次性编织出一件完整的衣服,下机后无需缝合或只需少量缝合就可以穿用。

二、横机成形编织工艺

(一) 衣坯的起口
在编织衣片时,每一件衣片可以在空针上起头编织,也可以分片连续编织。

1. 在空针上起头
在空针上起头可分为毛起头和纱起头。

(1) 毛起头。毛起头是起口时所用的纱线就是所要编织产品的纱线,所编织的起口横列就是衣片的一部分。如图 5-24 所示,在普通手摇横机上起口时,两个针床织针 1 一隔一交替排针,机头运行后,在针上垫上纱线 a—a,然后将起底板 3 上的眼子针 2 自下向上插入针间,当眼子针的针眼位于起底纱之上时,将钢丝 4 从一端逐个穿入眼子针,放下起底板,在起底板上挂上重锤,就可以在一定的牵拉张力下进行编织了。在电脑横机上起口时,需采用牵拉针梳(工作原理见图 6-12)。

图 5-24 毛起头 　　　　　　　　　　图 5-25 纱起头

(2) 纱起头。纱起头是在起口时用废纱起口,并用它编织一定横列后再换用正式纱线进行编织,衣坯下机后将废纱段拆除。如图 5-25(1)所示,先使一个针床上的舌针 1 上垫上纱线形成 a—a 横列,用起针梳钩子 2(或上述的起底板)在针间钩住纱线并施加一定的张力;下一行程垫入纱线形成 b—b 线圈横列,如图 5-25(2)所示。用废纱连续编织 3～5 横列后,使另一针床上的织针进入工作,换上衣片所用的纱线进行编织。

2. 连续衣片的编织

在电脑横机上编织连续衣片(又称计件衣坯)的示意图如图 5-26 所示。

这里 1 为上一件衣片的结束横列,并为下一衣片的编织作准备;2 为分离横列,它通常用较细但强度较高、表面光滑的纱线编织,便于下机后从织物中抽出来,以使两件相连的衣片分开;3 为新衣片的起始横列,此时开始新衣片的编织;4 为罗纹下摆;5 为罗纹下摆和大身之间的过渡横列;6 为大身或袖身的编织。

(二)翻针

在横机产品的编织时,经常采用双面的罗纹组织编织下摆,而用单面组织编织大身。当编织完下摆之后,要将一个针床针上的线圈转移到另一个针床的针上,这一过程我们称之为翻针。在电脑横机上可以通过电脑程序控制,用前面所述的带有扩圈片的移圈针,在两个针床针处于移圈对位的情况下,将一个针床上的线圈转移到另一个针床上。

图 5-26 连续衣片的
编织顺序

（三）成形方式

成形是横机编织的一个重要特点，它是通过增减参加工作的针数使所编织产品的宽度和形状发生变化，从而达到所要求的形状和尺寸。

1. 收针（减针）

收针是通过各种方式减少参与编织的织针针数，从而达到缩减编织物宽度的目的。减针的方法有移圈式收针、脱圈式收针（又称拷针）和持圈式收针等。

（1）移圈式收针。这是将要退出工作的针上的线圈转移到相邻针上并使其退出工作，从而达到减少参加工作的针数，缩减织物宽度的目的，如图 5-27 所示。

根据移圈针数的多少，移圈式收针可分为明收针和暗收针两种。所谓明收针就是移圈的针数等于要减去的针数，从而在织物边缘形成由退出工作的针 1 上的线圈 2 和原来针上的线圈重叠的效果，如图中（1）所示。这种重叠的线圈使织物边缘变厚，不利于缝合，也影响缝合处的美观。暗收针是移圈的针数多于要减少的针数，从而使织物边缘不形成重叠线圈，而是产生与多移圈的针数相等的若干纵行单线圈，使织

图 5-27　移圈式收针

物边缘便于缝合，也使边缘更加美观，如图中（2）所示。此时要减少的只有 1 针，而被移线圈有两个，最边上的线圈 2 在向里移后并没有产生线圈的重叠。收针可以在织物边缘由移圈线圈形成特殊的外观效果，被称为收针辫子或收针花。收针后织物边缘光滑，线圈不会脱散。

在电脑横机上，一般是先将要转移的针上的线圈移到对面针床的针上，再经针床横移后，将其移回到原针床的另一枚针上。如图 5-28 所示：（1）编织一个线圈横列；（2）将要收去的左右各一枚针上的线圈转移到对面针床的空针上；（3）使后针床右移一针距，将要收去的线圈再移回到前针床左面第二枚针上，在这枚针上形成重叠线圈（明收针）；（4）使后针床左移两针距，将要收去的线圈再移回到前针床右面第二枚针上，在这枚针上也形成重叠线圈。这样就使前针床左右各一枚针成为空针，达到了收针的目的。

图 5-28　电脑横机收针步骤

（2）脱圈式收针。这是将要减去的织针上的线圈直接从针上脱下，并使该织针退出工作，而不进行线圈转移。它比收针简单，效率高，但线圈从针上脱下后可能会沿纵行脱散，因此在缝合前要进行锁边。

（3）持圈式收针。持圈式收针又称休止收针或握持式收针。此时要减少的织针上的线圈既不转移也不脱掉，仍保留在针钩里，只是在一段时间里不参加编织，待完成所收针数后再重新进入工作。用这种方法收针后可以编织若干横列废纱以防止边缘脱散，便于以后缝制，如图 5-29 所示。持圈式收针区域平滑，没有收针花。也可以用于局部编织和形成立体结构。持圈式收针可以在电脑横机上通过选针来完成。

2. 放针（加针）

与收针相反，放针是通过各种方式增加参加工作的针数，以达到使编织物加宽的目的。其中明放针和暗放针都是使没有线圈的空针进入工作，而持圈式放针则是使暂时退出工作但针钩里仍然含有线圈的织针重新进入工作。

（1）明放针。明放针是直接将需要增加的织针 1 进入工作，从空针上开始编织新线圈 2，以使织物宽度增加，如图 5-30（1）所示。

图 5-29　持圈式收针　　　　　　　　　图 5-30　放针

（2）暗放针。暗放针是在使所增加的针 1 进入工作后，将织物边缘的若干纵行线圈依次向外转移，使空针在编织之前就含有线圈 2，形成较为光滑的织物布边。此时中间的一枚针 3 成为空针，如图 5-30（2）所示。

（四）平面衣片成形编织

横机成形编织的最常见方法是平面成形。通过翻针和收放针等可以编织出具有一定形状的平面衣片，需经缝合后才能形成最终产品。

图 5-31 为一种男式 V 领套衫的上机工艺单实例，它包括前片、后片、袖片和领条。对于有些产品还可能包括门襟和口袋等。

在编织衣片时，首先织下摆部分。一般下摆多采用罗纹结构，在编织到所需长度后，进行大身部分的编织。如果大身为平针组织，则要在编织完罗纹下摆之后，将一个针床上的线圈全部转移到另一个针床上。根据所要编织衣坯的形状和尺寸要求，大身部分通常由若干块矩形和梯形组成。在编织矩形时，不需要加针或减针，而在梯形部分编织时，就需要根据衣片的形状进行收放针操作。因此生产中，其工艺设计还要根据所编织的产品款式、规格尺寸、组织结构和密度等要求，计算出衣片各部分所编织的纵行数和横列数。在实际生产中用针数来表示纵行数，用转数来表示横列数。横机机头的向左向右一个往复运动为一转，根据所编织的组织结构不同以及成圈系统数量，一转可为一横列，也可为两横列，四平空转（即罗纹空气层组织，见图 3-81）为三转四横列。在梯形部位，要根据加减针数和所编织的转数计算出加减针的规律，一般用几转收（或放）几针以及共收（或放）几次来表示。下摆罗纹的编织针数习惯上用条数表示，一条就表示沿横列方向一个完整的组织循环，如 1+1 罗纹组织一条就是一个正面线圈纵行和一个反面线圈纵行，在机器上就是一枚前针床织针和一枚后针床织针。

图 5-31 V 领男套衫上机工艺单

（五）立体成形编织工艺

除了编织平面成形衣片，在横机上还可以利用持圈式收放针的方法来编织三维成形结构。产品贝雷帽即为一个实例，其编织过程如图 5-32（1）所示。在编织 *DE* 段时，采用持圈式收针，使织针按照所要求的形状逐渐退出工作，但不脱掉线圈。当收到所要求的针数后，所有的针再一起进入工作，编织图中 *DF* 横列，这样就使 *DE* 和 *DF* 连接起来。同理，*AB* 与 *AC* 也是如此。由于纵行之间编织的横列数不同，下机后就形成了图 5-32（2）所示的形状，由（1）中的 *EF* 部分形成帽子的中间尖端，*CB* 部分形成帽子的里圆，*M—M* 形成帽子的外圆。利用这种方法还可以编织其他一些立体结构。

除了编织服用类产品外，在电脑横机上还能够编织出具有三维成形结构或具有一定厚度的片状织物,如弯管、球体、盒体、汽车坐垫或间隔织物等,可用作产业用复合材料的增强骨架。

(1)   (2)

图 5-32　贝雷帽的编织方法

(六) 整体服装编织工艺

可以在横机上一次就编织出一件完整的衣服,下机后无需缝合或只需进行少量缝合就可穿用,这样的产品称之为整体服装,又被称为"织可穿"。图 5-33 所示为在电脑横机上编织的带有罗纹领口的长袖套衫。编织时,在针床上的相应部位同时起口编织袖口和大身,此时袖子和大身编织的都是筒状结构,如图 5-34(1)所示。在编织到腋下时,两个袖片和大身合在一起进行筒状编织,如图 5-34(2)所示,直至领口部位,最后编织领口。

图 5-33　整体服装外观

(1)   (2)

图 5-34　整体服装的编织方法

在横机上用两个针床可以很容易地编织筒状平针结构,但是筒状罗纹结构的编织就要复杂得多。图 5-35 为筒状罗纹编织的原理图。织针的配置和排列如图中(1)所示,两个针床的针槽相对,每个针床上只有一半针形成线圈,另一半针不形成线圈,只进行接圈和移圈。在编织时,先在两个针床上利用一半的成圈针编织 1+1 罗纹结构,并在编织后将前针床上的线圈移到后针床的不成圈针上[图中(2)],这样就相当于编织了筒状罗纹的一面。再利用另一半成圈针编织一个 1+1 罗纹结构,编织后将后针床上的线圈移到前针床不成圈的针上,这就编织了筒状罗纹的另一半[图中(3)]。在完成一个横列的筒状罗纹后,再将存放在后针床不成圈针上的线圈移回前针床的成圈针上,继续进行如图中(2)所示的编织。接着再将存放在前针床不成圈针上的线圈移到后针床,继续进行图中(3)所示的编织。如此循环直至达到所需的罗纹长度。领口罗纹的编织也采用这种方法。

(1)　　　　　　　　　　(2)　　　　　　　　　　(3)

图 5-35　筒状罗纹的编织方法

用这种方法编织的产品可以在肩袖结合处形成特殊的风格,也避免了因缝合而形成凸出的梗子和因缝线断裂造成的破损,也不会因缝线的存在造成延伸性不一致。另外,它可以节省缝合工序和降低原料损耗。当然它也存在着设计复杂、产品结构受到一定限制和生产效率低的问题。一般这种产品只能在特殊的电脑横机上进行编织,机器的针床宽要能满足同时编织大身和袖子的需要。在双针床的横机上,由于只能隔针编织,实际产品的机号只相当于机器机号的一半,如在 E14 的横机上可以编织相当于 E7 的"织可穿"产品。而在后面将要介绍的四针床横机(图 5-52)上就可以满针编织了。

三、普通横机的结构与编织原理

普通横机是一种最简单的横机,以手摇为主,也有部分半自动横机。半自动横机在编织不收针部分和简单结构时可以由电机驱动。

(一)编织机构的一般结构与工作原理

手摇横机的编织机构主要包括针床、织针和三角座及其三角。图 5-36 是其结构的断面图。图中 1、2 分别为前后针床,它们固装在机座 3 上,呈倒 V 字形。针床又称针板,在针床上铣有用于放置舌针的针槽。在针槽中装有前后织针 4 和 5。6、7、8 分别为导纱器 9 和前后三角座 10、11 的导轨。机头 12 由连在一起的前后三角座组成,它像马鞍一样跨在前后针床上,可沿针床往复移动,同时还可通过导纱器变换器 13 带动导纱器 9 一起移动。在机头上装有开启针舌和防针舌反拨用的扁毛刷 14。栅状齿 15 位于针槽壁上端,所有栅状齿组成了栅状梳栉,它作用于线圈沉降弧,起到类似沉降片的作用,在编织单面织物时尤为重要。当推动机头横向

图 5-36　编织机构的一般结构

移动时,前后针床上的织针针踵在三角针道作用下,沿针槽上下移动,完成成圈过程的各个阶段。

三角座又称机头,是横机的核心装置,手摇横机三角座的结构如图 5-37 所示。图中(1)为从上方向下看到的三角座视图,其上装有前后三角座的压针三角调节装置 1、2、3 和 4,导纱器变换器 5,起针三角开关 6 和 7,起针三角半动程开关 8,拉手 9,手柄 10 和毛刷架 11。图中(2)为从下方往上看到的三角座视图,在它的底板上装有组成前后三角座的三角块。

图 5-37 手摇横机三角座

三角因实现功能的不同可分为平式三角和花式三角。平式三角是最基本也是最简单的三角结构,如图 5-38 所示。它由起针三角 1 和 2(推动织针上升开始退圈)、挺针三角 3(推动织针上升到退圈高度)、压针三角 4 和 5(推动织针下降,进行垫纱、弯纱与成圈)以及导向三角(又称眉毛三角)6 组成。起针三角可以受起针三角开关的作用,垂直于针床运动,进入或退出工作,使织针工作或不工作。压针三角可以按图中箭头方向上下移动进行调节,以改变织物的密度和进行不完全脱圈的集圈编织。横机的三角结构通常都是左右完全对称,而且前后三角座中的三角也前后对称,从而可以使机头往复运动进行双面编织或单面编织(一个针床的左右起针三角退出工作)。

图 5-38 平式三角结构

(二) 送纱与针床横移

横机的送纱机构除了具有以一定的张力输送纱线到编织区域的一般功能外,还能在机头换向停止编织时挑起多余的纱线,使纱线处于张紧状态和保持一定张力,保证编织的正常进行。此外,送纱机构还能在机头换向时根据需要变换导纱器(换梭),以采用不同原料或颜色的纱线进行编织。

在纬编机中,针床横移是横机的一个特点。针床横移机构可控制后针床相对于前针床移动半个针距或整针距。用于改变前后针床针槽之间的对位关系,以编织不同的组织结构,或改变前后针之间的对位关系,编织波纹等花色组织。

(三) 成圈过程特点

横机的成圈过程与舌针圆纬机相似,也可以分为退圈、垫纱、闭口、套圈、弯纱、脱圈、成圈和牵拉八个阶段,但由于三角的对称性又有如下特点:

(1) 前后针床的织针同时开始退圈,并同时到达退圈最高点。

(2) 两个针床的织针直接从导纱器得到纱线。

(3) 压针时,前后针床的织针同时到达弯纱最低点,这属于无分纱同步成圈方式。

四、电脑横机的结构与编织原理

(一)电脑横机的一般概念

在手摇横机的基础上,人们又开发了半自动横机和自动横机,并有机械式和电脑控制式之分。但因机械式的结构复杂,现在较少采用。目前我国使用的横机除了少量手摇横机外,其余多为电脑横机。

电脑横机所有与编织有关的动作(如机头的往复横移与变速变动程、选针、三角变换、密度调节、导纱器变换、针床横移、牵拉速度调整等)都是由预先编制的程序,通过电脑控制系统向各执行元件(伺服电机、步进电机、电子选针器、电磁铁等)发出动作信号,驱动有关机构与机件实现的。因此,电脑横机具有自动化程度高,产品编织范围广,花型变换方便,质量易于控制,工人的劳动强度低和用工少等优点。

电脑横机产品的设计以及上机工艺编排需要借助专用的计算机花型准备系统。

(二)编织机构的结构与工作原理

1. 成圈与选针机件配置

图 5-39 所示的为某种电脑横机一个针槽中织针与选针机件的配置,从上至下依次为织针、挺针片、中间片和选针片。下面结合图 5-40 所示针床的截面图,说明各个机件之间的作用关系。

图 5-40　各个机件的作用关系

图 5-39　成圈与选
　　　　　针机件
　　　　　的配置

(1)织针(舌针)。该针的结构与图 3-75 中所示的下针相似,舌针边侧带有一个扩圈片,一个针床上的织针可以插到另一个针床织针的扩圈片中,以便在前后针床进行移圈。织针 1 由塞铁 7 压住,以免编织时受牵拉力作用从针槽中翘出,它由挺针片 2 推动上升或下降。

(2)挺针片。挺针片 2 与织针 1 镶嵌在一起,由于织针上无针踵,所以挺针片片踵起到了针踵的作用。挺针片的片杆有一定的弹性,当挺针片不受压时,片踵伸出针槽,可以沿着机头中的三角轨道运动并推动织针上升或下降;当挺针片受压时,片踵埋入针槽,不能与三角作用,其上的织针也就不能上升或下降。

(3)中间片(又称压片)。中间片 3 位于挺针片 2 之上,其上有两个片踵。下片踵在相应的三角作用下推动中间片处于不同的高度,从而使上片踵处于 A、C、B 三种不同位置,分别如图中(1)、(2)、(3)所示。当上片踵处于 A 位置时,由于受压条 8 的作用,挺针片 2 的片踵在起针之前就被压入针槽,不与三角作用,织针不参加编织。当上片踵被推到 B 或 C 位置时,挺针片 2 的片踵从针槽中露出可以受到三角作用,织针参加工作,分别进行成圈(或移圈)和集圈(或接圈)。

(4) 选针片。选针片 4 直接受电磁选针器 9 作用。当选针器 9 有磁性时,选针片被吸住,选针片不会沿三角上升,其上方的中间片 3 不上升,上片踵处于上述 A 位置,在压条 8 的作用下将挺针片 2 压入针槽,织针保持不工作状态;当选针器 9 无磁性时,和选针片 4 镶嵌在一起的弹簧 5 使选针片 4 的下片踵向外翘出,选针片在相应三角的作用下向上运动,推动中间片 3 向上运动,使其突出部位脱离压条 8 的作用,它下面的挺针片 2 被释压,挺针片片踵向外翘出,可以与三角作用,推动织针工作。

(5) 沉降片。图中 6 为沉降片,它配置在两枚织针中间,位于针床齿口部分的沉降片槽中。两个针床上的沉降片相对配置,由机头中的沉降片三角控制沉降片片踵使沉降片前后摆动。沉降片的结构与作用原理如图 5-41 所示。当织针 1 上升退圈时,前后针床中的沉降片 2 闭合,握持住旧线圈的沉降弧,防止旧线圈随针上升,如图中(1)所示。当织针下降弯纱成圈时,前后沉降片打开,以不妨碍织针成圈,如图中(2)所示。与压脚相比,沉降片可以实现对单个线圈的牵拉和握持,且可以作用在整个成圈过程,效果更好,对于在空针上起头、成形产品编织、连续多次集圈和局部编织十分有益。

图 5-41　沉降片的结构与作用原理

2. 三角系统

电脑横机的机头内可安装 1 至多个编织系统,现在最多可有 8 个系统。机头也可以分开成为两个(如一个 4 系统机头可分为两个 2 系统机头)或合并为一个。当分开时,可同时编织两片独立的衣片。图 5-42 为一个成圈系统的三角结构平面图。根据作用对象(挺针片、中间片、选针片)的不同,该三角系统可以分为以下三部分。

(1) 作用于挺针片的三角。1 为挺针片起针三角,被选中的挺针片可沿其上升将织针推到集圈高度或退圈高度。接圈三角 2 和起针三角 1 同属一个整体,它可使被选中的挺针片沿其上升将织针推到接圈高度。挺针片压针三角 3 除起到压针作用外,还有移圈三角的功能。当挺针片沿压针三角上平面上升时可将织针推到移圈高度。压针三角 3 可以在程序的控制下通过步进电机调节其高低以得到合适的弯纱深度。挺针片导向三角 4 起导向和收针作用。上、下护针三角 5、6 起护针作用。

(2) 作用于中间片的压条及三角。集圈压条 7 和接圈压条 8 是作为一体的活动件,可上、下移动,作用于中间片的上片踵,分别在集圈位置或接圈位置将中间片的上片踵压进针槽,使挺针片和织针在该位置不再继续上升,而是处于集圈或接圈高度。中间片三角 10、11 可使中间片下片踵形成三条轨迹。当中间片的下片踵沿三角 10 的上平面运行时,织针可处于成圈或移圈位置;当中间片的下片踵在三角 10 和 11 之间通过时,织针处于集圈或接圈位置;如果中间片的下片踵在三角 11 的下面通过,则织针始终处于不工作位置。12 为中间片复位三角,它作用于中间片的下片踵,使中间片回到起始位置,即图 5-40(1)所示的位置。

(3) 作用于选针片的选针器及三角。选针器 9 由永久磁铁 M 和选针点 C_1、C_2 组成,选针点可通过电信号的有无使其有磁或消磁。选针前先由 M 吸住选针片的片头，当选针点移动到选针片片头位置时，如果选针点有磁，选针片头仍然被吸住，织针没有被选中，不工作；如果选针点被消磁，选针片头被释放，相应的织针就被选中，参加工作。

选针片复位三角 13 作用于选针片的尾部，使选针片片头摆出针槽，由选针器 9 吸住，以便进行选针。选针三角 14 有两个起针斜面 F_1 和 F_2，作用于选针片的下片踵，分别把在第一选针点 C_1 和第二选针点 C_2 被选中的选针片推入相应的工作位置。选针片挺片三角 15、16

图 5-42 电脑横机三角系统平面结构

作用于选针片的上片踵，把由选针三角 14 推入工作位置的选针片继续向上推。其中，三角 15 作用于第一选针点选中的选针片，三角 16 作用于第二选针点选中的选针片，选针片再分别将相应的中间片及挺针片向上推，使其上方的织针至成圈（或移圈）位置和集圈（或接圈）位置。选针片压片三角 17 可作用于选针片的上片踵，把沿三角 15、16 上升的选针片压回到初始位置。三角 18 为选针片的下片踵压片三角。

该横机三角系统除挺针片压针三角 3、集圈压条 7 和接圈压条 8 可以上下移动外，其余机件都是固定的，这就使机器工作精度更高，运行噪音和机件损耗更小。

3. 成圈、集圈和不编织原理

下面结合图 5-42，分析三种编织方式的工作原理。

（1）成圈编织。成圈编织的走针轨迹如图 5-43 所示。此时，选针片在第一选针点 C_1 被选中，选针片的下片踵沿选针三角的 F_1 面上升，上片踵沿三角 15 上升，从而推动它上面的中间片的下片踵上升到三角 10 的上方并沿其上表面通过，中间片的上片踵在压条 8 的上方通过，始终不受压。相应的挺针片片踵一直沿三角 1 的上表面运行，使其上方的织针上升到退圈最高点，垫纱后成圈。图中的 K、K_H、K_B 分别为挺针片片踵、中间片上片踵和下片踵的运动轨迹。

（2）集圈编织。集圈编织的走针轨迹如图 5-44 所示。选针片在第二选针点 C_2 被选中，选针片下片踵沿选针三角的 F_2 面上升，上片踵沿三角 16 上升，从而推动它上面的中间片的下片踵上升到三角 10 和 11 之间并沿其间通过。中间片的上片踵在经过压条 7 时，被压条 7 压进针槽，从而将挺针片片踵压进针槽，使挺针片在上升到集圈高度时就不能再沿三角 1 上升，只能在三角 1 的内表面通过，形成走针轨迹 T，其上方的织针集圈。图中 T_H 和 T_B 分别为中间片上片踵和下片踵的运动轨迹。

（3）不编织。在两个选针点都没有被选中的选针片不会沿三角 14 上升，从而也就不会推动中间片离开它的起始位置，中间片上片踵始终被压条 8 压住，这样挺针片片踵也不会翘出针槽，不会沿三角 1 上升，只能在三角 1 的内表面通过，所以其上方的织针就不参加工作。

图 5-43　成圈走针轨迹

图 5-44　集圈走针轨迹

（4）三功位选针编织。在编织过程中，如果有些选针片在第一选针区被选中，有些选针片在第二选针区被选中，有些选针片在两个选针区都不被选中，则会形成三条走针轨迹，如图 5-45 所示；分别为成圈（实线）、集圈（虚线）和不编织（点画线），这就是三功位选针。

图 5-45　三功位选针走针轨迹

图 5-46　移圈走针轨迹

4. 移圈和接圈原理

前后针床织针之间的线圈转移是电脑横机编织中一个非常重要和必不可少的功能。在专业术语中，移圈本来定义的是将一个针上的线圈转移到另一个针上的过程，但是在电脑横机中为了更好地说明，把这个过程进行了分解，将给出线圈的织针称为移圈，而接受线圈的织针称为接圈。

（1）移圈。移圈的走针轨迹如图 5-46 所示，其中 D、D_H、D_B 分别为挺针片片踵、中间片上片踵和下片踵的运动轨迹。移圈时的选针与成圈时相似，选针片也是在第一选针点 C_1 被选中，选针片和中间片都走与成圈时相同的轨迹。所不同的是，此时的挺针片压针三角 3 向下移动到最下的位置，挡住了挺针片片踵进入三角 1 的通道，使其只能沿压针三角 3 的上面通过，从而使其上方的织针上升到移圈高度。如图 5-47 所示，在移圈时，移圈针 1 上的线圈 3 处于扩圈片的位置，以便于对面针床上的接圈针 2 进入扩圈片，当针 1 下降时，其上的线圈从针头上脱下,转移到对面针床的针 2 上。

（2）接圈。图 5-48 是接圈时的走针轨迹,其中 R、R_H、R_B 分别为挺针片片踵、中间片上片踵和下片踵的运动轨迹。接圈时,选针片在第二选针点 C_2 被选中,与集圈选针相同。但此时集圈压条 7 和接圈压条 8 下降一级,这样被推上的中间片上片踵在一开始就受左边的接圈压条 8 的作用,被压入针槽,并将挺针片片踵也压入针槽,使其不能沿下降的压针三角 3 上升,只能在三角 3 的内表面通过。当运行到中间位置离开接圈压条 8 后,中间片和挺针片被释放,挺针片片踵露出针槽,沿接圈三角 2 的轨道上升,其上的织针上升到接圈高度,使针头正好进入对面针床织针的扩圈片里,当移圈针下降后,就将线圈留在了接圈针的针

图 5-47　移圈与接圈原理

钩里。随后,另一块接圈压条 8 重新作用于中间片的上片踵,挺针片的片踵再次沉入针槽,以免与起针三角相撞,并且不受压针三角 3 的影响。走过第二块接圈压条后,挺针片片踵再次露出针槽,从三角 5、6 之间通过,被压到起始位置,完成接圈动作。

图 5-48　接圈走针轨迹

图 5-49　双向移圈走针轨迹

（3）双向移圈。在机头的一个行程中,在同一成圈系统也可以有选择的使前后针床织针上的线圈相互转移,即有些针上的线圈从后针床向前针床转移,有些针上的线圈从前针床向后针床转移,这样就形成双向移圈。双向移圈的走针轨迹如图 5-49 所示。此时,有些选针片在第一选针点 C_1 被选中,其上的织针进行移圈;有些选针片在第二选针点 C_2 被选中,其上的织针接圈,在两个选针区都没有被选中的选针片,其上面的织针既不移圈也不接圈。

5. 织针五种工作状态总结

下面通过表 5-1 来总结选针和机件情况与织针五种工作状态之间的关系,其中 A/B/C 位分别表示中间片上片踵处于原始位/中位/高位。

表 5-1　选针和机件情况与织针五种工作状态之间的关系

选针片被选情况	在第一选针点被选中	在第二选针点被选中	在两个选针点都未被选中
中间片上片踵位置	C 位	B 位	A 位

选针片被选情况	在第一选针点被选中	在第二选针点被选中	在两个选针点都未被选中
中间片运动时上片踵受压状态	不受压(C位)	移动到特定位置被集圈或接圈压条压入针槽(B位,集圈压条7和接圈压条8根据需要上下移动)	始终被压入针槽(A位)]
挺针片运动时片踵受压与出入针槽状态	始终不受压伸出针槽(C位)	移动到特定位置受压埋入针槽(B位)	始终受压埋入针槽(A位)]
挺针片运动状态	沿着对应的三角上升运动(C位,压针三角3根据需要上下移动)	沿着对应的三角上升运动(B位)	不上升水平运动(A位)
织针工作状态	成圈/移圈(C位)	集圈/移圈(B位)	不编织(A位)

（三）其他机构与编织技术

1. 针床横移机构

电脑横机的针床横移是由程序控制,通过步进电机来实现的。它可以进行整针距横移、半针距横移和移圈横移。一般横移的针床多为后针床,且是在机头换向静止时进行。也有的横机在机头运行时也可以进行横移,还有些横机两个针床都能横移(相对横移),从而提高了横移效率。针床横移的最大距离一般为50.8 mm(2英寸),最大的可达101.6 mm(4英寸)。

2. 导纱与换梭机构

图5-50是导纱器(俗称"梭子")配置的断面结构图,纱线从纱筒上退绕后经送纱装置和导纱器垫入织针。一般电脑横机配备4根与针床长度相适应的导轨(图中A、B、C、D),每根导轨有两条走梭轨道,共有8条走梭轨道。根据编织需要,每条走梭轨道上可安装一把或几把导纱器。导纱器由安装在机头桥臂上的选梭装置来进行选择,可以随时根据需要通过电脑程序控制使任何一把导纱器进入或退出工作。

3. 多针床编织技术

为了编织整体衣服("织可穿")产品和其他一些特殊产品,提高移圈时的生产效率,四个甚至五个针床的横机已经问世。图5-51是一种四针床横机的针床结构。它是在两个编织针床的上方,又增加了两个辅助针床,但这两个针床只是移圈针床,其上安装的是移圈片3和4,而不是织针。它可以辅助主针床上的织针1和2进行移圈操作,即在需要时从织针上接受线圈或将所握持的线圈返回织针,但不能进行编织。也有一种四个针床都安装织针的真正四针床横机,如图5-52所示。

图5-50 导纱器结构与配置

图 5-51　带有两个移圈针床的四针床横机　　图 5-52　带有四个编织针床的横机

思考练习题

1. 纬编针织成形有几种方法,各适用于编织哪些产品,有何优缺点?

2. 袜品有哪些种类? 主要有哪些部段组成?

3. 袜口有哪些种类? 双层袜口的编织有何特点?

4. 袜跟和袜头的结构特点和基本编织原理是什么?

5. 单面圆袜机与一般圆纬机相比有何技术特征?

6. 无缝针织内衣与传统针织内衣在结构方面有何不同?

7. 在无缝内衣针织圆机上,如何实现三功位选针编织以及改变线圈长度?

8. 在无缝内衣针织圆机上,每一成圈系统配置了几个导纱器,各个导纱器的作用是什么?

9. 无缝内衣常用织物组织有哪些,其编织工艺有什么不同?

10. 横机主要加工什么产品,常用的织物结构有哪些?

11. 如何在横机的空针上进行起口?

12. 横机收针与放针各有哪些方法? 对应的织物结构有何特点?

13. 平面成形衣片的工艺设计主要包括哪些内容?

14. 整体服装如何编织?

15. 普通手摇横机的平式三角有哪些三角组成,各三角有何功能,其成圈过程有何特点?

16. 电脑横机的针床中配置着哪些成圈与选针机件? 各受何三角或压条控制?

17. 电脑横机的三角系统如何实现成圈、集圈、不编织、移圈和接圈动作?

18. 电脑横机如何实现针床横移,横移距离一般为多少?

19. 电脑横机如何实现导纱与换梭?

实验课内容

1. 在单针筒圆袜机现场,了解该机主要机件的配置。慢速运转该机(必要时停下机器),观察整个袜子的成形编织过程,重点了解袜口和袜跟及袜头的编织方法及相关机件的动作原理(如扎口针的工作、针筒双向回转、挑针与揿针等)。

2. 在单面无缝内衣机现场,了解该机主要机件的配置,观察与该机相配的计算机花型设计系统的界面,初步了解无缝内衣花型与款式的设计方法。慢速运转该机(必要时停下机器),观察整件无缝内衣的成形编织过程,重点了解下摆和不同组织结构部段的编织方法及相关机件的动作原理(如哈夫针的工作、纱嘴的穿纱与变换、三角的变换、气流牵拉等)。

3. 在手摇横机现场,了解该机主要机件的配置与三角等的调节方法。上机试织衣片,学习与掌握起头、下摆、翻针、平针组织与罗纹组织的编织,以及移圈收放针的成形编织。

4. 在双针床电脑横机现场,了解该机主要机件的配置,观察与该机相配的计算机花型设计系统的界面,初步了解成形毛衫衣片花型与款式的设计方法。慢速运转该机(必要时停下机器),观察整件毛衫衣片的成形编织过程,重点了解下摆和收放针部段的编织方法及相关机件的动作原理(如空针起口与下摆编织、移圈与接圈、导纱器与三角的变换、针床横移、牵拉等)。

第六章　纬编机其他装置与机构

第一节　送　纱　装　置

一、送纱的工艺要求与分类

（一）送纱的工艺要求

纬编针织机上送纱条件良好与否,不但影响到成圈能否正常进行,而且对针织物的质量起着重要的作用。对纬编送纱的工艺要求有以下几点：

（1）纱线必须连续均匀地送入编织区域。

（2）各成圈系统之间的送纱比应保持一致。

（3）送入各成圈区域的纱线张力宜小些,且要均匀一致。

（4）如发现纱疵、断头和缺纱等应迅速停机。

（5）当产品品种改变时,送纱量也应相应改变,且调整要方便。

（6）纱架应能安放足够数量的预备筒子,毋需停机换筒,使生产能连续进行。

（7）在满足上述条件的基础上,送纱装置应简单,且便于操作和调节。

（二）送纱方式分类

纬编机的送纱方式分为消极式和积极式两大类。

1. 消极式送纱

消极式送纱是借助于编织时成圈机件对纱线产生的张力,将纱线从纱筒架上退下并引到编织区域的过程。在编织时,根据各个瞬间耗纱量的不同而相应地改变送纱速度,特点是需要多少输送多少,不匀速送纱。这种送纱方式适用编织时耗纱量不规则变化的针织机。例如横机,当横机的机头在针床工作区域移动时,正常编织需要送纱,而机头移到针床两端换向时停止编织不需要纱线,所以横机上只能采用消极式送纱。又如提花圆机,针筒每一转,各个系统的耗纱量是与被选中参加编织针数的多少有关,变化不规则。

2. 积极式送纱

积极式送纱是主动向编织区输送定长的纱线,也就是不管各瞬间耗纱量多少,在单位时间内给每一编织系统输送一定长度的纱线,特点是匀速送纱。它适用于在生产过程中,各系统的耗纱速度基本均匀一致的机器,如多针道机、普通毛圈机、罗纹机和棉毛机等。

二、消极式送纱装置

（一）储存消极式送纱装置

这种送纱装置安装在纱筒与编织系统之间,其工作原理是：纱线从纱筒上引出后,不是直接喂入编织区域,而是先均匀地卷绕在该装置的圆柱形储纱筒上,在绕上少量具有同一直径的纱圈后,再根据编织时耗纱量的变化,从储纱筒上引出送入编织系统。这种送纱装置的优点在于:纱线卷绕在过渡性的储纱筒上后有短暂的松弛作用,可以消除由于纱筒容纱量不一,退绕点不同和退绕时张力波动所引起的纱线张力的不均匀性,使纱线在相仿的条件下从储纱筒上退绕;其次,该装置所处位置与编织区域的距离比纱筒离编织区域为近,可以最大限度地减少由纱线行程长造成的附加张力和张力波动。

根据纱线在储纱筒上的卷绕、储存和退绕方式的不同,该装置可分为三种类型。

图 6-1 纱线的储存与退绕装置

(1) 如图 6-1(1)所示,储纱筒 2 回转,纱线 1 在储纱筒上端切向卷绕,从下端经过张力环 3 退绕。

(2) 如图 6-1(2)所示,储纱筒 3 不动,纱线 1 先自上而下穿过中空轴 2,再借助于转动圆环 4 和导纱孔 5 的作用在储纱筒 3 下端切向卷绕,然后从上端退绕并经 4 输出。

(3) 如图 6-1(3)所示,储纱筒 4 不动,纱线 2 通过转动环 1 和导纱孔 3 的作用在储纱筒 4 上端切向卷绕,从下端退绕。

第一种形式纱线在卷绕时不产生附加捻度,但退绕时被加捻或退捻。第二、三种形式不产生加捻,因为卷绕时的加捻被退绕时反方向的退捻抵消。

目前常用的是第一种形式的储存消极式送纱装置,如图 6-2 所示。纱线 1 经过张力装置 2、断纱自停探测杆 3(断纱时指示灯 8 闪亮),切向地卷绕在储纱筒 10 上。储纱筒由内装的微型电动机驱动。根据编织时成圈系统瞬时用纱量的多少,纱线以相应速度从储纱筒下端经过张力环 5 退绕,再经悬臂 7 上的导纱孔 6 输出。

随着纱线的退绕输出,当储纱筒上存储的纱圈量少到一定程度,倾斜配置的圆环 4 控制电动机的微型开关接通,从而电动机驱动储纱筒回转进行卷绕储纱。由于圆环 4 的倾斜,卷绕过程中纱线被推向环的最低位置,即纱圈 9 向下移动。随着纱圈 9 数量的增加,圆环 4 逐渐移向水平位置。当储纱筒上的卷绕纱圈数达最大时,圆环 4 使电动机开关断开,储纱筒停止卷绕储纱。为了调整退绕纱线的张力,可以根据加工纱线的性质,采用具有不同梳片结构的张力环 5。

这种送纱装置,主要用于提花圆机和电脑横机等。

图 6-2 储存消极式送纱装置

（二）张力控制送纱装置

某种张力控制送纱装置的结构如图6-3所示。1为按钮,用于穿纱。2为双层磁性张力器,除了对纱线施加张力外,还能自动清洁纱线上的杂质疵点,以保证送纱张力稳定。3为张力调整旋钮。4为纱夹,受电磁驱动,由回纱臂位置控制,回纱时夹持纱线。5为回纱臂,位于绕纱轮后,最大回纱长度600 mm;其作用是当纱线松弛时(如横机机头移动到两端停止编织时等),回纱臂将松弛的纱线绕到储纱轮上从而使纱线抽紧。6为储纱轮。7为导纱钩。8为张力设置与显示部分。

图6-3　张力控制送纱装置

张力控制送纱装置可以直接设定纱线在工作时的准确张力。若编织时送纱张力大于设定张力,则该装置内置的电机转速加快,送纱速度增加,使送纱张力下降至设定张力;若编织时送纱张力小于设定张力,则内置的电机转速减慢,送纱速度下降,则送纱张力增加到设定张力。即该装置可以根据纱线张力的变化相应地改变送纱速度,使送纱张力基本等于设定张力,以保证送纱张力均匀。

张力控制送纱装置主要用于无缝内衣机、横机和袜机等。

三、积极式送纱装置

（一）储存积极式送纱装置

储存积极式送纱装置的基本工作原理是,通过穿孔带或齿形带驱动储纱轮回转,一边卷绕储纱一边退绕送纱,使纱线定量输送给编织区。这类装置也有多种形式。如图6-4所示为其中的一种。纱线1经过导纱孔2、张力装置3、粗节探测自停器4、断纱自停探杆5、导纱孔6,由卷绕储纱轮9的上端7卷绕,自下端8退绕,再经断纱自停杆10、支架11和12,最后输出纱线13。

图6-4　储存积极式送纱装置

该装置的上方有两个传动轮15和17,由穿孔条带驱动卷绕储纱轮回转。两根条带的速度可以不同,通过切换选用一种速度。送纱装置的输出线速度应根据织物的线圈长度和总针数等,通过驱动条带的无级变速器来调整。图中14为基座,16是离合器圆盘。

该装置还附有杆笼状卷绕储纱轮18,可对纱线产生摩擦,适用于小提花等织物的编织。

（二）弹性纱送纱装置

弹性纱如氨纶裸丝是高弹性体,延伸率大于600%,稍受外力便会伸长,如送纱张力不一、氨纶丝喂入量不等,便会引起布面不平整。因此弹性纱的送纱必须采用专门的积极式定长送纱装置。如图6-5所示为一种卧式弹性纱送纱装置。其工作原理是:条带驱动传动轮1,使两个传动轴2、3转动,氨纶纱筒卧放在两个传动轴上(可同时放置两个氨纶纱筒),借助氨纶纱筒本身的重量使其始终与传动轴相接触;传动轴2、3依靠摩擦驱动氨纶纱筒以相同的线速度转动,退绕的氨纶丝经过带滑轮的断纱自停装置4向编织区域输送。这种送纱装置可以尽量减

少对氨纶裸丝的拉伸力和摩擦张力,使送纱速度和纱线张
力保持一致,送纱量可通过驱动条带的无级变速器来调整。

(三) 无级变速调整装置

积极式送纱装置的送纱速度改变由圆盘式无级变速机
构来实现。如图6-6所示,无级变速盘机构由螺旋调节盘
1、槽盘2和滑块3组成。槽盘2和一齿轮固装在同一根轴
上,马达经其他机件传动该轴,使槽盘2转动。每一滑块3
上面有一个凸钉4,装在螺旋调节盘1的螺旋槽中,下面有

图6-5　弹性纱送纱装置

两个凸钉5,装在槽盘2的直槽内,12块滑块组成转动圆盘,通过穿孔条带传动积极式送纱装
置进行送纱。手动旋动调节盘1可调节滑块3的径向进出位置,改变圆盘的传动半径 R,达到
无级变速,从而调整传动比和送纱装置的送纱速度,最终改变织物的密度。

图6-6　无级变速盘的结构

第二节　牵拉卷取机构

一、牵拉与卷取概述

(一) 牵拉与卷取的工艺要求

牵拉与卷取对成圈过程和产品质量影响很大,因此应具备下列基本要求。

(1) 由于成圈过程是连续进行的,故要求牵拉与卷取应能连续不断地、及时地进行。

（2）作用在每一线圈纵行的牵拉张力要稳定、均匀、一致。

（3）牵拉卷取的张力、单位时间内的牵拉卷取量应能根据工艺要求调节,最好是无级地,在机器运转状态下调整。

（二）牵拉与卷取方法分类

根据对织物作用方式的不同,纬编机常用的牵拉方法一般可以分为以下几种:

（1）利用定幅梳板下挂重锤牵拉织物,如图6-7所示。这种方法仅用于普通横机。

（2）通过牵拉辊对织物的夹持以及辊的转动牵拉织物,这种方法用于绝大多数圆纬机和电脑横机等。具体又可分为将从针筒出来的圆筒形织物压扁成双层,或先剖开展平成单层,再进行牵拉与卷取两种方式。前者适用于一般的织物,后者用于一些氨纶弹性织物。因为某些氨纶弹性织物在牵拉卷取时被压扁成双层,两边形成的折痕在后整理过程也难以消除,影响到服装的制作。

（3）利用气流对单件织坯进行牵拉,它主要用于袜机和无缝内衣针织机。

图6-7 梳板重锤式牵拉

（三）牵拉对织物的影响

在横机上,针织物在针床口和牵拉梳板（或牵拉辊）处,由于横向受到制约,不能收缩,而在针床口与梳板（或牵拉辊）之间横向收缩较大,如图6-7所示。因而经过这种牵拉后的针织物从针床口至梳板（或牵拉辊）之间各个线圈纵行长度不等,边缘纵行长度要大于中间纵行,造成了作用在边缘纵行上的牵拉力要小于中间纵行。在编织某些织物时,织幅边缘线圈会因牵拉力不够而退圈困难,影响到正常的成圈过程。为此,普通横机编织时通常在针床口的边缘线圈上加挂小型的钢丝牵拉重锤。在电脑横机上编织全成形衣片时,当加针达一定数量时,由于主牵拉辊距针床较远,使织幅两边牵拉力不够,因此不少电脑横机在靠近针床处配置了一对辅助牵拉辊,以弥补主牵拉辊的不足。

在采用牵拉辊的圆形纬编机上,由成圈机构编织的圆筒形织物,经过一对牵拉辊压扁成双层,再进行牵拉与卷取,如图6-8所示。这样在针筒与牵拉辊之间的针织物呈一复杂的曲面。由于各线圈纵行长度不等,所受的张力不同,造成针织物在圆周方向上的密度不匀,出现了线圈横列呈弓形的弯曲现象。如果将织物沿折边上的线圈纵行剪开展平,呈弓形的线圈横列就如图6-9所示。图中实线表示横列线,$2W$表示剖幅后的织物全幅宽,b表示横列弯曲程度,a表示由多成圈系统编织而形成的线圈横列倾斜高度。

图6-8 针筒至牵拉辊之间织物的形态

图6-9 线圈横列的弯曲

这种线圈横列的弯曲,造成了针织物的变形,影响产品质量。对于提花织物来说,特别是大花纹时,由于前后衣片缝合处花纹参差不齐,增加了裁剪和缝制的困难。因此必须使横列的弯曲减少到最小值。

实践表明,在针筒和牵拉辊之间加装扩布装置后可以明显地改善线圈横列的弯曲现象。其作用原理是,利用特殊形状的扩布装置,对在针筒与牵拉辊之间针织物线圈纵行长度比较短的区域进行扩布,使其长度接近原来较长的线圈纵行。

(1)　　　　　　　　　　(2)

图 6-10　方形扩布装置

扩布装置的形状有椭圆形、马鞍形以及方形等,目前方形扩布装置应用较多,一种方形扩布装置的结构如图 6-10 所示。图中(1)为内部扩布架,其下部是一个扩幅器;图中(2)为外部压力架。内外两套装置复合起来迫使圆筒形织物沿着一个方形截面下降,到牵拉辊附近成为扁平截面。实质上是使织物逐渐变成宽度增加而厚度减小的矩形筒。这样,织物四周各纵行的长度相等,消除了横列弯曲。实践表明,方形扩布装置比起椭圆形等装置效果要好,尤其适合于采用四色调线机构编织彩横条织物。

二、牵拉卷取机构及其工作原理

纬编针织机的牵拉卷取机构大多数为辊式。在电脑横机上主要采用双辊式牵拉机构,大筒径圆纬机一般采用三辊式牵拉机构,而小或较小筒径的袜机和无缝内衣通常采用气流牵拉和罗拉式牵拉。

(一)电脑横机的牵拉机构

某种电脑横机的牵拉机构如图 6-11 所示。它包括辅助牵拉辊 1、2,主牵拉辊 3、4,牵拉针梳 5。主牵拉辊起主要的牵拉作用,它由牵拉电动机控制,通过电脑程序控制改变电动机的转动速度从而改变牵拉力的大小。在横机产品的编织中,合理的牵拉力是非常重要的。该机构可以根据所编织的织物结构和织物宽度来改变牵拉值。由于在编织时,针床两端和中间的牵拉力要求有所不同,为了使沿针床宽度方向各部段的牵拉都合适,一般采用分段式牵拉辊,每段牵拉辊一般只有 5 cm 长左右。可通过调整各段压辊上弹簧的压缩程度,使牵拉力大小符合工艺要求。

图 6-11　电脑横机的牵拉机构

辅助牵拉辊一般比主牵拉辊直径小,离针床口比较近。它可以由电脑程序控制进入或退出工作。主要用于在特殊结构和成形编织时协助主牵拉辊进行工作,如多次集圈、局部编织、放针等,以起到主牵拉辊所不能达到的牵拉作用。

牵拉针梳又称起底板,主要用于衣片的起头。此时,牵拉针梳由电脑程序控制上升到针间,牵拉住所形成的起口纱线,直至编织的织物达到牵拉辊时才退出工作。如图 6-12 所示为一种牵拉梳的结构。它包括钩子 1 和滑槽 2 两部分。滑槽 2 可以沿箭头方向上下移动。在起口时,牵拉梳上升到针间,滑槽向上移动,使钩子露出,钩子钩住新喂入的起口线,如图中(1)所示。当牵拉梳到达牵拉辊作用区时,滑槽向下移动,用其头部 3 遮住钩子,并使钩子中的起口线从滑槽头部脱出,如图中(2)所示。

图 6-12　牵拉梳工作原理

压脚是在很多电脑横机中使用的一种辅助牵拉方式。它是一种由钢丝或钢片制成的装置,装在机头上随机头移动。图 6-13 所示为一种形式的压脚及其工作原理。编织时,狭长的金属片或钢丝 1 刚好落在两个针床栅状齿 2 之间,位于上升的织针 3 的针背和针舌下面,旧线圈 4 的上面,阻止了这些旧线圈随正在退圈的织针一起上升,从而达到辅助牵拉的作用。在电脑横机中压脚可以由程序控制进入或退出工作。

图 6-13　压脚及其工作原理

除了少数生产连续衣坯或辅件(如 T 恤衫的衣领等)的电脑横机带有卷取装置外,大多数电脑横机用来编织成形衣片,没有配置卷取机构。

(二) 圆纬机的牵拉卷取机构

圆纬机的牵拉卷取机构有多种形式,根据对牵拉辊驱动方式的不同,一般可以分为三类:第一类为机械连续式牵拉,主轴的动力通过一系列传动机件传至牵拉辊,针筒回转一圈,不管编织下来织物的长度是多少,牵拉辊总是转过一定的转角,即牵拉一定量的织物。这种牵拉方式俗称"硬撑",齿轮式、偏心拉杆式等属于这一类。第二类为机械间歇式牵拉,主轴的动力通过一系列传动机件传至一根弹簧,只有当弹簧的弹性恢复力对牵拉辊产生的转动力矩大于织物对牵拉辊产生的张力矩时,牵拉辊才能转动牵拉织物。这种方式俗称"软撑",凸轮式、弹簧偏心拉杆式等属于这一类。第三类是由直流力矩电动机驱动牵拉辊而进行连续牵拉,这是一种性能较好,调整方便的牵拉方式。下面介绍几种比较典型常用的牵拉卷取机构。

1. 齿轮式牵拉卷取机构

如图 6-14 所示是较多圆纬机上采用的齿轮式牵拉卷取机构的结构图。1 为机构的机架,2 为固定伞形齿轮底座,3 为横轴,4 为变速齿轮箱,5 为变速粗调旋钮,6 为变速细调旋钮,7 为牵拉辊,8 为皮带,9 为从动皮带轮,10 为卷取辊。

该机构的传动原理如图 6-15 所示。马达 1 经皮带和皮带轮 2、3、4 传动小齿轮 5,后者驱动固装有针筒的大盘齿轮 6。机架 7 上方与大盘齿轮 6 固结,下方坐落在固定伞齿轮 8 上。当大盘齿轮 6 转动时,带动整个牵拉卷取机构与针筒同步回转。此时,与伞齿轮 8 啮合的伞齿轮 9 转动,经变速齿轮箱 10 后变速后,驱动横轴 11 转动。固结在横轴一侧的链轮 12 经链条传动链轮 13,从而使与链轮 13 同轴的牵拉辊 14 转动进行牵拉。固结在横轴另一侧的链轮 15 经链条传动链轮 16,从而使与链轮 16 同轴的主动皮带轮 17 转动。皮带轮 17 经图 6-14 中的皮带 8 传动从动皮带轮 9,从而驱动与皮带轮 9 同轴的卷取辊进行卷布。

图 6-14　齿轮式牵拉卷取机构

图 6-15　机构的传动

可以转动图 6-14 中的变速粗调旋钮 5 和变速细调旋钮 6 来调整齿轮变速箱的传动比,从而改变牵拉速度,两个旋钮不同转角的组合共有一百多档牵拉速度,可以大范围、精确地适应各种织物的牵拉要求。这种牵拉机构属于连续式牵拉。

齿轮式牵拉卷取机构的卷取速度不能调整,当图 6-14 中的皮带 8 驱动从动皮带轮 9 的力矩大于布卷的张力矩时,卷取辊 10 转动进行卷布。当皮带 8 驱动从动皮带轮 9 的力矩小于布卷的张力矩时,皮带与从动皮带轮之间打滑,卷取辊 10 不转动即不卷布。这种卷取机构属于间歇式卷取。

2. 直流力矩电机式牵拉卷取机构

直流力矩电动机牵拉卷取机构如图 6-16 所示。中间牵拉辊 2 安装在两个轴承架 8 和 9 上,并由单独的直流力矩电动机 6 驱动。电动机转动力矩与电枢电流成正比。因此可通过电子线路控制电枢电流来调节牵拉张力。机上用一电位器来调节电枢电流,从而可很方便地随时设定与改变牵拉张力,并有一个电位器刻度盘显示牵拉张力大小。这种机构可连续进行牵拉,牵拉张力波动很小。

筒形织物 7 先被牵拉辊 2 和压辊 1 向下牵引,接着绕过卷布辊 4,再向上绕过压辊 5,最后绕在卷布辊 4 上。因此,在压辊 1 与 5 之间的织物被用来摩擦传动布卷 3。由于三根辊的表面速度相同,卷布辊卷绕的织物长度始终等于牵拉辊 2 和压辊 1 牵引的布长,所以卷绕张力非常均匀,不会随布卷直径而变化,织物的密度从卷绕开始到结束保持不变。

3. 开幅式牵拉卷取机构

随着氨纶弹性织物的流行,为了避免将圆筒形织物压扁成双层进行牵拉与卷取两边形成难以消除的折痕,

图 6-16　直流力矩电动机牵拉卷取机构

各个针织机械制造厂商都推出了开幅式（又称剖幅式）牵拉卷取机构。图6-17显示为某种开幅式牵拉卷取机构。如图中（1）所示，织物1从针筒沿着箭头向下引出，首先被一个电动机2驱动的转动裁刀3剖开；随后被一展开装置展平成单层，如图中（2）所示；接着由牵拉辊4进行牵拉，最后由卷布辊5将单层织物卷成布卷6，如图中（3）所示。通过电子装置控制牵拉电动机可以实现连续均匀地牵拉和卷取，以及牵拉速度的精确设定与调整。

(1)　　　　　　　　(2)

(3)

图6-17　开幅式牵拉卷取机构

由于开幅式牵拉卷取机构将织物剖开展平成单层进行牵拉卷取，因而增加了牵拉辊和卷取辊的长度，使牵拉卷取机构的尺寸增大，导致了针织机的占地面积也相应增大。

（三）圆袜机/无缝内衣机的气流式牵拉机构

气流式牵拉机构是利用压缩空气对单件织坯（袜坯、无缝衣坯等）进行牵拉。

图6-18所示为气流式袜机牵拉机构。风机1安装在袜机的下部，使气流在下针筒2与上针筒3（或上针盘）所形成的缝隙之间进入，作用在编织区域，对织物产生向下的牵拉力。然后气流从连接于针筒下的管道通过到储袜筒4，这时由电子装置控制的风门5呈开启状态，因而气流经软管6由风机引出。当一只袜子编织结束时，气流将袜品吸入储袜筒，此时在电子装置控制下风机关闭，风门5闭合，储袜筒门板7在弹簧作用下打开，袜子下落。

图6-18　气流式牵拉机构

第三节 传动机构

　　传动机构的作用是将电动机的动力传递给针床(或三角座)以及送纱和牵拉卷取等装置机构。传动机构的要求是：传动要平稳，能够在适当范围内调整针织机的速度；启动应慢速并具有慢速运行(又叫寸行)和用手盘动机器的功能；当发生故障时(如断纱、坏针、布脱套等)，机器应能自动迅速停止运行。

一、电脑横机的传动机构

图6-19　电脑横机的传动机构

　　为了提高生产效率，目前电脑横机一般都可以根据织幅的不同而自动调整机头往复的动程。图6-19显示了一种电脑横机的传动机构。伺服电动机1通过过渡轮2、带轮3，同步齿型带4，传动固定在4上的机头(图中未画出)。由计算机程序控制的伺服电动机的正反转实现了机头的往复横移运动，对参加工作织针的精确测量与计数，可控制与改变机头的动程。此外，机头运动的速度也可以由程序控制，随着织物结构的简易与复杂程度而变化。

二、圆纬机的传动机构

　　圆纬机的传动形式可分为两种：第一种是针筒与牵拉卷取机构同步回转，其他机件(三角座、导纱器、筒子架等)不动；第二种是针筒和牵拉机构不动，其他机件同步回转。后者因筒子架回转使机器惯性振动大，不利于提高机速和增加成圈系统数，启动和制动较困难，操作看管也不方便。因此它只应用于一些小口径罗纹机、绕经针织机和计件衣坯圆机等少数几种机器。大多数圆纬机均采用前一种传动形式，其传动机构也是大同小异。

图6-20　双面圆纬机的传动机构

　　图6-20为典型的双面圆纬机传动机构简图。动力来自电动机1，现已普遍采用了变频调速技术来无级调节机速和慢起动。电动机1经皮带2、皮带轮3和小齿轮4、5、6传动主轴9。与小齿轮6同轴的小齿轮7传动支撑针筒大齿轮8，使固装在齿轮8上的针筒10转动。针盘14从小齿轮11和针盘大齿轮12获得动力，绕针盘轴13与针筒同步回转。传动轴19使牵拉卷取机构(包括牵拉辊15、卷取辊16和布卷17等)与针筒针盘同步回转。另一个电动机18专用于牵拉卷取。

　　为了保证在机器运转过程中针筒针与针盘针对位准确和间隙不变,通常还配置了另外的补偿齿轮。如图 6-21 所示,小齿轮 1 和支撑针筒大齿轮 10 传动针筒 11,小齿轮 3、针盘大齿轮 4 和针盘轴 5 使针盘 8 与针筒同步回转。补偿小齿轮 6 和 9 以及轴 7 均匀分布在针筒针盘一周,可以提高在针筒和针盘之间的扭曲刚度,减小传动间隙和改进针筒针盘的同步性。

图 6-21 双面圆纬机的传动补偿齿轮

　　圆纬机的传动方式有针筒顺时针和逆时针转向两种。实践证明,针筒转向对织物的纬斜有一定影响。若采用 S 捻纱线编织,则针筒顺时针转动(或三角座逆时针转动)可使纬斜大为减少。而采用 Z 捻纱线,则针筒逆时针转动可使纬斜降到最低程度。

思考练习题

1. 纬编送纱的工艺要求是什么?
2. 储存消极式与储存积极式送纱装置的结构和工作原理有何区别?
3. 张力控制送纱装置如何实现送纱张力均匀?
4. 弹性纱送纱装置有何特点?
5. 如何无级调整积极式送纱装置的送纱速度?
6. 对牵拉与卷取有什么工艺要求?
7. 线圈横列弯曲的原因何在? 如何改善?
8. 电脑横机、圆纬机、袜机和无缝内衣机的牵拉卷取机构有什么不同?
9. 开幅式牵拉卷取机构有何优缺点?
10. 电脑横机如何实现机头的变动程和变速?
11. 圆纬机的针筒转向对织物的纬斜有什么影响?

实验课内容

　　1. 在安装有储存积极式送纱装置、储存消极式送纱装置、张力控制送纱装置、弹性纱送纱装置的针织机现场,观察各种送纱装置的构型、工作原理和适用机型,了解调整输纱速度、织物线圈长度和单位面积重量的方法。

　　2. 在安装有机械辊式牵拉卷取机构、力矩电机式牵拉卷取机构的针织机现场,了解该机主要机件的配置。慢速运转该机(必要时停下机器),观察牵拉卷取机构工作原理,以及调整牵拉卷取速度的方法。

第七章 纬编织物与工艺参数计算

第一节 线圈长度

线圈长度是进行针织工艺计算的一个重要参数,它不仅与所使用的纱线和针织机机号有关,而且还影响着织物密度、单位面积重量(面密度)、强度等性能指标。在进行产品设计时,可以通过计算得到一些较简单的针织物组织的线圈长度,而在生产中还可通过实际测量的方法得到。

一、根据纱线线密度等参数计算线圈长度

(一)平针组织

1. 根据理论线圈模型计算

在已知纱线直径 d、织物横密 P_A 和纵密 P_B(或圈距 A 和圈距 B)的基础上,可以根据图 1-1 所示的线圈模型和以下公式[即式(2-2)]来计算平针组织的线圈长度 l:

$$l \approx \pi A/2 + 2B + \pi d = \frac{78.5}{P_A} + \frac{100}{P_B} + \pi d \qquad (7-1)$$

上式中的纱线直径与纱线的体积密度有关,可以通过测量或式(7-2)计算获得:

$$d = 0.035\ 7\sqrt{\frac{Tt}{\lambda}} \qquad (7-2)$$

式中:Tt——纱线线密度,tex;

λ——纱线体积密度,g/cm³。

纱线体积密度与纱线的结构和紧密程度有关,每一种纱线都有一取值范围。表 7-1 列出了常用纱线体积密度的中间值。

表 7-1 常用纱线的体积密度

纱线种类	棉纱	精梳毛纱	涤纶丝	锦纶丝	黏胶丝	涤纶变形丝
λ(g/cm³)	0.8	0.78	0.625	0.6	0.75	0.05

例 7-1 设计 18 tex 棉纱平针组织的线圈长度。

由公式(7-2)得:

$$d = 0.035\ 7\sqrt{\frac{18}{0.8}} = 0.17\ (\text{mm})$$

假定平针组织的线圈模型如图 7-1 所示,线圈的圈弧之间紧密接触,则圈距 A 与纱线直径 d 有如下关系:

$$A = 4d = 0.68 \text{(mm)}$$

平针组织的密度对比系数 C 一般取 0.8,则有圈高:

$$B = C \times A = 0.544 \text{(mm)}$$

将纱线直径 d、圈距 A 和圈高 B 代入式(7-1),可得线圈长度近似为:

$$l \approx 3.14 \times 0.68/2 + 2 \times 0.544 + 3.14 \times 0.17$$
$$= 2.69 \text{(mm)}$$

图 7-1　平针组织的线圈模型

2. 根据经验公式估算

生产实践中,基本织物线圈长度估算所使用的公式如(7-3):

$$l = \frac{\beta\sqrt{Tt}}{31.62} \tag{7-3}$$

式中:l——线圈长度,mm;

Tt——纱线线密度,tex;

β——线圈模数值,通过生产实践积累而得。

表 7-2 给出了常用针织物组织的线圈模数值。

表 7-2　常用针织物组织的线圈模数值

组织结构	纱线种类	β 值
平针	棉/羊毛	21/20
1+1罗纹	棉/羊毛	21/21
双罗纹	棉/羊毛	23/24
双反面	羊毛作外衣/作头巾	25/27

公式(7-3)也可用于 1+1 罗纹、双罗纹和双反面组织织物线圈长度的估算。

例 7-2　计算 18 tex 棉纱平针组织的线圈长度。

根据表 7-2,取线圈模数 $\beta=21$,计算可得:

$$l = \frac{21\sqrt{18}}{31.62} = 2.82 \text{(mm)}$$

(二) 罗纹组织

由于罗纹组织每一面线圈的形态与平针组织相似,所以其线圈长度的计算可以参照上述平针组织的计算方法。式(7-4)为计算公式:

$$l \approx \frac{78.5}{P_{An}} + \frac{100}{P_B} + \pi d \tag{7-4}$$

式中：P_{An}为罗纹组织的换算横密。

（三）双罗纹组织

计算双罗纹组织线圈长度的经验公式如(7-5)：

$$l = \delta d' \tag{7-5}$$

式中：δ——未充满系数，一般取值为 19-21；

   d'——纱线在张紧状态下的直径，mm。

由 $d'=0.93d$ 和式(7-2)可得：

$$l = 0.033\,2\delta\sqrt{\frac{Tt}{\lambda}} \tag{7-6}$$

式中：Tt——纱线线密度，tex；

   λ——纱线体积密度，g/cm³。

（四）添纱衬垫组织

添纱衬垫组织中地纱的线圈长度可按照平针组织线圈长度的公式进行计算。由于面纱要束缚衬垫纱(舌针衬垫圆纬机编织)，因此其线圈长度要大于地纱，一般面纱的线圈长度是地纱的 1.1-1.2 倍。衬垫纱的平均线圈长度可按经验公式(7-7)近似计算：

$$l_I = \frac{nT + 2d_N}{n} \tag{7-7}$$

式中：l_I——衬垫纱的线圈长度，mm；

   n——衬垫比循环数(如衬垫比为 1∶2，则 $n=3$)；

   T——针距，mm；

   d_N——针杆直径，mm。

例 7-3 在机号 E24 的单面舌针圆纬机上编织 1∶2 添纱衬垫织物，采用的地纱/面纱为 23 tex棉纱，衬垫纱为 58 tex 棉纱，测得针杆直径 d_N 为 0.5 mm。试求地纱、面纱和衬垫纱的线圈长度。

根据式(7-3)，取线圈模数 $\beta=21$，计算可得地纱线圈长度为：

$$l_d = \frac{21\sqrt{23}}{31.62} = 3.19(\text{mm})$$

按照面纱的线圈长度是地纱的 1.15 倍，计算可得面纱线圈长度为：

$$l_m = 3.19 \times 1.15 = 3.67(\text{mm})$$

根据式(7-7)，计算可得衬垫纱的平均线圈长度为：

$$l_I = \frac{nT + 2d_N}{n} = \frac{3 \times 25.4/24 + 2 \times 0.5}{3} = 1.39(\text{mm})$$

二、根据织物单位面积重量等参数计算线圈长度

织物单位面积重量是重要的经济和质量指标，也是进行工艺设计(如选用织物组织、原料、

机号等,以及确定织物染整工艺特别是定型工艺)的依据。

(一) 针织物单位面积重量

将式(1-7)推广到一般情况,针织物单位面积重量可按式(7-8)来计算。

$$Q = \frac{4 \times 10^{-4} P_A P_B \sum_{i=1}^{m} l_i Tt_i}{1+W}$$ (7-8)

式中:Q——织物单位面积重量,g/m²;

P_A——织物横密,纵行/5 cm;

P_B——织物纵密,横列/5 cm;

l_i——第 i 根纱线的线圈长度,mm;

Tt_i——第 i 根纱线的线密度,tex;

m——所使用的纱线根数;

W——纱线公定回潮率。

(二) 平针和双罗纹组织线圈长度的计算

在已知织物单位面积重量、横密、纵密和纱线线密度的基础上,可以根据式(7-9)来计算平针或双罗纹组织的线圈长度:

$$l = 2.5 \times 10^3 \times \frac{kQ(1+W)}{P_A P_B Tt}$$ (7-9)

式中:l——线圈长度,mm;

k——系数,平针组织取 1,双罗纹组织取 0.5;

Q——织物单位面积重量,g/m²;

P_A——织物横密,纵行数/5 cm;

P_B——织物纵密,横列数/5 cm;

Tt——纱线线密度,tex。

第二节 织 物 密 度

针织物的密度与织物组织结构、线圈长度、纱线直径和纱线品种有直接关系。在一般情况下,已知纱线品种和细度以及线圈长度,可以根据经验公式来计算下列组织在条件平衡状态下的密度。

一、棉纱平针组织

在条件平衡状态下(即针织物的尺寸基本上不再发生变化),棉纱平针组织横密和纵密的计算如式(7-10):

$$P_A = \frac{50}{0.20l + 0.022\sqrt{Tt}}; \quad P_B = \frac{50}{0.27l - 0.047\sqrt{Tt}}$$ (7-10)

式中：P_A——织物横密，纵行 /5 cm；

$\quad\quad P_B$——织物纵密，横列 /5 cm；

$\quad\quad l$——线圈长度，mm；

$\quad\quad Tt$——纱线线密度，tex。

例 7-4 计算 18 tex 棉纱平针织物的横密与纵密。

根据式（7-3），取线圈模数 $\beta=21$，计算可得线圈长度为：

$$l = \frac{21\sqrt{18}}{31.62} = 2.82(\text{mm})$$

根据式（7-10），计算可得织物的横密与纵密分别为：

$$P_A = \frac{50}{0.20 \times 2.82 + 0.022\sqrt{18}} = 76 \text{ 纵行 }/5 \text{ cm}$$

$$P_B = \frac{50}{0.27 \times 2.82 - 0.047\sqrt{18}} = 89 \text{ 横列 }/5 \text{ cm}$$

二、棉纱 1+1 罗纹组织

在条件平衡状态下，棉纱 1+1 罗纹组织横密和纵密的计算如式（7-11）：

$$P_A = \frac{50}{0.30l + 0.003\,2\sqrt{Tt}}; \quad P_B = \frac{50}{0.28l - 0.041\sqrt{Tt}} \tag{7-11}$$

三、棉纱双罗纹组织

在条件平衡状态下，棉纱双罗纹组织横密和纵密的计算如式（7-12）：

$$P_A = \frac{50}{0.13l + 0.11\sqrt{Tt}}; \quad P_B = \frac{50}{0.35l - 0.095\sqrt{Tt}} \tag{7-12}$$

式中各参数的定义同上。

四、衬垫组织

在条件平衡状态下，可按照经验公式（7-13）确定衬垫组织的密度。

$$A_I = 2(d_P + d_I); \quad A_P = 4d_p; \quad P_A = \frac{50(K_1 + K_2)}{K_1 A_I + K_2 A_P}; \quad P_B = \frac{P_A}{C} \tag{7-13}$$

式中：A_I——垫入衬垫纱的线圈圈距，mm；

$\quad\quad A_P$——未垫入衬垫纱的地组织线圈圈距，mm；

$\quad\quad d_I$——衬垫纱直径，mm；

$\quad\quad d_p$——地纱直径，mm；

$\quad\quad K_1$——一个循环内垫入衬垫纱的线圈个数；

$\quad\quad K_2$——一个循环内未垫入衬垫纱的线圈个数；

$\quad\quad P_A$——织物横密，纵行 /5 cm；

P_B——织物纵密,横列/5 cm;

C——密度对比系数(0.77~0.89)。

<h2>第三节　织物单位面积重量</h2>

若已知针织物的线圈长度、横密、纵密和纱线线密度,可以根据式(1-7)或(7-8)直接计算织物的单位面积重量。如果仅知道织物的纱线线密度,则可按照下列方法来估算织物的单位面积重量。

例 7-5　设计 18 tex 棉纱平针织物的单位面积重量。

根据式(7-3)和表 7-2,可得线圈长度为:

$$l = \frac{21\sqrt{18}}{31.62} = 2.82 \,(\text{mm})$$

根据式(7-10),可得织物的横密和纵密为:

$$P_A = \frac{50}{0.20 \times 2.82 + 0.022\sqrt{18}} = 76 \text{ 纵行}/5 \text{ cm}$$

$$P_B = \frac{50}{0.27 \times 2.82 - 0.047\sqrt{18}} = 89 \text{ 横列}/5 \text{ cm}$$

最后,根据式(1-7)可得织物的单位面积重量为:

$$Q = \frac{0.000\,4 \times 2.82 \times 18 \times 76 \times 89}{1 + 0.085} = 126.6 \,(\text{g/m}^2)$$

<h2>第四节　机　号</h2>

<h3>一、机号与织物密度的关系</h3>

当针槽全部排针,且所有织针都参加编织时,在针织机织针上的织物横向密度与其机号相等。但随着新线圈的形成,旧线圈所在横列由于失去了织针的约束而发生横向尺寸变化。当织物尺寸完全稳定后,其横密与针织机机号的关系如式(7-14):

$$E = kP_A \tag{7-14}$$

式中:E——机号,针数/2.54 cm;

k——系数,为织物宽度(筒形织物周长)和机器实际工作宽度(针筒周长)之比;

P_A——针织物横密,纵行/5 cm。

在实际生产中,对于圆形纬编针织机编织的普通织物(如平针组织、双罗纹组织等),当织物尺寸完全稳定后,一般取 $k = 0.313$,即 $E = 0.313P_A$。对于其它织物,可通过对测试结果进行统计分析得到所需要的 k 值。

机号与织物纵向密度的关系,可利用织物的密度对比系数,将上式中的横向密度转换成纵向密度得到,即式(7-15):

$$E = kCP_B \quad\quad (7\text{-}15)$$

式中:C——密度对比系数,为针织物横密与纵密之比;

P_B——针织物纵密,横列/5 cm。

例 7-6 测得某一棉纱平针织物的横密为 65 纵行/5 cm,试估算采用的机号。

根据式(7-14),计算得到:

$$E = 0.313 \times 65 \approx 20$$

二、用类比系数法估算机号

根据理论分析,针织机所加工纱线的最低线密度 Tt(tex)与机号 E 的平方成反比,即式(7-16):

$$Tt = \frac{K}{E^2} \quad\quad (7\text{-}16)$$

式中 K 为系数,涉及多方面因素,如成圈过程中针与针槽(或沉降片)之间必须容纳的纱线根数、纱线的体积密度、针与针槽(或沉降片)之间的间隙与针距之间的比例关系等。因此要计算系数 K 较困难,但是式(7-16)为估算机号或纱线细度提供了理论依据。下面通过两个实例来说明估算的方法。

例 7-7 已知机号 E16 棉毛机可以加工 28 tex 棉纱,机号 E22.5 棉毛机可以加工 14 tex 棉纱,现有 E28 机号的棉毛机,试估算它可以加工的棉纱号数。

由式(7-16)可得:

$$K_1 = 28 \times 16^2 = 7\,168$$
$$K_2 = 14 \times 22.5^2 = 7\,087.5$$
$$Tt = \frac{K_1 + K_2}{2 \times E^2} = \frac{7\,168 + 7\,078.5}{2 \times 28^2} = 9.1\,(tex)$$

由于已知条件中可以加工纱线的不一定是最低线密度,所以该估算值有一定的范围,可以试加工线密度略大于 9.1 tex 的棉纱。

例 7-8 已知提花圆机上用机号 E20 可以加工 16.7 tex 和 14 tex 的涤纶长丝,用机号 E22 可以加工 14 tex 和 11 tex 的涤纶长丝。试估算加工 8.4 tex 的涤纶长丝应采用何机号。

由式(7-16)可得:

$$K_1 = 20^2 \times \frac{16.7 + 14}{2} = 6\,140$$

$$K_2 = 22^2 \times \frac{14 + 11}{2} = 6\,050$$

$$E = \sqrt{\frac{K_1 + K_2}{2 \times Tt}} = \sqrt{\frac{6\,140 + 6\,050}{2 \times 8.4}} = 26.9$$

由此推断出,加工 8.4 tex 的涤纶长丝应采用 E26 或 E28 机号为宜。

第五节 坯布幅宽

针织机加工坯布的门幅宽度关系到衣片的排料与裁剪。对于某一规格的针织内衣来说，选择合适幅宽的坯布，可以使裁剪损耗最小，从而降低成本。若要生产圆筒形的无缝内衣，为了适应人的体形，圆筒形坯布幅宽的控制就更为重要。针织坯布的幅宽与针筒直径、机号和横密等因素有关。

一、幅宽与针筒针数和横密的关系

由于圆纬机针筒中每一枚织针编织一个线圈纵行，所以针筒的总针数等于圆筒形针织坯布的总线圈纵行数。因此可得式(7-17)：

$$W = \frac{5n}{P_A} \qquad (7\text{-}17)$$

式中：W——剖幅后光坯布幅宽，cm；

$\quad n$——针筒总针数；

$\quad P_A$——光坯布横密，纵行/5 cm。

二、幅宽与针筒直径、机号和横密的关系

针筒直径、总针数和机号有式(7-18)的关系：

$$n = \pi DE \qquad (7\text{-}18)$$

式中：D——针织直径，cm；

$\quad E$——机号，针数/2.54 cm。

将式(7-18)代入(7-17)可得式(7-19)：

$$W = \frac{5\pi DE}{P_A} \qquad (7\text{-}19)$$

实际应用时，对于来样分析仿制，可以测得织物的密度和纱线细度，通过经验或估算确定针织机的机号，再根据选定的针筒直径由(7-19)式计算出坯布幅宽，或者根据所需的坯布幅宽计算出针筒直径。

如果是产品设计，首先要选定纱线种类和细度并确定机号，接着根据设计的织物结构及相关的未充满系数(或线圈模数)计算出线圈长度，再由线圈长度和纱线细度计算出织物的密度，最后便可根据选定的针筒直径计算出坯布幅宽，或者根据所需的坯布幅宽计算出针筒直径。

除了计算外，还可以查阅一些针织手册和书籍，其中给出了某些针织机的筒径与织物幅宽、密度及机号之间的关系。

以上介绍的是圆纬机坯布幅宽的估算方法，对于横机，只需要将针筒总针数换成针床工作针数，针筒直径换成针床宽度，公式(7-18)和(7-19)作相应修改，就可以参照上述方法估算出编织的坯布幅宽。

第六节 针织机产量

一、理论产量

圆型纬编针织机的理论产量与线圈长度、纱线细度以及机器的针数、成圈系统数和转速等有关。其计算如式(7-20)和式(7-21):

$$A_T = 6 \times 10^{-8} MNn \sum_{i=1}^{m} l_i \, Tt_i \tag{7-20}$$

式中:A_T——按纱线特数计算的理论产量,kg/(台·h);

　　　M——成圈系统数;

　　　N——编织针数;

　　　n——机器转速,r/min;

　　　l_i——第 i 根纱线的线圈长度,mm;

　　　Tt_i——第 i 根纱线的纱线特数;

　　　m——所使用的纱线根数。

$$A_D = 6.67 \times 10^{-9} MNn \sum_{i=1}^{m} l_i N_{Di} \tag{9-21}$$

式中:A_D——按纱线旦数计算的理论产量,kg/(台·h);

　　　N_{Di}——第 i 根纱线的纱线旦数。

上面的参数与坯布品种、机器型号等有关。在设计时,一般首先确定织物品种,然后设计线圈长度、纱线线密度、织物单位面积重量等织物参数,最后选用合适的机型、筒径、机号、路数、针数等。针织机的理论产量主要与机器的转速有关。一般来说,控制机器的速度主要是控制线速度,转速将随着针筒直径的增大而减小。

对于横机,只需要将机器转速换成机头运动线速度(m/s),公式(7-20)和(7-21)作相应修改,就可以参照上述方法计算出理论产量。

例7-9 在单面四针道圆纬机上采用 19.5 tex 棉纱编织纬平针织物,其线圈长度为 2.82 mm;该机机号为 E22,筒径 762 mm(30 英寸),90 路成圈系统,转速为 20 r/min,试求织物的理论产量。

该机总针数 $N = 3.14 \times 30 \times 22 = 2\,074$ 枚,根据式(7-20)可得理论产量为:

$$A_T = 6 \times 10^{-8} \times 90 \times 2\,074 \times 20 \times 2.82 \times 19.5 = 12.32(kg/ 台·h)$$

二、实际产量

在实际生产中,由于换纱、下布、接头、加油、换针等操作都会造成停机,使得实际运转时间小于理论运转时间。

（一）机器时间效率

机器时间效率是指在一定生产时间内，机器的实际运转时间与理论运转时间的比值，其计算方法如式(7-22)。

$$k_T = \frac{T_s}{T} \times 100\%$$ (7-22)

式中：k_T——机器时间效率，%；

T_s——每班机器的实际运转时间，min；

T——每班机器的理论运转时间，min。

机器的时间效率与许多因素有关，如机器的自动化程度、工人的操作技术水平、劳动组织、保全保养以及采用的织物的组织结构和卷装形式等有关。机器的时间效率可通过实际测量得出，也可根据经验统计资料选用平均水平。

不同的针织机的时间效率也不相同。如棉毛机的时间效率为 $84\% \sim 95\%$；罗纹机的时间效率为 $85\% \sim 92\%$。

（二）实际产量

针织机的实际产量可由式(7-23)确定：

$$A_s = A \times k_T$$ (7-23)

式中：A_s——实际产量，kg/(台·h)；

A——理论产量(A_T 或 A_D)，kg/(台·h)；

k_T——机器时间效率。

思考练习题

1. 常用纬编针织物线圈长度的计算方法有哪几种？与哪些参数有关？

2. 常用纬编针织物密度的计算与哪些参数有关？

3. 针织物单位面积重量的估算与哪些参数有关？

4. 机号与针织物横密以及纱线细度有何关系？怎样估算机号？

5. 针织坯布的幅宽与哪些因素有关？怎样进行估算？

6. 纬编针织机的理论产量和实际产量与哪些因素有关？怎样进行估算？

7. 设计 14.6 tex 棉纱双罗纹针织物的线圈长度、织物密度和单位面积重量，并估算加工所采用针织机的机号。

2

第二篇

经编工艺学

第八章 经 编 基 础

第一节 经编针织物及形成

一、经编针织物的结构

经编是指采用一组或几组平行排列的纱线,于经向喂入针织机的所有工作针上,同时成圈而形成针织物的工艺过程。利用这种方法编织的针织物称为经编针织物,完成这一工艺过程的针织机称为经编机。

经编针织物的基本结构单元也是线圈,在图 8-1 所示的经编线圈结构图中,线圈由圈柱1—2 与 4—5、针编弧 2—3—4 和延展线 5—6 组成,线圈的两根延展线在线圈的基部交叉和重叠的称为闭口线圈(B),没有交叉和重叠称为开口线圈(A)。纬编针织物有关线圈横列和纵行的定义也适用于经编针织物,经编针织物的横密与纵密一般用纵行/cm 与横列/cm(或横列/英寸)来表示。

经编针织物与纬编针织物的结构差别在于:一般纬编针织物中每一根纱线形成的线圈沿着横向分布,而经编针织物中每一根纱线形成的线圈沿着纵向分布;纬编针织物的每一个线圈横列是由一根或几根纱线的线圈组成,而经编针织物的每一个线圈横列是由一组(一排)或几组(几排)纱线的线圈组成。

图 8-1 经编线圈结构图

二、经编针织物的形成

经编的成圈过程,其基本原理与纬编编结法成圈相似,也分为退圈、垫纱、闭口、套圈、弯纱、脱圈、成圈和牵拉几个阶段。图 8-2 显示了经编针织物的形成方法。在经编机上,平行排列的经纱从经轴引出后穿过各根导纱针 1,一排导纱针组成了一把导纱梳栉,梳栉带动导纱针在织针间的前后摆动和针前与针后的横移,将纱线分别垫绕到各根织针 2 上,成圈后形成了线圈横列。由于一个横列的线圈均与上一横列的相应线圈串套从而使横列与横列相互连接。当某一针上线圈形成后,梳栉带着纱线按一定顺序移到其他针上垫纱成圈时,就构成了线圈

图 8-2 经编针织物形成方法

纵行与纵行之间的联系。

经编与纬编针织物形成方法的差别在于:纬编是在一个成圈系统由一根或几根纱线沿着横向垫入各枚织针,顺序成圈;而经编是由一组或几组平行排列的纱线沿着纵向垫入一排织针,同步成圈。

三、经编生产工艺流程

经编生产的一般工艺流程如下:

整经—织造—染整—成品制作

整经工序是将若干个纱筒上的纱线平行卷绕在经轴上,为上机编织做准备。织造工序是在经编机上,将经轴上的纱线编织成经编织物。染整和成品制作工序都与最终产品有关。经编最终产品包括服用、装饰用和产业用三类。服用类产品有泳装、女装饰内衣、运动休闲服等。装饰类产品有窗帘、台布、毯子等。产业类产品有土工格栅、灯箱布、棚盖布等。总的来说,在经编产品中,服用类所占的比重不如纬编大,而装饰和产业类所占的比重则超过纬编。

第二节 经编针织物分类与表示方法

一、经编针织物的分类

经编针织物也用组织来命名与分类。一般分为基本组织,变化组织和花色组织三类,并有单面和双面两种。

经编基本组织是一切经编组织的基础,它包括单面的编链组织、经平组织、经缎组织、重经组织,双面的罗纹经平组织等。

经编变化组织是由两个或两个以上基本经编组织的纵行相间配置而成,即在一个经编基本组织的相邻线圈纵行之间,配置着另一个或者另几个经编基本组织,以改变原来组织的结构与性能。经编变化组织有单面的变化经平组织、变化经缎组织、变化重经组织,以及双面的双罗纹经平组织等。

经编花色组织是在经编基本组织或变化组织的基础上,利用线圈结构的改变,或者另外附加一些纱线或其他纺织原料,以形成具有显著花色效应和不同性能的花色经编针织物。经编花色组织包括少梳栉经编组织、缺垫经编组织、衬纬经编组织、压纱经编组织、毛圈经编组织、贾卡经编组织、多梳栉经编组织、双针床经编组织、轴向经编组织等。

二、经编针织物结构的表示方法

经编针织物组织结构的表示方法有线圈图、垫纱运动图与穿纱对纱图、垫纱数码、意匠图等。

(一)线圈图

图8-3为某种经编组织的线圈结构图。该图可以直观地反映经编针织物的线圈结构和经纱的顺序走向,但绘制很费时,表示与使用均不方便,特别对于多梳和双针床经编织物,很难用

线圈结构图清楚地表示,因此在实践中较少采用。

（二）垫纱运动图与穿纱对纱图

垫纱运动图是在点纹纸上根据导纱针的垫纱运动规律自下而上逐个横列画出其垫纱运动轨迹。图8-4是与图8-3相对应的垫纱运动图。图中每一个点表示编织某一横列时一个针头的投影,点的上方相当于针钩前,点的下方相当于针背后。横向的"点行"表示经编针织物的线圈横列,纵向"点列"表示线圈纵行。用垫纱运动图表示经编针织物组织比较直观方便,而且导纱针的移动与线圈形状完全一致。

图8-3　经编组织的
线圈结构图

一般经编针织物的组织是由若干把导纱梳栉形成,因此需要画出每一梳栉的垫纱运动图。如果某些梳栉部分导纱针未穿纱（部分穿经）,通常还应在垫纱运动图下方画出各把梳栉的穿纱对纱图,如图8-5所示。该图表示两梳栉经编组织,每一梳栉都是一穿一空（竖线代表该导纱针穿纱,点代表该导纱针空穿）,两梳栉的对纱方式是穿纱对穿纱,空穿对空穿。如果梳栉上穿有不同颜色或类型的纱线,可以在穿纱对纱图中用不同的符号表示。

图8-4　垫纱运动图　　　　图8-5　垫纱运动与穿纱对纱图

（三）垫纱数码

用垫纱数码来表示经编组织时,以数字0、1、2、3…顺序标注针间间隙。对于导纱梳栉横移机构在左侧的经编机,数字应从左向右顺序标注;而对于导纱梳栉横移机构在右侧的经编机,数字则应从右向左顺序标注。

垫纱数码由下向上顺序地记录了各横列导纱针在针钩前的横移情况。例如,与图8-4相对应的垫纱数码为1-0/1-2/2-3/2-1//,其中横线连接的一组数字表示某横列导纱针在针前的横移方向和动程;在相邻两组数字之间,即相邻两个横列之间,用单斜线加以分割开;第一组的最后一个数字与第二组的起始一个数字,表示梳栉在针背后的横移方向和动程;双斜线表示一个完全组织的结束。以上述例子来说,第Ⅰ横列的垫纱数码为1-0,第Ⅱ横列的垫纱数码为1-2,因此0/1就代表导纱针在第Ⅱ横列编织开始前,在针背后从0针间横移到1针间。

（四）意匠图

在设计某些经编花色组织的花型时,例如贾卡（提花）经编组织、双针床毛绒组织、单针床色织毛圈组织、缺垫组织等,一般在方格纸上用彩色笔描绘,这种彩色方格图称为意匠图。通常一个小方格的高度表示一个线圈横列或两个线圈横列(贾卡组织),一个小方格的宽度表示一个针距,不同的颜色表示不同的组织。

第三节 经编针织机

一、经编机的分类

经编机种类繁多,一般根据其结构特点、用途和附加装置进行分类。主要可分为特里科经编机,拉舍尔经编机,以及特殊类型经编机(钩编机、缝编机、管编机等)三大类。其中广泛使用的是前两类。目前就采用的织针类型而言,槽针(复合针)已经成为主流,现代经编机大部分配置了槽针;舌针仍有一定的应用,多见于双针床经编机;钩针在现代经编机上已经不用,被槽针所取代。尽管可以制造圆形针床的经编机,但目前实际生产使用的基本均为平形针床经编机。

图 8-6 特里科经编机特征

(一) 特里科经编机

特里科(Tricot)经编机的特征如图 8-6 所示,其坯布牵拉方向 1 与织针平面 2 之间的夹角 β 在 90°～115°范围。一般说来,特里科型经编机梳栉数较少,大多数采用复合针,机号较高(常用 E24～E32,最高可达 E44),机速也较高(最高可达 4 000 转/分),针床宽度通常在 3 300 mm(130 英寸)至 6 600 mm(260 英寸)范围内,生产的产品多为薄型织物。

尽管特里科经编机有单针床和双针床两类,但绝大多数为前者。单针床特里科经编机有:普通型(2～4 梳栉),多梳型(一般 9梳栉以下),弹性织物型,毛圈型,全幅衬纬型等。

(二) 拉舍尔经编机

拉舍尔(Raschel)经编机的特征如图 8-7 所示,其坯布牵拉方向 1 与织针平面 2 之间的夹角 β 在 130°～170°范围。该机多数采用复合针,少数为舌针,与特里科经编机相比,一般其梳栉数较多,机号和机速相对较低。针床宽度通常在 1 000 mm(40 英寸)至 6 600 mm(260 英寸)范围内,生产的产品多为厚型织物、装饰织物、产业用布等。

拉舍尔经编机也分单针床和双针床两类。单针床拉舍尔经编机包括:少梳高速型(4～5 梳栉),普通多梳型,花边窗帘用多梳型(一般 20～65 把梳栉,最多可达 95 把梳栉),衬纬型、贾卡提花型、双轴向和多轴向型等。而双针床拉舍尔经编机有:普通型,短绒及长绒型,间隔织物型,毛圈型,袋型,圆筒织物型、无缝内衣型等。

图 8-7 拉舍尔经编机特征

二、经编机的一般结构

经编机一般主要由编织机构、送经机构、梳栉横移机构、牵拉卷取机构、传动机构和辅助装置等部分组成。

图 8-8 显示的是一种普通经编机的外形。卷绕有经纱的经轴 1 配置在机器的上方，一般有几把梳栉就对应有几根经轴。在经轴旁侧的送经机构 2 将经纱输送至编织机构 3。编织机构包括针床、梳栉、沉降片床等机件。编织机构的旁侧是梳栉横移机构 4。编织机构编织的织物经过牵拉卷取机构 5（位于梳栉横移机构 4 的下方）的牵引，最后绕成布卷 6。传动机构位于编织机构的下方，7 是控制箱与操纵面板。

图 8-8　普通经编机的外形

三、经编机的主要技术规格参数

经编机的主要技术规格参数有机型、机号、针床宽度（可以加工坯布的宽度）、针床数（单针床或双针床，可分别生产单面或双面织物）、梳栉数（梳栉数量越多，可以编织的花型与结构越复杂）、转速（主轴每分钟转速，一般每转编织一个线圈横列）等。

四、经编机的梳栉编号

通常经编机上少则配置两把梳栉，多则有几十把梳栉，为便于工艺设计，梳栉需要按一定的顺序进行编号。按照 2005 年国际标准规定，所有类型经编机的梳栉编号均统一为由机前向机后，依次为 GB1、GB2、GB3⋯。而多梳经编机的花梳栉往往用 PB 表示，贾卡经编机的贾卡梳栉用 JB 表示。

思考练习题

1. 何谓经编？经编线圈由哪几部分组成？
2. 经编针织物的结构有何特点，与纬编针织物有何不同？
3. 经编针织物是如何形成的，与纬编有何区别？
4. 经编针织物分几类，表示经编针织物结构的方法有几种，各有何特点？
5. 经编机一般由哪几部分组成，每一部分的作用是什么？
6. 特里科与拉舍尔经编机有哪些差别？
7. 经编机的主要技术规格参数有哪些？

第九章　经编机成圈机件与成圈过程

第一节　槽针经编机成圈机件与成圈过程

一、成圈机件及其配置

现代经编机大多使用槽针（复合针），槽针经编机的成圈机件包括槽针、沉降片和导纱针等。

1. 槽针

槽针由针身和针芯两部分组成，其结构可参见图 1-3(2)。针身和针芯的相互配合运动使针口关闭或开启，来完成线圈的编织。

槽针的安装如图 9-1 所示。针身 1 一枚一枚地插放在针床的插针槽板 2 上，如有损坏可单独调换。针芯 3 一般数枚或半英寸一组浇铸在合金座片 4 上，再组合安装在针芯床 5 上。针身之间和针芯之间都应相互平行且保持等距，两者的配合也要精确一致。

图 9-1　槽针的安装

槽针在成圈过程中的动程较小，与同机号的钩针经编机相比，槽针的动程可减小四分之一左右，从而为高速运转创造了条件。虽然槽针必须采用单独传动针芯的机构，但却省去了压板，又其运动规律比钩针简单得多，且传动机构的结构也比较简单，这也是它可以适应高速的原因之一。

2. 沉降片

槽针经编机上采用的沉降片的形状随机型种类而不同。特里科经编机上采用的沉降片如图 9-2 所示，1 是片鼻，2 是片腹，3 是片喉，其中片鼻和片喉可用来握持旧线圈，片喉还具有辅助牵拉作用,片腹用于弯纱时搁持纱线。该沉降片数片一组将片头和片尾均浇铸在合金座片,合金座片再组合安装在沉降片床上。

图 9-2　沉降片结构

3. 导纱针

导纱针在成圈过程中用来引导经纱垫放于针上。如图 9-3
(a)所示,导纱针由薄钢片制成,其头端有孔,用以穿入经纱。导纱针头端较薄,以利于带引纱线通过针间,针杆根部较厚,以保证具有一定的刚性。如图 9-3(b)所示,导纱针通常也是数枚一组浇铸于宽 25.4 mm 或 50.8 mm(1 英寸或 2 英寸)的合金座片上,再将其组合安装到导纱针床上,从而组成了一把梳栉。各导纱针的间距与织针的间距一致。

(a)　　　　　　(b)

图 9-3　导纱针结构

图 9-4　特里科槽针经编机的成圈机件配置

4. 成圈机件配置

特里科槽针经编机的成圈机件配置如图 9-4 所示。针身 1 安装在针床 2 上,针芯 3 浇注在针芯座片上,针芯座片组合安装在针芯床 4 上,针床和针芯床作上下运动。沉降片 5 装在沉降片床 6 上,沉降片床作前后运动。导纱针 7 组成了梳栉 8,梳栉前后摆动并在针前和针背作横移运动。

图 9-5 为拉舍尔槽针经编机的成圈机件配置。图中 1、2、3、4 和 5 分别为针身、针芯、沉降片、导纱针和栅状脱圈板。

图 9-5　拉舍尔槽针经编机的成圈机件配置

二、成圈过程

特里科槽针经编机的成圈过程如图 9-6 所示。

1. 退圈

槽针(包括针身和针芯)处于最低位置,沉降片继续向机前(右方)运动将旧线圈推离针的运动线,如图 9-6(1)所示。此后,针身开始上升,如图 9-6(2)所示,随后针芯也上升,由于针身的上升速度快于针芯,二者逐渐分开而使针口打开。当针芯头端没入针槽内时,针口完全开启。此后二者继续同步上升到最高位置,旧线圈退到针杆上,如图

图 9-6　特里科槽针经编机的成圈过程

9-6(3)所示。此时,沉降片以片喉握持旧线圈,导纱针已开始向机后(左方)摆动,准备进行针前垫纱,但在针到达最高位置前,导纱针不宜越过针平面。

2. 垫纱

针在到达最高位置后将静止一段时间,导纱针摆到针的最前(机后)位置,作针前横移,准备垫纱,如图 9-6(4)所示。接着导纱针又摆回到针后(机前)位置,将经纱垫在开启的针口内,垫纱完毕后,针身先下降,如图 9-6(5)所示。

3. 闭口和套圈

针身下降一定距离后,针芯也开始下降,但下降速度比针身慢,直至针身的针钩尖与针芯头端相遇,这时针口完全关闭,旧线圈套圈,如图 9-6(6)所示。此阶段沉降片快速后退,以免片鼻干扰纱线。

4. 弯纱、脱圈、成圈和牵拉

针身和针芯以相同速度继续向下运动,针钩钩住了经纱开始弯纱。当针头低于沉降片片腹时,旧线圈由针头上脱下,随着针身和针芯继续下降,逐步弯成了所需长度的新线圈,如图9-6(7)所示。此阶段沉降片在最后位置,导纱针在最前位置不动。然后沉降片向前运动握持刚脱下的旧线圈,并将其向前推离针的运动线,进行牵拉,如图 9-6(1)所示,此阶段导纱针在针后作针背横移,为下一横列垫纱作好准备。

拉舍尔槽针经编机的成圈过程与后续将要介绍的舌针经编机十分相似,只是由相对移动的针芯来代替针舌的作用。

三、成圈机件的运动配合

成圈机件运动的配合可用成圈机件位移曲线图表示。成圈机件位移曲线表示主轴一转

（一个成圈过程）中各成圈机件的位移和主轴转角的关系，位移曲线随各种机型而不同。图9-7为典型的特里科槽针经编机各成圈机件的位移曲线。

图9-7　特里科槽针经编机成圈机件位移曲线

1. 针身和针芯的配合

在退圈阶段，针身在主轴转角0°开始上升，针芯大约在60°左右开始上升，针芯头在上升到旧线圈握持平面（沉降片片腹）高度前，就应全部没入针槽，从而保证针芯不妨碍旧线圈退圈。在垫纱阶段，针身位移曲线已经确定后，应控制针芯的位移曲线，以保证针口完全打开。在闭口和套圈阶段，针身先下降，且速度较快，针芯迟下降，且速度慢，使二者闭合；为保证套圈可靠，防止旧线圈重新进入针口内，当针芯槽端点下降到沉降片片腹平面时，已闭合针口。此后针芯和针身同步下降，两者的位移曲线基本相同。

2. 梳栉与针身的配合

针身的位移曲线基本是对称的。至于停顿阶段时间的分配要兼顾针身和梳栉的运动情况。单就针身的运动来分析，当然希望尽可能减小其在最高位置的停顿时间，以增加针身的上升和下降时间，达到运动的平稳性。但在梳栉较多（四梳栉）的机器上，较大的梳栉摆动动程往往成为影响机器运转速度的主要因素，在这种情况下就必须尽可能增加针身在最高位置的停顿时间，以降低梳栉的摆动速度。因此，梳栉和针身配合的关键是：后梳向机后摆到针平面时，针身必须已升到最高位置；后梳向机前回摆过针平面后，针身才开始下降。另外，梳栉的最后位置相应于针身在最高位置停顿期间的中央，因为梳栉摆动曲线一般对称于其最后位置，以保证其摆动平稳和有足够的针前横移时间。

3. 沉降片与针身的配合

在特里科槽针经编机上，沉降片起握持和牵拉旧线圈的作用。当针身由最高位置开始下降时，沉降片应开始后退，使片鼻逐步退离针的运动线，以免干扰新纱线成圈。为此针头下降到沉降片片鼻上平面前，沉降片已退到最后位置。接着沉降片又要向前移动，必须注意在针头低于沉降片片腹以前，片鼻尖不能越过针的运动线。另外，为保证退圈时旧线圈受到握持，在针头由最低位置上升至片腹水平时，沉降片片鼻尖应越过针运动线，伸入针间，并迅速到达最前位置。沉降片在最前位置基本停留不动，但也允许略微向后移动，这可略微放松针运动时的旧线圈张力。

由此可见，在研究和设计槽针经编机的成圈机件位移曲线时，必须考虑其成圈和高速两方面的要求。一方面要使成圈机件在各成圈阶段的主要工艺点有合适的相对位置，保证能高质量地成圈。另一方面又要兼顾各机件之间的配合关系合理分配时间,使其尽可能有较长的运动时间,保证运动的平稳性,使机器高速运转时不会产生过大的加速度和惯性负荷。

第二节 舌针经编机成圈机件与成圈过程

一、成圈机件及其配置

舌针经编机的成圈机件有:舌针、栅状脱圈板(即针槽板)、导纱针、沉降片和防针舌自闭钢丝。

1. 舌针

舌针是舌针经编机的主要成圈机件,对产品质量有直接关系。针钩用以拉取纱线,一般较短。但对于某些花边经编机,为满足特殊需要,常采用长钩针。针舌长度对舌针动程有决定性影响,从而影响到经编机的速度。使用短舌针是提高舌针经编机速度的有效措施。由于舌针的垫纱范围较大,故适宜于多梳栉经编机以编织花型复杂的经编织物。此外,舌针适用于加工短纤纱。一般舌针数枚一组浇铸在宽 25.4 mm 或 50.8 mm (1 英寸或 2 英寸)的合金座片上,如图 9-8 所示。

图 9-8 舌针

2. 栅状脱圈板

栅状脱圈板是一块沿机器针床全幅宽配置的金属板条,其上端按机号要求铣有箅齿状的沟槽,舌针就在其沟槽内作上下升降运动,进行编织。在针头下降到低于栅状脱圈板的上边缘时,旧线圈为其挡住,从针头上脱下,所以其作用为支持住编织好的坯布。在高机号经编机上,通常采用薄钢片铸成座片形式,如图 9-9 所示,再将座片固定在金属板条上,并在后面装以钢质板条,以形成脱圈边缘和支持住编织好的坯布,薄钢片损坏时,可以将座片更换。

3. 沉降片

沉降片由薄钢片制成,以数片为一组将其根部按针距浇铸在合金座片内,如图 9-10 所示。沉降片安装在栅状脱圈板的上方位置。当针上升退圈时,沉降片向针间伸出,将旧线圈压住,使其不会随针一起上升。这对于编织细薄坯布,使机器能以较高速度运转,具有积极的作用。低机号机器采用较粗的纱线编织粗厚的坯布时,因为坯布的向下牵拉力较大,靠牵拉力就可起到压布作用,故可不用沉降片。

图 9-9 栅状脱圈板

4. 导纱针

舌针经编机所用的导纱针与槽针经编机一样,也是数枚一组浇铸于一定尺寸的合金座片上。

5. 防针舌自闭钢丝

防针舌自闭钢丝沿针床全幅宽横贯固定在机架上,使其位于针舌前方离针床一定距离处,或装在沉降片支架上与沉降片座一起摆

图 9-10 沉降片

动。当针上升针舌打开后,由它拦住开启的针舌,防止针舌自动关闭而造成漏针现象。

6. 成圈机件配置

舌针经编机的成圈机件配置如图 9-11 所示。舌针 1 铸在座片 2 上并一起安装在针床 3 上,栅状脱圈板座片 4 装在栅状脱圈板 5 上,沉降片 6 铸在座片 7 上并一起安装在沉降片床 8 上,在沉降片的上方安装有防针舌自闭钢丝 9,导纱针 10 由梳栉带动。

二、成圈过程

普通双梳栉舌针经编机的成圈过程比较简单,如图 9-12 所示。

1. 退圈

在上一成圈过程结束时,舌针处于最低位置,准备开始新的成圈循环,如图 9-12(6)所示。成圈过程开始时,

图 9-11　舌针经编机的成圈机件配置

舌针上升进行退圈,沉降片向针背(机前)运动以压住坯布,握持线圈的延展线,使其不随织针一起上升。导纱针处于针背位置,继续进行针背横移,如图 9-12(1)所示。

(1)　　　　　　　　(2)　　　　　　　　(3)

(4)　　　　　　　　(5)　　　　　　　　(6)

图 9-12　舌针经编机成圈过程

针上升到最高位置,旧线圈退到针杆上。由于安装在沉降片上方的防针舌自闭钢丝的作用,会拦下因退圈而上弹的针舌,使针舌处于开启状态,如图9-12(2)所示。

2. 垫纱

梳栉上的一排导纱针向针前(机后)摆动,将经纱从针间带过,直到最后位置,如图9-12(3)所示,此时,导纱针在机后进行针前横移。此时沉降片向机后移动。然后梳栉摆回机前,导纱针将经纱垫绕在所对应的针上,如图9-12(4)所示。

3. 闭口和套圈

在完成垫纱后,舌针开始下降,旧线圈将针舌关闭并套在针舌外,如图9-12(5)所示。

4. 弯纱、成圈和牵拉

舌针继续向下运动,将针钩中的新纱线拉过旧线圈进行弯纱。由于旧线圈为栅状脱圈板所支持,所以旧线圈脱落到新纱线上。在针头下降到低于栅状脱圈板的上边缘后,沉降片向前移到栅状脱圈板上方,将经纱分开,如图9-12(6)所示,此时导纱针作针后横移。

当针下降到最低位置时,新纱线穿过旧线圈而形成具有一定形状和尺寸的线圈。与此同时,坯布受牵拉机构的作用将新线圈拉向针背。

三、成圈机件的运动配合

普通双梳栉舌针经编机的成圈机件位移曲线如图9-13所示。图中曲线1为舌针的升降运动,曲线2和3分别为梳栉和沉降片的前后运动。

1. 梳栉与针的配合

从图9-13可见,针的上升和下降各用了主轴转角90°时间,而在90°~270°期间,针在最高位置静止不动。梳栉(导纱针)从90°开始向后摆动,由180°开始则向前摆动,到270°时摆到最前方。

2. 沉降片与针的配合

沉降片的位移曲线与针的配合较为简单,大部分时间在机前握持织物,图中为主轴转角20°~

图9-13 舌针经编机成圈机件位移曲线

220°。从220°起后退逐渐让出位置,以便针下降时钩取纱线,而不妨碍新纱线的运动。310°时到达最后位置,接着又向前运动,准备为下一成圈过程压住坯布,20°时沉降片到最前位置。

从上述成圈过程位移曲线中可以看到。舌针的升降和梳栉的前后摆动相互错开,分别占用了主轴转角的180°时间。这种时间配合对于垫纱过程的顺利进行是有利的,其缺点是两者的静止时间较长,用于运动的时间较短,不利于机速的提高。

第三节 钩针经编机成圈机件与成圈过程

一、成圈机件及其配置

钩针经编机的成圈机件有:钩针、沉降片、压板和导纱针。

1. 钩针

钩针的结构参见图1-3(3)。在安装时,针杆嵌在插针槽板的槽内,而针踵(针脚)则插在插针槽板的小孔内作为定位之用,在针槽板外面加上盖板,用螺丝固紧。

2. 沉降片

其形状如图9-14(1)所示,也是由片鼻1、片腹2和片喉3组成。与图9-2所示的槽针经编机沉降片不同的是,钩针经编机用沉降片的片腹呈隆起状。片喉到片腹最高点的水平距离对沉降片的动程有决定性影响。图9-14(2)显示了沉降片数片一组浇铸在座片上。

(1)　　　　　　　　　　　　　　　(2)

9-14　沉降片结构

3. 压板

压板用来将针尖压入针槽内,使针口封闭,其形状如图9-15所示。普通压板(图中(1))工作时,对所有针进行压针;花压板(图中(2))的工作面带有一定规律的切口,可进行选择压针。压板前面的倾角对压板的作用有很大影响,常为55°。

(1)　　　　　　　　(2)

图9-15　压板结构

4. 导纱针

导纱针的结构和要求和舌针经编机的类似,都采用座片形式。

5. 成圈机件配置

钩针经编机的成圈机件配置如图9-16所示。作上下运动的钩针2安装在针床1上,沉降片3安装在沉降片床8上,作前后运动。压板6安装在压板床7上,也作前后运动。安装在梳栉5上的导纱针4则作前后摆动以及针前和针后的横移。

图9-16　钩针经编机的
成圈机件配置

二、成圈过程

图 9-17 为成圈过程,图 9-18 为典型的位移曲线,图中曲线 1 为钩针的升降运动,曲线 2、3、4 分别为梳栉、沉降片和压板的前后运动。下面将成圈过程并结合成圈机件的位移曲线加以说明。

图 9-17 双梳栉钩针经编机成圈过程

1. 退圈和垫纱

在主轴转角 0°时,针床处于最低位置,上一横列的新线圈刚形成,如图 9-17(7)所示。此时沉降片继续向机前运动,对刚脱下的旧线圈进行牵拉。导纱针处于机前位置,做针背横移。压板继续向后退,以便让出位置,供导纱针后摆。

针上升进行退圈,在 100°左右上升到第一高度,使旧线圈由针钩内滑到针杆上,如图 9-17(1)所示。沉降片在 20°时处于最前位置,由片喉将旧线圈推离针的运动线,另外片鼻将新线圈压住,使其

图 9-18 典型的钩针经编机成圈机件位移曲线

不致由于摩擦而随针杆一起上升。沉降片在 20°～50°间稍向后退以放松线圈,有利于线圈通过较粗的针槽部分,减少线圈上受到的张力和摩擦力。导纱针从 30°开始向机后摆动,准备针前垫纱。80°左右压板退到最后位置。

在 130°左右,导纱针摆到最后位置,如图 9-17(2)所示。针在第一高度近似停顿不动。导

纱针摆到最后位置后就向前回摆,在它向后摆出针平面到向前摆到针平面期间,在针钩前横移(针前垫纱)。沉降片和压板基本维持不动。

在180°左右,导纱针已摆到针背一侧,将经纱垫到所对应的针钩上,如图9-17(3)所示,压板开始向前运动,沉降片基本维持不动。

针自180°起继续上升,在225°左右到达最高点,使原来垫在针钩外侧上的纱线滑落到针杆上,如图9-17(4)所示,沉降片仍基本不动。导纱针在230°左右摆回到针背后的最前位置,此后就静止到下一成圈循环再摆向机后,在此期间导纱针要作针背横移运动。压板继续向前运动,为压针作准备。

钩针经编机上针分二次上升或者说垫纱分两个阶段,其目的在于改善垫纱条件,使成圈过程顺利进行。因为针头部分和导纱针的头端均比其杆部要薄,当导纱针带着经纱由针间摆过时,如针的相对位置较低,就可使容纱间隙增大,这可减少针和导纱针对纱线的擦伤,有利于纱线的通过。另外,针头较低,还可避免针头在导纱针摆过时挂住由导纱针孔引向经轴的纱段。

2. 闭口和套圈

针从235°开始下降,使原来略低于针槽的新纱线相对移到针钩下方,完成带纱动作。压板继续向前移动准备压针,当针钩尖下降到低于沉降片上平面0.5~0.7 mm时,压板开始和针鼻接触,如图9-17(5)所示。在300°左右,压板到最前位置,即压针最足针口闭合。240°~316°期间,沉降片迅速后退,由片腹将旧线圈抬起,进行套圈,如图9-17(6)所示,此时针继续下降。

压板离开钩针的时间必须和套圈很好配合。为保证套圈可靠,当旧线圈上移到接近压板压住针鼻的部位时,压板才可释压,否则就会形成花针断纱等疵点。

3. 弯纱、脱圈、成圈和牵拉

此后针继续下降,钩住经纱进行弯纱,压板向后运动。当针头下降到低于沉降片片腹最高点时,旧线圈就由针头上脱下,完成脱圈。此时沉降片向前运动,对旧线圈进行辅助牵位,如图9-17(7)所示。针在360°时下降到最低位置,形成一定大小的线圈。

在针的下降过程中,要注意其速度是不同的。在带纱阶段(235°~280°),针以较快速度下降。在压针阶段(280°~310°)针下降速度减慢,以减少针和压板的磨损。在弯纱、脱圈、成圈阶段(310°~360°)又以较快速度下降,有利于迅速完成脱圈和成圈动作。

三、成圈机件的运动配合

钩针经编机的垫纱过程较为复杂,梳栉与钩针的配合关系为:当后梳栉后摆到针平面时,钩针必须已上升到第一高度,后梳向前刚摆出钩针平面时,钩针就开始第二次上升。如果梳栉后摆开始过早,针尚未升到第一高度,导纱针已摆过针平面,则上升的针将穿过后梳的经纱层,甚至穿过前梳的经纱层而刺伤纱线,或使经纱不能处于规定的针间,导致垫纱过程受到破坏。同样针的第二次上升也不可开始过早,若导纱针尚未摆到针背后时,针就上升,这将增大导纱针插入针间的深度,易挤轧甚至擦断经纱。

成圈机件位移曲线运动规律的合理性和相互之间的配合情况对经编机的速度有重大影响。设计成圈机件位移曲线时,要与它们的运动配合联系起来。应在满足工艺条件的要求下,依靠成圈机件的良好配合,尽可能减小机件动程和缩短停顿时间。曲线的运动部段要求平稳,少冲击。

思考练习题

1. 槽针经编机的成圈机件有哪些？各有何作用？简述它们的运动配合要求。
2. 舌针经编机的成圈机件有哪些？各有何作用？简述它们的运动配合要求。
3. 钩针经编机的成圈机件有哪些？各有何作用？简述它们的运动配合要求。
4. 简述槽针、舌针、钩针经编机的成圈过程。
5. 槽针经编机为什么可以实现高速？
6. 钩针经编机在退圈时，为什么钩针要分两次上升？
7. 在钩针经编机中，压板的压针时间过早或过迟，编织过程中会出现什么问题？

实验课内容

1. 在单针床槽针经编机现场，观察该机运转，了解编织机构、送经机构、梳栉横移机构、牵拉卷取机构的组成、基本工作原理。仔细观察槽针经编机成圈机件的形状、结构和配置，了解各成圈机件的作用；开慢车，观察槽针经编机各成圈机件的动程及成圈过程，了解经编机成圈机件运动的配合情况和成圈特点。

2. 在单针床舌针或钩针经编机现场，按相同要求完成实验。

第十章　导纱梳栉横移机构与工作原理

第一节　梳栉横移的工艺要求

在成圈过程中，为了完成垫纱，梳栉除了在针间前后摆动外，还必须在针前和针背沿针床进行横移。梳栉横移运动决定着各把梳栉的经纱所形成的线圈在织物中分布的规律，从而形成不同组织结构与花纹，因此导纱梳栉横移机构又称花纹机构。

梳栉横移机构的功能是使梳栉根据不同的花纹要求进行横向移动，它能对一把或数把梳栉起作用，并与摆动相配合使导纱针围绕织针进行垫纱。梳栉的横移必须满足下列工艺要求。

1. 按织物组织结构进行横移，横移量应是针距的整数倍

在一个成圈过程中，导纱梳栉应作针前和针背横移，其横移量应为针距的整数倍。每次横移后导纱针应处于针间间隙的适当位置，以免在梳栉摆动时产生撞针或刮擦经纱。梳栉针前横移一般为1个针距，也可为2针距（重经组织）或0针距（缺垫组织，衬纬组织）。针背横移可以是1个针距、2个针距或者更多，也可以为0针距，这主要根据织物组织结构而定。

2. 横移必须与摆动密切配合

当导纱针摆动至针平面时，梳栉不能进行横移，否则将发生撞针现象。

3. 梳栉横移运动符合动力学的要求

在编织过程中，梳栉移动时间极为短促，故应保证梳栉横移平稳，速度无急剧变化，加速度小，无冲击。

4. 满足快速设计和变换花型的要求

为了缩短花型设计和上机时间，快速变换市场所需产品，要求梳栉横移机构变换品种方便快捷，费用低廉。

第二节　机械式梳栉横移机构工作原理

常用的机械式梳栉横移机构有链块式和花盘凸轮式两种，链块式横移机构又分为直接式和间接式。另外，根据花纹滚筒的数目，梳栉横移机构可分为单滚筒和双滚筒。

一、链块式梳栉横移机构

（一）直接式横移机构

1. 结构

某种单滚筒 N 型梳栉横移机构如图 10-1 所示。花纹滚筒 6 上包覆有 48 块链块 4。当传

动机构经齿形皮带、变换齿轮 A 和 B、传动轴 5 和涡轮变速箱 3 驱动滚筒转动时,链块 4 通过滑块 7 和推杆 2,直接作用于梳栉 1 使其横移,两块花纹链块的高度差等于梳栉的横移距离。改变变换齿轮 A 和 B 的齿数比,就能改变主轴与花纹滚筒的传动比,设计与编织出 10、12、14、16、18 和 24 横列一个完全组织的花纹。

图 10-1 N 型梳栉横移机构

2. 花纹链块

普通花纹链块的形状如图 10-2 所示,一端为双头,另一端为单头。按高度不同链块分为 0,1,2,3…号,相邻号数链块之间的高度差为 1 针距。每一号链块按其斜面的多少和位置不同分成 a 型(无斜面,又称平链块)、b 型(前面有斜面,又称上升链块)、c 型(后面有斜面,又称下降链块)、d 型(前后均有斜面,又称上升下降链块)四种类型。0 号链块最低,只有平链块。

图 10-2 普通链块形状

将各种不同高度的链块的单头插入下一链块的双头内,并通过销子连接成花纹链条,再嵌入滚筒的链块轨道,便装配成了花纹滚筒。链块排列如图 10-3 所示,相邻链块搭接原则有如下两条。

(1)每一块链块应双头在前,单头在后(保证运动平稳无冲击)。

图 10-3 链块排列

（2）高号链块的斜面与低号链块的平面相邻。

3. 二行程式与三行程式

根据经编机成圈原理，编织每一横列导纱梳栉需要在针前和针背进行横移，因此在主轴一转中，控制梳栉横移的花纹滚筒必须转过两块链块，其中一块链块完成针前横移，另一块链块完成针背横移。这种采用两块链块编织一个横列的方式叫做两行程式，大多数舌针经编机采用两行程式。显然在两行程式经编机中，如果采用的链块规格一致，则针前与针背横移时间是相等的，但针前横移一般为一针距，而针背横移的针距数往往较多，较大的针背横移通常会引起梳栉的剧烈振动，且影响垫纱的准确性，对提高速度不利。如果针背横移分两次完成，即由两块链块完成针背横移，这对于降低梳栉针背横移速度是有利的，这种采用三块链块编织一个横列的方式称为三行程式。

对于二行程式梳栉横移机构，织物组织的垫纱数码实际上也代表了所用链块的号数。对于三行程式梳栉横移机构，图8-4所示的组织对应的链块排列为1-0-1/1-2-2/2-3-2/2-1-1//。每一组数字中，第一、第二两个数字表示导纱针在针前的横移动程，第二、三两个数字表示导纱针在针后的第一次横移动程，前一组最后一个数字与后一组最前一个数字表示导纱针在针后的第二次横移动程。

4. 曲线链块

由于普通链块的斜面呈直线且比较短，所以难以满足高速运转或编织针背横移大的花纹的要求。对于这种情况，可以采用与大针距横移相适应的曲线链块，使导纱梳栉能在高速条件下平稳而无振动横移。在磨铣曲线链块时需要根据织物组织结构的需要，将编织每一横列所需的三块链块编成一组，成组磨铣，这样能确保三块链块表面曲线连续而不中断。在排链块时，曲线链块只能成组使用（三块为一组），同一组三块链块依次按顺序1、2、3标记，将每组链块放置在一起，这样就能确保梳栉横移运动平稳。曲线链块不能由用户自己磨制，链块只能分段替换。

（二）间接式横移机构

机械链块式多梳拉舍尔经编机采用EH型双滚筒横移机构，如图10-4（1）所示。上滚筒1采用两行程式E型链块，并直接作用于地梳栉，以形成针前垫纱和针背垫纱，链块高度随机号不同而改变。下滚筒2采用单行程链块，通过摆动杠杆3间接作用于花梳栉，以垫入衬纬等纱线；采用ER36H型通用链块时，链块高度按半针距设计，花梳栉通过摆动杠杆装置把由链块产生的推程放大2倍。需要改变机号时，只要改变滚筒在水平方向的位置B以

图10-4 EH型梳栉横移机构

及从动滚子4在摆动杠杆3上的相应位置，即可改变摆动杠杆的传动比，使其与针距相适应。因此一种链块可适用于E14、E18、E24三种不同的机号，如图10-4（2）所示。

二、花盘凸轮式横移机构

花盘凸轮横移机构也属于直接式梳栉横移机构,在现代高速经编机上已得到广泛应用。如果花盘上的线圈横列数可以被花型循环所整除,就可以使用花盘凸轮。如图 10-5 所示,花盘凸轮像曲线链块一样,具有精密的曲线表面。

图 10-5 花盘凸轮

根据完全组织的高度,"每横列链块"数目也可以数字化。例如,对于高度为 10 横列的完全组织和凸轮廓线相当于 48 块链块的花盘凸轮,主轴与花盘的传动比为 1∶10,这意味着每横列花盘转过的链块数目是 4.8。

花盘凸轮使梳栉横移非常精确,机器运行平稳,且速度高,目前使用凸轮横移机构的经编机最高机速已达 4 000 r/min。它减少了存储空间,不会出现诸如链块装错或杂质在槽道内搁置链块而影响机器正常运转等问题。然而,花盘凸轮不能交叉使用在不同的梳栉位置,完全组织的横列数也受到花盘周长的限制。

第三节 电子式梳栉横移机构工作原理

一、电磁控制式梳栉横移机构

电磁控制式梳栉横移机构又称 SU 电子梳栉横移机构,由计算机控制器、电磁执行元件和机械转换装置组成。其中机械转换装置如图 10-6 所示,由一系列偏心 1 和斜面滑块 2 组成,通常含有 6～7 个偏心。对于六个偏心组成的横移机构,斜面滑块则为七段。每段滑块的上下两个端面(最上和最下滑块只有一个端面)呈斜面,相邻的两滑块之间被偏心套的头端转子 3 隔开,形成了不等距的间隙。当计算机控制器收到梳栉横移信息时,在电磁执行元件的作用下,偏心 1 转向左端,偏心套转子 3 也左移,相邻两滑块在转子的作用下扩开,两滑块的间隙加大,最上方滑块通过水平摆杆 4 和直杆 5 作用于推杆 6,推动梳栉 7 右移。反之,当计算机控制器未收到梳栉横移信息时,在电磁执行元件的作用下,偏心 1 转向右端,偏心套转子 3 也右移,被转子隔开的相邻两滑块在弹簧作用下合拢,两滑块的间隙减小,使梳栉 7 左移。

在每个转子处两个滑块的端面坡度是不同的,因而两滑块之间的间隙大小也不同,但它们都为针距的整倍数。各个偏心所对应的间隙具体如下:

对应的偏心编号：   a   b   c
　　　　　　　　　 d   e   f

间隙相差针距数：   1   2   4
　　　　　　　　　 8   16   16

根据花型准备系统的梳栉横移信息，可使偏心按一定顺序组合向左运动，它们所产生移距累加便可得到各种针距数的横移，每一横列梳栉最大可横移 16 针距，累计横移针距数最多可达 47 针。

电磁控制式梳栉横移机构一般用于多梳栉拉舍尔经编机，其主要特点是：①节省了大量链块；②能与花型准备系统接口，使计算机辅助设计成为可能；③缩短了花型变换时间，提高了机器效率。由于采用了磁铁—机械转换装置实现其主要功能，该机构还存在着不能适应高速（最大转速只能达到 450 r/min），横移距离不够的缺点；另外，其传动部分比较复杂，运行噪音也比较大。

图 10-6   SU 横移机构的机械转换装置

二、伺服电动机控制式梳栉横移机构

伺服电动机控制式梳栉横移机构有直线型和转动型两种。

（一）直线型伺服电动机控制

直线型电子梳栉横移机构如图 10-7 所示，又称 EL 电子梳栉横移机构，工作原理如同直线伺服电动机。该机构主要包括一个主轴，其内部为铁质内核，外面环绕线圈。在通电流时，线圈会产生一个磁场，使铁质内核产生线性运动，从而把横移运动直接传输到导纱梳栉。

图 10-7   直线型电子梳栉横移机构

直线型电子梳栉横移机构一般用于 4 梳栉和 5 梳栉的特里科经编机或拉舍尔高速经编机，也可用于双针床拉舍尔经编机。其主要特点为：①机构简洁，横移准确，操作简便；②花纹循环不受限制，能进行较大的针背横移。机号 E28 的机器针背横移可达 12 针，最大累计横移距离可达 50 mm；③省去链块存储和维护，减少出错的可能性；④能快速进行花纹设计和变换，生产效率高；⑤即使生产结构复杂的产品，对机器生产速度几乎没有影响。但机器的速度受到限制，最高为 1 800 r/min，而且成本较高。

（二）转动型伺服电动机控制

1. 地梳和贾卡梳栉用横移机构

新一代多梳栉拉舍尔花边机的地梳栉和分离的贾卡梳栉由转动型伺服电动机控制，如图

10-8 所示。伺服电动机 3 的转动通过丝杆 5 和滚珠螺母 6 变成直线运动,再由球面顶头 4 推动梳栉横移;图中 1 为调整标志,2 为防护罩,7 为球架,8 为供油部位。

该机构具有下列优点:①结构紧凑,减轻了移动部件的重量;②采用伺服电机直接控制地梳栉与贾卡梳栉横移运动,减少了梳栉占用空间;③地梳栉的垫纱运动可以自由的设计;④上机时间缩短。

图 10-8　地梳和贾卡梳栉的驱动装置

2. 花梳栉用横移机构

现代多梳栉拉舍尔经编机的花梳栉采用了新型的钢丝花梳横移机构,其结构如图 10-9 所示。该系统由细的金属丝和花梳导纱针组成,最多可以 8 把梳栉集聚。在钢丝花梳单元 1 中,导纱针 2 黏附在细的钢丝梳 3 上,钢丝梳上的导纱针可以更换;每一根钢丝由计算机控制的伺服电动机 4 通过驱动轮 5 和带子 6 完成横移运动;夹持装置 7 通过气缸把联接驱动轮的带子夹持住,以便更换钢丝花梳;钢丝通过弹簧装置 8 和空压机进行回复,并保证整个横移区保持张力一致。

最大横移量180 mm

图 10-9　钢丝花梳的结构　　　图 10-10　钢丝花梳的集聚

图 10-10 显示了钢丝花梳的集聚,其中 1、2 和 3 分别为钢丝、隔离板和导纱板,两个导纱板联接成一组件。

新型的钢丝花梳栉横移机构具有以下优点。

(1) 花梳栉的横移距离增大。采用其他横移机构,花梳栉的最大横移动程原先只有 47 mm 左右。而采用钢丝花梳栉横移机构,现在可达 180 mm(相当于驱动轮的周长),一次横移最大达到 12 针距,最大累计横移为 170 针距,比原来的电磁控制式梳栉横移机构增加了 260%。原料适应性更广,能生产花型更大、更宽的花边饰带。

(2) 花梳栉的数目增多。花梳栉的尺寸很小,这样空间利用更加充分,一条集聚线上最多可配置 6～8 把钢丝花梳。梳栉配置仍以扇形排列,但排列得更紧凑,可装上更多的钢丝梳,如压纱板前面的花梳栉数量由原来的 24 把增加到 36 把,提高了 50%。目前新一代花边机的梳栉总数可达 95 把,进而可加工出更精美的花型。

（3）花梳栉的横移精确。影响横移运动的环节减少，导纱针变短，零部件的材料和涂层工艺先进，梳栉的运动没有摩擦，不需润滑。无论生产何种花型、横移距离多少，都能保证横移的精确性。

（4）机器的运转速度提高。由于钢丝花梳栉质量减轻，每把只有 $100\sim350\,\mathrm{g}$，从而使花边机的运转速度达到 $950\,\mathrm{r/min}$。

（5）操作和维护方便。花梳栉和横移机构布局简洁明了，操作维护方便，费用低。导纱梳栉可以单独排列也可成组排列，而且变化方便，易于安装。

思考练习题

1. 梳栉横移必须满足哪些工艺要求？
2. 横移机构的形式有哪些？各有何特点？
3. 链块有哪些种类和规格？应如何排列？
4. 何谓二行程、三行程？如何将二行程变为三行程？
5. 电磁控制式梳栉横移机构的工作原理。
6. 伺服电机控制式梳栉横移机构的种类、结构、工作原理与应用。

实验课内容

1. 在安装有链块式梳栉横移机构的经编机现场，观察链块式梳栉横移机构的结构、工作原理和各组成构件的形状与作用，以及从花纹滚筒到梳栉的传动路线，了解花纹链条和梳栉的拆装方法；观察梳栉针前针背横移时间与梳栉摆动的配合情况，了解调整导纱针针间位置的方法。

2. 取 a、b、c、d 四种型式及不同号数的链块，按照预先给定的经编针织物组织，如 1-0/1-2//、1-0/2-3//、1-0/1-2/2-3/2-1// 等，排列出三行程式花纹链条的一个完全组织，画出垫纱运动图和链块排列图。

3. 在安装有花盘凸轮横移机构的经编机现场，观察花盘凸轮的外部轮廓曲线，了解其标注信息。

第十一章　经编基本组织与花色组织及编织工艺

第一节　经编基本组织与变化组织

一、经编基本组织

(一) 编链组织

编链组织是由一根纱线始终在同一枚织针上垫纱成圈所形成的线圈纵行,如图 11-1 所示。由于垫纱方法不同可分为闭口编链和开口编链,分别如图中 (1)和(2)所示。闭口编链组织的垫纱数码为 0-1//,而开口编链的垫纱数码为 0-1/1-0//。在编链组织中,各纵行间无联系,故不能单独使用,一般与其他组织复合形成经编织物。

图 11-1　编链组织

经编织物中如局部采用编链,由于相邻纵行间无横向联系而形成孔眼,因此该组织是形成孔眼的基本方法之一。以编链组织形成的织物为条带状,纵向延伸性小,其延伸性主要取决于纱线的弹性,可逆编织方向脱散。利用其脱散的特性,在编织花边织物时可以作为花边间的分离纵行。

(二) 经平组织

经平组织是由同一根纱线所形成的线圈是轮流排列在相邻两个线圈纵行,它可以由闭口线圈、开口线圈或开口和闭口线圈相间组成。

图 11-2(1)为闭口线圈的经平组织,图 11-2(2)表示相对应的垫纱运动图,其垫纱数码为 1-0/1-2//。图 11-3 为开口线圈的经平组织,其垫纱数码为 0-1/2-1//。

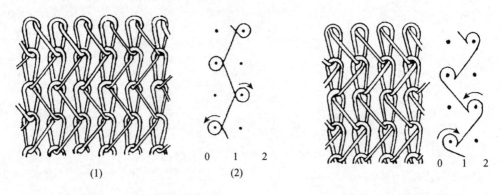

图 11-2　闭口经平组织　　　　　　　图 11-3　开口经平组织

经平组织中的所有线圈都具有单向延展线,也就是说线圈的导入延展线和引出延展线都是处于该线圈的一侧。由于弯曲线段力图伸直,因此经平组织的线圈纵行呈曲折形排列在针织物中,如图 11-4 所示。线圈向着延展线相反的方向倾斜,线圈倾斜度随着纱线弹性及针织物密度的增加而增加。

图 11-4　经平组织形成的织物

经平组织在纵向或横向受到拉伸时,由于线圈倾斜角的改变,以及线圈中纱线各部段的转移和纱线本身伸长,而具有一定的延伸性。经平结构的经编织物,在一个线圈断裂并受到横向拉伸时,则由断纱处开始,线圈沿纵行在逆编织方向相继脱散,而使坯布沿此纵行分成两片。

(三) 经缎组织

经缎组织是一种由每根纱线顺序地在三枚或三枚以上相邻的织针上形成线圈的经编组织。每根纱线先沿一个方向顺序地在一定针数的针上成圈,后又反向顺序地在同样针数的针上成圈。图 11-5 为三针开口经缎组织,纱线顺序地在三枚相邻的织针上成圈,其垫纱数码为 1-0/1-2/2-3/2-1//。图 11-6 为五针闭口经缎组织,纱线顺序地在五枚针上成圈,其垫纱数码为 0-1/2-1/3-2/4-3/5-4/3-4/2-3/1-2//。

图 11-5　三针开口经缎组织

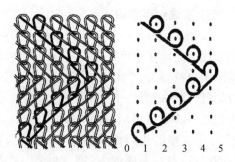

图 11-6　五针闭口经缎组织

经段组织一般在垫纱转向时采用闭口线圈,而在中间的则为开口线圈。转向线圈由于延展线在一侧,所以呈倾斜状态;而中间的线圈在两侧有延展线,线圈倾斜较小,线圈形态接近于纬平针组织,如图 11-7 所示的五针开口经缎组织。

经缎结构织物的卷边性及其他一些性能类似于纬平针组织。不同方向倾斜的线圈横列对光线反射不同,因而在针织物表面形成横向条纹。当有个别线圈断裂时,坯布在横向拉伸下,虽会沿纵行在逆编织方向脱散,但不会分成两片。

(四) 重经组织

凡是一根纱线在一个横列上连续形成两只线圈的经编组织称为重经组织。编织重经组织时,每根经纱每次必须同时垫纱在两只针上。图 11-8 为重经组织的几种形式,图中(1)是开口重经编链,垫纱数码为 0-2/2-0//;(2)是闭口重经编

图 11-7　五针开口经缎组织

链,垫纱数码为 0-2//;(3)是闭口重经平,垫纱数码为 2-0/1-3//。

图 11-8　重经组织的几种形式

由于重经组织中有较多比例的开口线圈,以其形成的织物的性质介于经编和纬编之间,具有脱散性小,弹性好等优点。编织重经组织时,每横列中同时在两枚针上垫纱成圈,对于离导纱针较远的那枚针来说,它由导纱针拉过经纱时,除了要克服编织普通经编组织时所有的阻力外,还要克服拉过前一针时经纱与前一针及其旧线圈之间的摩擦阻力,因此张力较大,易造成断纱。为了使重经组织的编织顺利进行,要采取对经纱上蜡或给油,以及调整成圈机件位置等措施。

(五)罗纹经平组织

罗纹经平组织是在双针床经编机上编织的一种双面组织,编织时前后针床的针交错配置,每根纱线轮流地在前后针床共三枚针上垫纱成圈。图 11-9 显示了罗纹经平组织的结构。垫纱运动图中符号"×"和"。"分别代表前后针床上的织针,其垫纱数码为 2-1-1-0/1-2-2-3//。双针床经编组织的垫纱数码表示方法与单针床经编组织略有不同,一个完整的线圈横列由相邻的前、后针床编织的线圈组成;在同一横列中,第一与第二个数字表示前针床的针前垫纱数码,第三与第四个数字表示后针床的针前垫纱数码;单斜线和双斜线的含义没有变化,仍旧分别表示相邻横列之间的分开和完全组织的结束。

图 11-9　罗纹经平组织

罗纹经平结构织物的外观与纬编的罗纹组织相似,但由于延展线的存在,其横向延伸性能则不如后者。

二、经编变化组织

(一)变化经平组织

变化经平组织是指延展线跨越两个或以上针距的经平组织。图 11-10(1)所示的为三针经平组织,又称经绒组织,垫纱数码为 1-0/2-3//。它是由两个经平组织组合而成,一个经平组织的线圈纵行配置在另一个经平组织的线圈纵行之间,一个经平组织的延展线与另一个经平组织的线圈在反面相互交叉。图 11-10(2)为四针经平组织又称经斜组织,垫纱数码为 1-0/3-4//。它是三个经平组织组合而成。

图 11-10　经绒与经斜组织

变化经平组织的特点是延展线较长,所以其织物的横向延伸性较小、表面光滑。由于变化经平组织由几个经平组织组成,其线圈纵行相互挤住,所以织物的线圈转向与坯布平面垂直的趋势亦较小,其卷边性类似于纬平针组织。另外,在有线圈断裂而发生沿线圈纵行的逆编织方向脱散时,由于此纵行后有另一经平组织的延展线,所以不会分成两片。

(二) 变化经缎组织

由两个或两个以上经缎组织组成,其纵行相间配置的组织称为变化经缎组织。图 11-11(1) 显示了跨越两针垫纱所形成的变化开口经缎组织,垫纱数码为 1-0/2-3/4-5/3-2//。图 11-11(2) 显示了跨越三针垫纱所形成的变化开口经缎组织,垫纱数码为 1-0/3-4/6-7/4-3//。

变化经缎组织由于针背垫纱针数较多,能改变延展线的倾斜角,形成的织物比经缎组织要厚。在双梳栉两隔两空穿形成网眼时,常采用变化经缎组织。

图 11-11　变化经缎组织　　　　**图 11-12　双罗纹经平组织**

(三) 双罗纹经平组织

图 11-12 所示为双罗纹经平组织,垫纱数码为 1-2-2-3/2-1-1-0//。它是由两个罗纹经平组织复合而成的双面组织。编织时前后针床上的织针相对配置,纱线轮流地在前后两个针床的三枚针上垫纱成圈。

上述的双罗纹经平结构,一根经纱连续在前针床同一枚针上编织,使在前针床编织的一面坯布上呈现出完全直的纵行。而该经纱又轮流在后针床两枚针上垫纱,线圈横列交替地向右和向左倾斜,使后针床编织的一面坯布上呈现出曲折的纵行。

与纬编双罗纹组织相似,双罗纹经平组织的正反面线圈纵行也呈相对配置,因此其结构较罗纹经平组织紧密,横向延伸性也较小。

第二节 少梳栉经编组织及编织工艺

第一节所述的均为单梳栉经编组织,这类组织虽然能形成织物,但因其织物稀薄、强度低、线圈歪斜、稳定性差等原因而较少使用。在实际生产中,可采用少梳栉(一般 2～4 把梳栉)来设计与编织经编花色组织的织物。

一、满穿双梳栉经编组织的结构与特性

这类经编组织采用两把满穿梳栉,做基本组织的垫纱运动,织物表面呈现出平纹效应。

满穿双梳栉经编组织通常以两把梳栉所织制的组织来命名。若两把梳栉编织相同的组织,且做对称垫纱运动,则称之为"双经×",如双经平、双经绒等。若两把梳栉编织不同的组织,则将后梳组织的名称放在前面,前梳组织的名称放在后面。如:后梳织经平组织,前梳织经绒组织,称为经平绒,反之则称为经绒平。若两梳均为较复杂的组织,则要分别给出其垫纱运动图或垫纱数码。

纱线的显露关系对于经编织物极其重要。基本满穿双梳组织中,每个线圈均由两根纱线组成,犹如纬编添纱结构,加之线圈背后的延展线,该类织物的横截面可分为四层。通常前梳纱线易显露在织物的工艺正、反两面。即由织物工艺反面到织物工艺正面,依次为前梳延展线、后梳延展线、后梳圈干、前梳圈干。但纱线在工艺正面显露比较复杂,与两把梳栉的经纱细度、送经比、针背横移量、垫纱位置、线圈形式等有关。一般说来,经纱粗、垫纱位置低、送经量大、针背横移量小、采用开口线圈,则易显露在织物的工艺正面。因此选择合适的纱线和工艺参数,后梳纱线也可以在工艺正面显露。

(一)素色满穿双梳经编组织的结构与特性及用途

1. 双经平组织

双经平组织是最简单的双梳组织,其线圈结构如图 11-13 所示。

双经平组织中,两把梳栉的延展线在相邻两个纵行之间对称交叉,相互平衡,构成完全直立的线圈纵行。由于当有线圈断裂时,该纵行将会至上而下脱散,导致织物左右一分为二,因此该组织通常不单独使用。

图 11-13 双经平组织

2. 经平绒组织

后梳进行经平垫纱运动,前梳进行经绒垫纱运动所形成的双梳经编组织称为经平绒组织,其线圈结构如图 11-14 所示。

经平绒组织中,前梳延展线跨越两个纵行,当某一线圈断裂而使纵行脱散时,织物结构仍然由前梳延展线连接在一起,避免了双经平结构织物左右分离的缺陷。该组织中,前梳较长的延展线覆盖于织物的工艺反面,使得织物手感光滑、柔软,具有良好的延伸性和悬垂性。

当经平绒组织的前后梳栉反向垫纱(前梳为 1-0/2-3//,后梳为 1-2/1-0//)时,织物结构较为稳定(图 11-2);而当两把梳栉同向垫纱时(前梳为 1-0/2-3//,后梳为 1-0/1-2//),则线圈产生歪斜。经平绒组

图 11-14 经平绒组织

织下机后,横向要发生收缩,收缩率与编织条件、纱线性质等有关。

经平绒组织应用很广,常用做女性内衣、弹性织物、仿麂皮绒织物等。

3. 经绒平组织

后梳进行经绒垫纱运动,前梳进行经平垫纱运动所形成的双梳经编组织称为经绒平组织,其线圈结构见图11-15。

在经绒平组织中,后梳较长的延展线被前梳的短延展线所束缚,织物结构较经平绒织物稳定,抗起毛起球性能得到改善,但手感较硬。

图 11-15　经绒平组织

4. 经平斜组织

后梳进行经平垫纱运动,前梳进行经斜垫纱运动所形成的双梳经编组织称为经平斜组织,其线圈结构如图11-16所示。

这类组织中,前梳延展线长而平直,紧密地排列在织物的工艺反面,使织物厚度增加,并具有良好的光泽。经平斜组织多用于做起绒织物,前梳延展线越长,织物越厚实,越有利于拉毛起绒,但织物的抗起毛起球性随之变差。当前后两把梳栉反向垫纱时,织物的稳定性较好,正面线圈较直立。而当两把梳栉同向垫纱时,线圈歪斜,但有利于起绒。在起绒过程中,织物横向将有相当大的收缩,由机上宽度到整理宽度的总收缩率可高达40%以上,视起绒程度而变化。

图 11-16　经平斜组织

5. 经斜平组织

后梳进行经斜垫纱运动,前梳进行经平垫纱运动所形成的双梳经编组织称为经斜平组织,其线圈结构如图11-17所示。

图 11-17　经斜平组织

图 11-18　经斜编链组织

经斜平组织厚实、挺括,结构稳定,抗起毛起球性能好,但手感较差,常用于做印花织物。

6. 经斜编链组织

经斜编链组织的后梳进行经斜垫纱运动,前梳进行编链垫纱运动,其线圈结构见图11-18。

此组织的织物纵横向稳定性极好,收缩率约为1%~6%。该类织物随着后梳延展线的增长,织物面密度增大,尺寸稳定性变好。

(二)色纱满穿双梳组织的结构与特性

在满穿双梳组织的基础上,对其中一把或两把梳栉采用一定根数、一定顺序的色纱穿经进行编织,可以得到各种彩色花纹的经编织物。

1. 彩色纵条纹织物

通常后梳栉穿一种颜色的经纱,前梳栉穿两种或两种以上的色纱,并按一定的顺序穿经,就可以得到纵条纹织物。纵条纹的宽度取决于穿经完全组织,曲折情况则取决于梳栉的垫纱运动。如后梳满穿白色经纱,做经斜垫纱运动,前梳以黑、白二色经纱按一定顺序穿经,做编链垫纱运动,这样就能在白色底布上形成具有一定规律的黑色纵条纹。由于前梳采用的是编链组织,因此纵条纹竖直而清晰。当前梳由编链改为经平组织时,同样可以得到上述规律的纵条纹,但由于经平组织的一根纱线交替地在相邻两枚针上垫纱成圈,而造成纵条纹的边缘有些模糊不清。

图 11-19 所示为双梳变化经缎组织形成的彩色曲折纵条纹织物,前梳(GB1)穿经为 2 黑、24 粉红、2 黑、12 白、4 黑、12 白,后梳(GB2)穿经为全白,所得织物为粉红和白色的宽曲折纵条纹中,配置着细的黑色曲折纵条纹。

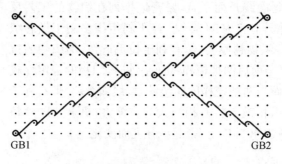

GB1   GB2

图 11-19 彩色曲折纵条纹织物

2. 对称花纹织物

在满穿双梳组织的基础上利用一定穿经方式和垫纱运动规律可形成几何状花纹。若双梳均采用一定规律的色纱穿经,并采用适当的对纱做对称垫纱运动,可形成对称几何花纹。

图 11-20 为由 16 列经缎组织形成的菱形花纹。垫纱数码为:

图 11-20 对称花纹织物

GB1:1-0/1-2/2-3/3-4/4-5/5-6/6-7/7-8/8-9/8-7/7-6/6-5/5-4/4-3/3-2/2-1//;

GB2:8-9/8-7/7-6/6-5/5-4/4-3/3-2/2-1/1-0/1-2/2-3/3-4/4-5/5-6/6-7/7-8//。

如以"I"代表黑纱,"+"代表白纱,完全组织的穿经和对纱情况为:

GB1:＋ＩＩＩＩＩＩＩ＋＋＋＋＋＋＋;

GB2:Ｉ ＩＩＩＩＩＩＩ＋＋＋＋＋＋＋。

图 11-20 中区域 A 及区域 B 为两梳同色纱的线圈重叠处,分别形成黑色菱形块和白色菱形块;而区域 C_1、C_2 则是由黑白两色纱共同构成的,呈现混杂色效应。

若用色纱与不对称的两梳垫纱运动相配合,还可以制得不对称的花纹。

二、部分穿经双梳栉经编组织的结构与特性及用途

在工作幅宽范围内,一把或二把梳栉的部分导纱针不穿经纱的双梳经编组织称为部分穿经双梳经编组织。

由于部分导纱针未穿经纱,造成部分穿经双梳经编组织中的某些地方有中断的线圈横列,此处线圈纵行间无延展线联系,而在织物表面形成孔眼或凹凸效应。这类经编组织的织物通常具有良好的透气性、透光性,主要用于制作头巾、夏季衣料、女用内衣、服装衬里、网袋、蚊帐、装饰织物、鞋面料等。

(一) 一把梳栉部分穿经的双梳经编组织

一把梳栉部分穿经,在织物上可形成凹凸和孔眼效应。这种组织中,通常采用后梳满穿,前梳部分穿经。

图 11-21 为一凹凸纵条纹效应的例子。该组织中,后梳满穿做经绒垫纱运动,前梳两穿一空做经平垫纱运动。由线圈结构图可以看到,纱线 a 只在纵行 2 和 3 中成圈,纱线 b 只在纵行 3 和 4 中成圈,所以纵行 2、3 和 4 将被拉在一起。同样,纵行 5、6 和 7 被纱线 c 和 d 拉在一起。由于空穿处使前梳纱线形成的结构联系中断,所以纵行 4 和 5 分开,此处产生空隙。纵行 1 和 2,7 和 8 之间也是如此。

图 11-21　凹凸纵条纹组织图

根据上述原则,可以设计出许多种凹凸纵条纹织物。凸条宽度和凸条间空隙宽度取决于做经平垫纱运动的梳栉的穿经完全组织。

一般在凸条间空穿不超过两根纱线,因为织物在该处为单梳结构,易于脱散。若形成凸条的梳栉上穿较粗的经纱,凹凸效应会更加明显。

对于双梳经编组织,当其中一把梳栉部分穿经时,可利用单梳线圈的歪斜来形成孔眼,配以适当的垫纱运动,可以得到分布规律复杂的孔眼。图 11-22 为一例。前梳满穿做经平垫纱

运动,后梳二穿一空做经绒和经斜相结合的垫纱运动(图中(1))。在缺少后梳延展线的地方,纵行将偏开,形成孔眼(图中(2))。

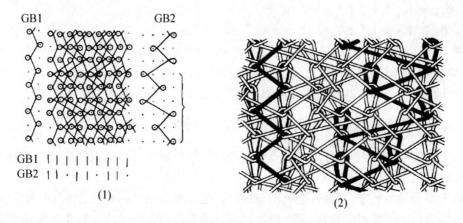

图 11-22 一把梳栉部分穿经的网眼组织

(二)两把梳栉部分穿经的双梳经编组织

对于双梳经编组织,当其两把梳栉均为部分穿经并配以适当的垫纱方式时,部分相邻纵行的线圈横列会出现中断,由此形成一定大小、一定形状及分布规律的孔眼。

1. 部分穿经网眼经编组织的形成原则和规律

当采用两把梳栉部分穿经形成网眼组织时,有如下规律。

图 11-23 两梳部分穿经形成网眼的规律

(1)每一编织横列中,编织幅宽内的每一枚织针的针前必须至少垫到一根纱线。否则将造成漏针,无法进行正常的编织,如图 11-23(1)所示。

(2)为在织物中形成网眼,必须使相邻的纵行在部分横列中失去联系,但是,纵行间的分离不能无限延续下去,否则将无法形成整片织物,如图 11-23(2)所示。

(3)织物中,有延展线横跨的纵行将聚拢起来,形成网眼的边柱,而无延展线相连的纵行将分开,形成网眼。

(4)如两把梳栉穿纱规律相同,并做对称垫纱运动(即两梳垫纱运动方向相反、横移针距数相同),则得到对称网眼织物。

(5)对称网眼织物中,相邻网眼间的纵行数与一把梳栉的连续穿经数与空穿数的和相对应。如孔眼之间有三个纵行,则梳栉穿经为二穿一空;如孔眼间有四个纵行,则梳栉穿经可为二穿二空或三穿一空。

(6)一般在连续穿经数与空穿数依次相等时,则至少有一把梳栉的垫纱范围要大于连续穿经数与空穿数的和,如图 11-23(3)和(4)所示。

2. 部分穿经网眼经编组织的类型

部分穿经网眼经编组织有以下几种类型。

(1)变化经平垫纱类。图 11-24 为两梳部分穿经变化经平网眼组织。两把梳栉均为一穿一空,做对称经绒垫纱运动。由于在转向线圈处,相邻纵行间的线圈相互间无联系,而同一纵行内的相邻线圈倾斜方向又不相同,这样,就以一个横列内两个反向倾斜的线圈作为两边,以下一个横列另两个反向倾斜的线圈作为另外两边,构成一个如图 11-24(2)所示近似于菱形的四边小孔眼。

(1)   (2)

图 11-24　两梳部分穿经变化经平网眼组织

(2)经缎和变化经缎垫纱类。以经缎或变化经缎组织的垫纱方式结合部分穿经形成的网眼组织,在实际生产中应用较为普遍。图 11-25 中,两把梳栉均采用一穿一空的四列经缎垫纱,该结构中所有线圈均为单纱线圈,线圈受力不均衡,而产生歪斜,形成如图所示的菱形网眼。

图 11-25　经缎垫纱部分穿经网眼组织图　　**图 11-26　经缎与经平垫纱部分穿经网眼组织**

如将经缎垫纱与经平垫纱相结合,可用一穿一空的两把梳栉得到较大的网眼结构。这种组织常用作蚊帐类织物,其垫纱运动为:

GB1:(2-3/2-1)×2/(1-0/1-2)×2//;

GB2:(1-0/1-2)×2/(2-3/2-1)×2//。

该组织的线圈结构如图 11-26 所示,若增加连续的经平横列数,则可扩大孔眼。

经缎类两梳部分穿经组织通常不限于一穿一空的穿经方式,还有二穿二空、三穿一空、五穿一空等方式。这时需采用部分变化经缎垫纱运动,以确保每一横列的每枚织针均能垫纱成圈。

三、少梳栉经编织物编织工艺实例

在少梳栉经编机上,通过改变梳栉数、纱线配置、穿经方式、对纱及垫纱运动规律,可形成横条、纵条、格子和绣纹(即绣花添纱组织)等多种花色织物。

例 11-1 弹力泳衣面料

机型:HKS2-3,E36,幅宽 3 300 mm(130 英寸);

GB1:2-3/1-0// 满穿 44 dtex/10f 锦纶长丝;

GB2:1-0/1-2// 满穿 44 dtex 氨纶;

成品规格:幅宽 150 cm,面密度 200 g/m²。

例 11-2 三梳弹性灯芯条织物。其垫纱运动如图 11-27(1)所示,以 J 表示 83 dtex 锦纶丝,K 表示 44 dtex 氨纶裸丝,垫纱数码和穿经完全组织如下:

GB1:1-0/0-1//1J1 空 1J5 空;

GB2:2-3/1-0//满穿 J;

GB3:1-0/1-2//满穿 K。

图 11-27 三梳弹性灯芯条织物

上述织物中前梳 GB1 的部分穿经,使织物形成宽窄相间的灯芯条效应,如图 11-27(2)所示。

例 11-3 两梳横条纹织物。其垫纱运动和织物效果分别如图 11-28(1)、(2)所示,该组织利用在连续若干个横列中延展线长度的变化,形成厚薄不一、宽窄相间的横条效应。垫纱数码和穿经如下:

GB1:(1-0/1-2)×2/(1-0/3-4)×6// 满穿;

GB2:1-2/1-0// 满穿。

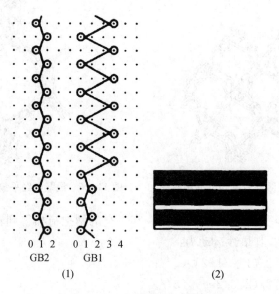

图 11-28 两梳横条纹织物

第三节 缺垫经编组织及编织工艺

一、缺垫经编组织的结构与特性

部分梳栉在一些横列处不参加编织的经编组织称为缺垫组织。图 11-29 所示为一缺垫经编组织，该组织中前梳纱在连续两个横列中缺垫，而满穿的后梳则做经平垫纱运动。在缺垫的两个横列处，表现为倾斜状态的单梳线圈。

也可采用两把梳栉轮流缺垫来形成缺垫经编组织，图 11-30 为其中一例。每把梳栉轮流隔一横列缺垫，由于每个线圈只有一根纱线参加编织，因此，这种织物显现出单梳结构特有的线圈歪斜，但它比普通单梳织物坚牢和稳定，因为每个横列后均有缺垫纱段。

图 11-29 缺垫经编组织   图 11-30 两把梳栉轮流缺垫经编组织

利用缺垫可以形成褶裥、方格和斜纹等花色效应。

（一）褶裥类

形成褶裥效应最简单的方法，是使前梳在一些横列片段缺垫，而其后的一把或两把梳栉在这些横列处仍然编织，从而形成褶裥。图 11-31 显示了褶裥的形成过程。

图 11-31 褶裥的形成过程

当只有一个或两个横列缺垫时，不会有明显的褶裥效应，只有当连续缺垫横列数较多时，才会形成较显著的褶裥效应。若将缺垫梳栉满穿，褶裥将横过整个坯布幅宽，图 11-32 为三梳褶裥织物，其垫纱数码为：

GB1:(1-2/1-0)×9/(1-1)×18//;

GB2:1-2/1-0//;

GB3:1-0/1-2//。

该织物在前梳 GB1 缺垫的 18 个横列处,由中梳 GB2、后梳 GB3 编织的部分形成整幅宽度的褶裥。

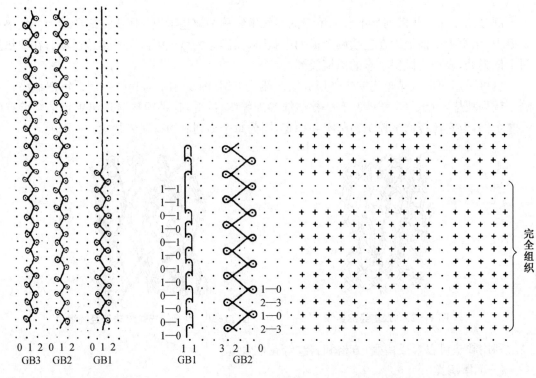

图 11-32　三梳褶裥织物　　　　　　　图 11-33　缺垫方格织物

若将缺垫与空穿相结合,则可产生更为复杂的褶裥效应。

(二) 方格类

利用缺垫与色纱穿经可以形成方格效应的织物。图 11-33 为一方格织物,其后梳 GB2 满穿白色经纱,前梳 GB1 穿经为 5 根色纱 1 根白纱,前梳编织十个横列后缺垫两个横列。前 10 个横列,前梳纱覆盖在织物工艺正面,织物上表现为一纵行宽的白色纵条与五纵行宽的有色纵条相间;在第 11 和 12 横列处,前梳缺垫,后梳的白色纱线形成的线圈露在织物工艺正面,而前梳纱浮在织物反面,于是在有色地布上形成白色方格。

(三) 斜纹类

采用缺垫经编组织可在织物表面形成左斜纹或右斜纹。

图 11-34 所示为利用缺垫形成斜纹效应的一个例子,前梳 GB1 和中梳 GB2 的穿经均为两"│"色,两"〇"色。前梳在奇数横列编织,偶数横列缺垫;中梳则在偶数横列编织,奇数横列缺垫;由做经平垫纱运动的后梳 GB3 构成底布,这样在织物工艺正面形成斜纹。

在设计斜纹之类的非对称花纹时需注意,织物意匠图要反过来设计,因为从织物正面看时,纹路是反过来的。

GB1　　GB2　　　　　GB3

图 11-34　缺垫斜纹织物

二、缺垫经编组织的编织工艺

在编织缺垫经编组织时,缺垫横列与编织横列所需的经纱量是不同的,这就产生了送经量的控制问题。当连续缺垫横列数较少时,仍可采用定线速送经机构,但需将喂给量调整为每横列平均送经量,同时采用特殊设计的具有较强补偿纱线能力的张力杆弹簧片,以补偿编织横列或缺垫横列对经纱的不同需求。

当织物中的缺垫片段与编织片段的用纱量差异较大时,则需采用双速送经机构或电子送经(EBC)机构,以使经轴满足不同片段的送经量。

第四节　衬纬经编组织及编织工艺

在经编针织物的线圈圈干与延展线之间,周期地垫入一根或几根不成圈的纬纱的组织称为衬纬经编组织。衬纬经编组织可以分为部分衬纬和全幅衬纬两种。

一、部分衬纬经编组织

(一) 部分衬纬经编组织的结构与特性

利用一把或几把不作针前垫纱的衬纬梳栉,在针背敷设几个针距长的纬向纱段的组织称为部分衬纬经编组织。图 11-35 所示为一典型的部分衬纬经编组织。该组织由两把梳栉形成,一把梳栉织开口编链,形成地组织。另一把梳栉进行三针距衬纬。从图中可以看到,衬纬纱线不成圈,而是被地组织线圈的圈干和延展线夹住,衬纬纱转向处,挂在上下两横列的延展线上。

由于衬纬纱不垫入针钩参加编织,因而使可加工纱线的范围扩大。可使用较粗的或一些花式纱作为纬纱形成特殊的织物效应。还可通过衬纬梳栉移针距的变化,来形成各种花纹效应。此外,若衬入延伸性较小的纬纱,可改善织物的尺寸稳定性。

图 11-35　典型的部分衬纬
经编组织

1. 部分衬纬经编组织的结构特点

(1) 衬纬梳栉前至少要有一把成圈梳栉(如为两梳衬纬组织,衬纬纱必须穿在后梳上)。

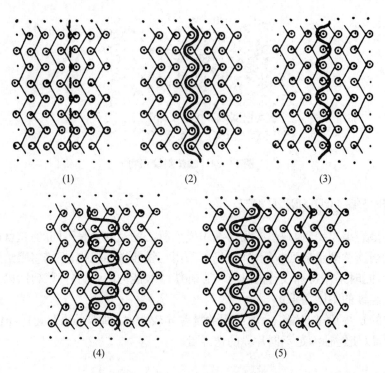

图 11-36　部分衬纬经编组织的结构特点

（2）若衬纬梳栉针前、针背都不横移，则其将自由地处在织物的工艺正面，沿经向浮于两纵行之间，如图 11-36（1）所示。

（3）如果衬纬和编织梳栉针背垫纱同针距、同方向，则衬纬纱将避开（或称躲避）编织梳栉的针背垫纱，不受线圈延展线夹持，而浮在织物的工艺反面，如图 11-36（2）所示。

（4）当地组织为经平时，若衬纬和编织梳栉针背垫纱方向相反，则衬纬纱将被比其针背横移针距数多一根的编织纱所夹持。如图 11-36（3）中，衬纬纱的针背横移针距数为 1，它被两根编织纱所夹持；又如图 11-36（4）中，衬纬纱的针背横移针距数为 2，它被三根编织纱所夹持。

（5）当地组织为经平时，若衬纬和编织梳栉针背垫纱方向相同，则衬纬纱将被比其针背横移针距数少一根的编织纱所夹持，如图 11-36（5）所示。

（6）如果只有两把梳栉，一把编织成圈，一把衬纬，此时，后梳只做缺垫，则纬纱将从织物工艺正面纵行间脱离织物；后梳只做躲避，则衬纬纱将从织物工艺反面脱离。但是，如果有其它衬纬梳栉，精心地安排它们的纱线位置和垫纱运动时，也可改变这种状况。

（7）织物中如果有两组纬纱时，靠近机前梳栉上的衬纬纱将呈现在靠近织物工艺反面的地方。

2. 部分衬纬经编组织的类型与应用

（1）起花和起绒衬纬经编组织。起花衬纬经编织物通常利用较粗的衬纬纱在经编地组织上显示花纹。而起绒衬纬经编织物中所用的纬纱是一种较粗的起绒纱，并使之在织物工艺反面呈自由状态突出，经拉毛起绒后即可形成绒面，图 11-37 为其中一例。通常将衬纬纱的针背垫纱方向设计为与地组织针背垫纱方向相同，以减少衬纬纱与地组织的交织点，有利于起绒。

图 11-37 起绒衬纬经编组织图

图 11-38 衬纬经编方格网孔组织

（2）衬纬经编网孔组织。将部分衬纬与地组织相配合，可得到多种网孔结构的经编织物。图 11-38 所示为一种简单的例子。纵向的编链与横向的衬纬纱构成方格网孔，衬纬纱起着横向连接、纵向加固的作用。同一横列两把衬纬梳栉针背反向横移，使得织物结构更加稳定。另一类衬纬网孔经编组织是六角网孔组织。

网孔衬纬经编组织常用来生产渔网，通常以 240～10 000 dtex 的锦纶 6 或锦纶 66 长丝为原料，采用 4-8 梳经编网孔组织。图 11-39(1)所示的是一种最常用的渔网地组织，A 为孔边区，B 为连接区。图 11-39(2)为四梳渔网组织，所有梳栉均为 1 隔 1 穿经，衬纬纱横移一针距处加固孔边区，横移两针距处加固连接区。

图 11-39 衬纬经编渔网组织

（二）部分衬纬经编组织的编织工艺与表示方法

图 11-29 显示了部分衬纬的形成过程。图中前梳满穿白色纱线做经平垫纱运动形成地组织，后梳穿一黑色纱线做四针距衬纬。图 11-40(1)表示织针刚刚完成一个横列的编织，梳栉处于机前（针后）位置。图 11-40(2)处于退圈阶段，织针上升进行退圈，两把梳栉分别做针背横移。图 11-40(3)表示织针已上升到最高点，停顿等待垫纱，梳栉已摆至针钩前，前梳向左做一针距的横移垫纱运动，后梳则不做针前横移。图 11-40(4)显示梳栉摆回针后，织针下降，将前梳纱带下，之后完成套圈、脱圈和成圈。此时后梳的黑色纬纱被夹在前梳线圈的圈干和延展线之间。

(1)　　　　　　　　(2)　　　　　　　　(3)　　　　　　　　(4)

图 11-40　部分衬纬的形成过程

衬纬梳栉垫纱运动图的表示方法如图 11-41 所示。图 11-41(1)表示衬纬梳栉的一枚导纱针在编织第一横列时,在针隙 0 由机前摆向机后(即针前),接着未做针前横移,仍从同一针隙中回摆到机前。在织第二横列时,该导纱针已做四针距的针背横移,而位于针隙 4 做前后摆动。随后各横列的运动依此类推。图 11-41(2)中所示针背垫纱路线是针对下一个编织横列进行的,因此为了表示清楚和画图方便,目前多采用图 11-41(3)的方法来表示,衬纬梳栉的垫纱数码为:0-0/4-4//。

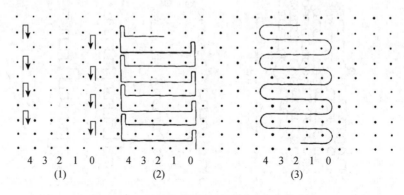

4 3 2 1 0　　　　4 3 2 1 0　　　　　　4 3 2 1 0
(1)　　　　　　　(2)　　　　　　　　　(3)

图 11-41　衬纬梳栉的垫纱运动图的表示方法

二、全幅衬纬经编组织

将长度等于坯布幅宽的纬纱夹在线圈主干和延展线之间的经编组织称为全幅衬纬经编组织,如图 11-42 所示。

经编组织中衬入全幅纬纱,可赋予经编织物某些特殊性质和效应。如果采用的纬纱延伸性很小,则这种全幅衬纬织物的尺寸稳定性极好,可与机织物接近。若衬入的纬纱为弹性纱线,则可增加经编织物的横向弹性。衬入全幅衬纬纱还可改善经编织物的覆盖性和透明性,减少织物的蓬松性。当采用有色纬纱并进行选择衬纬时,可形成清晰、分明的横向条纹,这在一般的

图 11-42　全幅衬纬经编组织

经编织物中是难以实现的。另外，还可使用较粗或质量较差的纱线作为纬纱，以降低成本；也可用竹节纱、结子纱、雪尼尔纱等花式纱线作为纬纱，以形成特殊外观效应的织物。全幅衬纬经编织物适用于窗帘、床罩及其他室内装饰品，也可用作器材用布、包装用布等。

全幅衬纬经编机类型很多，成圈机构与一般经编机类似，机上装有附加的全幅衬纬装置。衬纬方式有多头敷纬（又称复式衬纬）和单头衬纬两种。多头敷纬是将多根纬纱铺覆在输纬链带上，纬纱织入织物后多余的纱段被剪刀剪断，形成毛边。这种方式纱线损耗较大，并且由于纬纱筒子数较多，还须有配纱游架，所以占地面积较大。其优点是便于采用多色或多种原料衬纬以形成各种横条纹；并且由于多根纬纱同时敷纬，可以减慢纬纱从筒子上的退绕速度，有利于使用强度不高的纱线。采用单头衬纬时，纬纱在布边转折后，再衬入织物，因此能形成光边，不会造成纬纱的浪费，且占地面积小，一般适用于较低机速和较窄门幅的机器。

第五节　压纱经编组织及编织工艺

一、压纱经编组织的结构与特性

有衬垫纱绕在线圈基部的经编组织称为压纱经编组织。图 11-43 所示为一压纱经编组织，其中衬垫纱不编织成圈，只是在垫纱运动的始末呈纱圈状缠绕在地组织线圈的基部，而其他部分均处于地组织纱线的上方，即处于织物的工艺反面，从而使织物获得三维立体花纹。

图 11-43　压纱经编组织

压纱经编组织有多种类型，其中应用较多的为绣纹压纱经编组织。在编织绣纹压纱经编组织时，利用压纱纱线在地组织上形成一定形状的凸出花纹。由于压纱纱线不成圈编织，因而可以使用花色纱或粗纱线。压纱梳栉可以满穿或部分穿经，可以运用开口或闭口垫纱运动，由此形成多种花纹。

图 11-44 和 11-45 分别是以编链和经平为地组织的压纱经编组织。作闭口垫纱运动的压纱纱线在坯布中的形态与其垫纱运动图很相似，见图 11-44(1) 和图 11-45(2)；而作开口垫纱运动的压纱纱线的形态将发生变化，其真实形态分别如图 11-44(2) 和图 11-46(1) 的后两横列所示。压纱梳栉作经缎垫纱运动时，闭口和开口垫纱的结构分别如图 11-44(3)、(4) 所示。

(1)   (2)   (3)   (4)

图 11-44　以编链为地组织的压纱经编组织

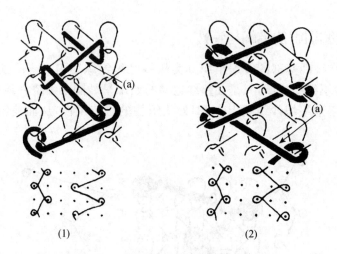

(1)   (2)

图 11-45　以经平为地组织的压纱经编组织

　　多梳拉舍尔花边机和贾卡拉舍尔经编机上也常带有压纱机构,以使这类经编机可生产出具有浮雕效应的织物。此外,压纱经编组织还有缠接压纱和经纬交织等结构。

二、压纱经编组织的编织工艺

　　压纱组织是在带有压纱板机构的经编机上编织的。压纱板是一片与机器门幅等宽的金属薄片,位于压纱梳栉之后,地组织梳栉之前。压纱板不仅能与导纱梳栉一起前后摆动,而且能做上下垂直运动。

　　形成压纱经编组织的过程如图 11-46 所示。当压纱板在上方时,如图 11-46(1)所示。梳栉与压纱板一起摆过织针,做针前垫纱运动,如图 11-46(2)所示。当前梳(压纱梳栉)完成针前垫纱摆回机前后,如图 11-46(3)所示。压纱板下降,将刚垫上的压纱纱线压低至针杆上,如图 11-46(4)所示。在随后织针以地纱成圈时,压纱纱线与旧线圈一起由针头上脱下,如图 11-46(5)所示。通常使压纱梳和地梳的针前横移方向相反,以免压纱纱线在移到针舌下方时将地纱一起带下。因为如果压纱梳栉与地梳在针前作同向垫纱,则压纱纱线就会和地梳纱平行地垫在织针上,并在压纱板下压时,带着地纱一起被压下。

(1)　　　(2)　　　(3)　　　(4)　　　(5)

图 11-46　压纱经编织物的编织

图 11-47 所示为一菱形凸出绣纹的压纱经编组织的垫纱运动图,其垫纱数码和穿经完全组织为:

GB1:6-7/1-0/2-3/2-1/3-4/3-2… 2 穿,24 空;

GB2:12-13/7-6/12-13/11-10/11-12/10-9… 6 空,2 穿,18 空;

GB3:1-0/0-1// 满穿;

GB4:3-3/2-2/3-3/0-0/1-1/0-0// 满穿。

梳栉 GB3 和 GB4 形成小方网孔地组织。两把压纱梳栉 GB1 和 GB2 均为部分穿经,作相反的垫纱运动。它们在地布的表面上形成凸出的菱形花纹,在菱形角处有长延展线形成的结状凸纹。可以看出,GB4 的完全组织为 6 横列,而 GB1 和 GB2 的完全组织为 46 横列。

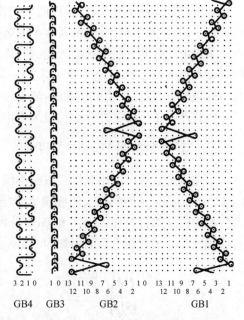

图 11-47　菱形绣纹压纱经编组织

第六节　经编毛圈组织及编织工艺

经编织物的一面或两面具有拉长的毛圈线圈的结构称为经编毛圈组织。经编毛圈组织由于具有柔软、手感丰满、吸湿性好等特点,因此,被广泛用作服装、浴巾或装饰用品。

一、经编毛圈组织的基本编织方法

生产经编毛圈组织的传统方法是利用经编组织的变化和化学整理方法。常用的传统编织方法有脱圈法和超喂法,化学方法有烂花法。

1. 脱圈法

脱圈法是在一隔一的针上形成底布,毛圈纱梳栉在邻针上间歇地成圈,待脱圈后形成毛圈。如图 11-48 所示。

其垫纱数码和穿经如下,其中 GB1 为毛圈纱梳栉,GB2 为地纱梳栉:

GB1:2-1-1/1-0-1// · | · | · | ·

GB2:2-3-2/1-0-1// | · | · | ·

2. 超喂法

超喂法一般采用加大后梳栉送经量,使线圈松弛来形成毛圈。例如把通常编织的织物[1-0/1-2(前梳),2-3/1-0(后梳)]的送经比由原来的 1.0:1.24 改为大约 1.0:2.3。这种织物毛圈不明显,但手感柔软。

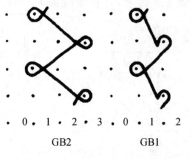

图 11-48 脱圈法形成毛圈

3. 烂花法

采用正确的纤维组合,在三或四梳栉特里科经编机上生产出的平面织物,下机后经由烂花后整理工艺,使某些纤维溶解,某些毛圈竖直成为毛圈。

采用上述这些方法得到的单面或双面毛圈织物虽可获得一定高度的毛圈效应,但都有毛圈密度和高度难以调节、达不到要求的缺陷。因此,在对毛圈高度、丰满度和均匀性要求愈来愈高的情况下,仅仅采用传统方法,依靠经编组织的某些变化来形成毛圈织物已不能满足要求了。因此产生了毛圈沉降片法和经编毛巾等生产技术。

二、毛圈沉降片法编织原理

采用这种方法可以用双梳或三梳编织出质量很好的毛圈织物,而且机器具有很高的速度。图 11-49 为这种毛圈编织法的成圈机件配置。槽针 1、针芯 2、沉降片 3 的成圈运动和普通复合针特里科经编机一样。GB1 和 GB2 分别为毛圈纱梳栉和地纱梳栉。通常毛圈沉降片 4 和普通沉降片 3 的片腹平面的距离为 5 mm。

图 11-49 毛圈沉降片法成圈机件的配置

图 11-50 毛圈沉降片法编织毛圈的原理

图 11-50(1)所示为用两把梳栉编织毛圈组织的一例。两把梳栉的垫纱规律为 GB1:0-1/1-0///,GB2:1-0/1-2/,双梳均满穿;毛圈沉降片的横移和梳栉 GB1、GB2 的配合如图 11-50

(2)所示,其运动规律为 0-0/1-1。下面结合图 11-50 和图 11-51 说明编织原理。编织时,毛圈沉降片 1 不作前后摆动,只在地纱梳栉 GB2 针背垫纱时做与其同方向同针距的横移运动,这样织针下降时,地纱搁在普通沉降片 2 上弯纱成圈,因此不能形成毛圈。但是,由于毛圈纱梳栉 GB1 的开口编链垫纱运动以及毛圈沉降片的横移运动,使毛圈纱搁在毛圈沉降片 1 上弯纱成圈,从而形成了拉长延展线的毛圈。

图 11-51　毛圈的形成

毛圈沉降片床的横移是由花纹滚筒上的花纹链条控制。机器的编织方法与任何普通复合针特里科经编机完全一样。通常,在普通的 4 梳栉或 5 梳栉特里科经编机上,可以拆去后梳,由此产生的空间可配置毛圈沉降片装置。

为了产生地组织并构成毛圈,需要两个不同的垫纱运动。一个必须遵循的特殊规律是,地组织的地纱梳栉运动必须与毛圈沉降片床的横移运动相一致。两者做同方向、同针距的横移。由于始终将地纱保持在相同两片毛圈沉降片之间,地纱就不会在毛圈沉降片上方搁持。因此,地纱梳栉的针背横移不会形成毛圈。毛圈沉降片仅允许在针背横移期间横移。

这种毛圈组织除了可用两把满穿梳栉编织外,也可用三把梳栉编织。另外,毛圈沉降片的横移运动也不局限于以上规律。如果采用更复杂的垫纱规律和色纱,还可以形成提花毛圈组织。

三、经编毛巾组织编织原理

经编毛巾组织,其毛圈和底布的编织与经编毛圈组织不同,它采用脱圈法形成毛圈、又加上一些辅助机构得到毛圈较大且较均匀的织物。

由于采用脱圈法形成毛圈,所以无论编织底布,还是编织毛圈都是采用 1 穿 1 空的穿纱方式,以便编织毛圈梳栉的纱线在第一横列垫在编织底布的针上,在第二横列垫在不编织的空针上,在第三横列成圈时脱落下来形成毛圈。

经编毛巾组织有单面毛巾和双面毛巾之分。该织物的底布采用两把梳栉编织,再采用一把梳栉编织一面毛圈或两把梳栉编织正反两面毛圈。

1. 单面经编毛巾组织

图 11-52 所示为单面毛巾组织的编织方法。其底布由后梳栉 GB3 和中梳栉 GB2 编织,结构通常采用编链和衬纬组织。为了能形成毛圈,底布必须留出空针,因而采用 1 穿 1 空的穿纱方式,其垫纱数码和穿经如下:

GB2:0-1/1-0//,1 空 1 穿;

GB3:5-5/0-0//,1 穿 1 空。

图中的偶数针 2、4……为空针,形成毛圈;奇数针 1、3……为编织针,编织底布。

前梳栉编织毛圈,其组织采用针背横移为奇数针距的经平组织,如 0-1/2-1//(图中 GB1),或 1-0/3-4//(图中 GB1'),或 1-0/5-6//(图中 GB1")。这样垫

图 11-52　单面经编毛巾组织的编织方法

在第二横列偶数空针上的线圈脱下后即可形成毛圈,而垫在第一横列奇数针上的线圈则织入底布。且前梳栉横移的针距数越多,形成的毛圈越长。

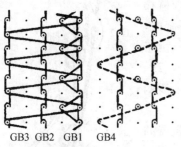

图11-53 双面经编毛巾组织的编织方法

GB3 GB2 GB1 GB4

2. 双面经编毛巾组织

该组织需采用四把梳栉,在上述形成单面毛圈的基础上,增加一把后梳栉编织另一面的毛圈,由于后梳所垫纱线的延展线将被其他梳栉纱线压住,因而脱圈后不能形成毛圈,故不能像前梳那样采用针背横移为奇数针距的经平组织。

图11-53所示的双面毛巾组织中,为了形成双面毛圈,后梳GB4通常采用将纱线垫在空针上的衬纬组织,即5-5/2-3/0-0/3-2//。后梳GB4在偶数横列上的线圈,脱圈后就能形成毛圈。

第七节 贾卡经编组织及编织工艺

一、贾卡经编组织的结构特点与用途

梳栉上每一根导纱针受贾卡装置的控制在梳栉进行针背横移或针前横移时可以发生偏移,使作横向联系的提花纱线在所编织的地组织上产生垫纱横移针距数的变化,从而产生不同的花色效应,这样的经编结构称为贾卡经编组织。

上述受控可偏移的导纱针称为贾卡导纱针,由贾卡导纱针组成的梳栉称为贾卡梳栉。贾卡梳栉与普通梳栉的区别在于:贾卡梳栉的每根贾卡导纱针在一定范围内能独立垫纱运动,因而可编织出尺寸不受限制的花纹;而普通梳栉的每根导纱针都不会产生偏移,即所有导纱针的垫纱运动相同。

典型的贾卡经编织物是在织物表面形成由厚密、稀薄和网孔区域构成的花纹图案,图11-54所示为一种衬纬型贾卡经编织物实例。

贾卡经编织物已在国内外广泛流行。主要用作窗帘、台布、床罩等各种室内装饰与生活用织物,也可用作妇女的内衣、胸衣、披肩以及经编无缝服装等带装饰性花纹的服饰物品,还能作为多梳栉经编织物的地组织。

网孔区域

稀薄区域

厚密区域

图11-54 贾卡经编织物

二、贾卡装置的结构与工作原理

早期的贾卡装置主要为纹板机械式,后来发展了电子式贾卡装置,包括电磁式和压电式贾卡装置。

（一）纹板机械式贾卡装置

纹板机械式贾卡装置机件较多,经简化后的结构如图 11-55 所示。花纹信息储存在具有
若干孔位的纹板上,通常一块纹板控制一个横
列的编织。因此,一套纹板中的块数就是织物
花高的横列数。纹板上每一个孔位对应了一根
移位针和一根贾卡导纱针,孔位数量与移位针、
贾卡导纱针和织针数量相同。当纹板中某一孔
位有孔时,经过一系列传递机件和通丝的作用,
对应的移位针处于高位;而某一孔位无孔时,经
过一系列传递机件和通丝的作用,对应的移位
针处于低位。移位针床和贾卡梳栉可以分别受
各自的横移机构控制,作相同或不同的横移
运动。

图 11-55　简化的纹板式贾卡装置

图 11-56 显示了纹板式贾卡装置选导纱针
提花原理。如图 11-56(1) 所示,编链纱由地梳栉编织形成地组织;当移位针 1′ 处于高位(又
称基本位置)时,无论贾卡梳栉向右或向左针背横移垫纱,移位针 1′ 都不会作用到左邻(对应)
的贾卡导纱针 W,因此导纱针 W 作两针距衬纬的基本垫纱运动,从而在织物中形成稀薄结
构。如图 11-56(2)所示,当移位针 1′ 处于低位时,若贾卡梳栉向右针背横移垫纱且移位针床
比贾卡梳栉向右少横移一个针距,则贾卡导纱针 W 被右邻的移位针 1′ 阻挡致使导纱端向左偏
移一个针距,变为一针距衬纬,提花纱收缩后在织物中形成网孔结构。如图 11-56(3)所示,当
移位针 1′ 处于低位时,若贾卡梳栉向左针背横移垫纱且移位针床比贾卡梳栉向左多横移一个
针距,则贾卡导纱针 W 被右邻的移位针 1′ 向左推动致使导纱端向左偏移一个针距,变为三针
距衬纬,在两根织针间多垫入了一根衬纬纱从而在织物中形成厚密结构。图 11-56 中的移位
针 2′ 和 3′ 都处于高位,因此 2′ 和 3′ 对应的贾卡导纱针 X 和 Y 都不偏移,X 和 Y 均作两针距衬
纬的基本垫纱运动。

(1)　　　　　　　　　　(2)　　　　　　　　　　(3)

图 11-56　纹板式贾卡提花装置选导纱针提花原理

综上所述,纹板式贾卡装置选导纱针提花原理可以归结为:有孔无花(即纹板上某一孔位有孔—移位针高位—贾卡导纱针不偏移),无孔有花(即纹板上某一孔位无孔—移位针低位—贾卡导纱针左偏移一针距)。

纹板式贾卡装置结构复杂,体积庞大,花纹制版费时,纹板占用空间大,目前只在少数老式贾卡经编机上使用。

(二) 电磁式贾卡装置

图11-57为一种电磁控制贾卡装置的作用原理图。其中与通丝4上端联接的机件含有永久磁铁2。与纹板式贾卡装置相同,通丝和移位针的基本位置在高位,每编织一个横列升降杆3上下运动一次。在上升时,将所有的通丝联接件提到最高位置,由于永久磁铁2吸住在电磁铁1上,通丝和移位针5就保持在高位。但当从计算机传来的电子信号使电磁铁形成一个相反磁场时,永久磁铁就释放它与电磁铁的吸合,使与通丝联接的移位针就下落到低位,从而偏移它相对应的贾卡导纱针。图中a为无电子信号,移位针处于高位,对应的贾卡导纱针因此没有偏移。b为有电子信号,移位针下落到低位,对应的贾卡导纱针因而被偏移。

图 11-57 电磁控制的贾卡装置图

图 11-58 压电式贾卡导纱针元件

电磁控制贾卡装置中每个电磁铁控制一根通丝和一根移位针。因此电磁铁数与移位针数、贾卡导纱针数、织针数相同。电磁贾卡装置所能编织的织物完全花纹的纵横尺寸取决于计算机的存贮器容量。

(三) 压电式贾卡装置

压电式贾卡装置的问世,彻底改变了贾卡装置需要通丝、移位针等繁杂部件的特点,使贾卡经编机的速度有了很大的提高,已经成为现代贾卡经编机的主流配置。压电式贾卡导纱装置的主要元件如图11-58所示,包括压电陶瓷片1,梳栉握持端2和可替换的贾卡导纱针3。

贾卡导纱针在其左右两面都有定位块,这样可以保证精确的隔距。

　　贾卡导纱针元件的两面各贴有压电陶瓷片,它们之间由玻璃纤维层隔离。当压电陶瓷加上电压信号后,会弯曲变形。为了传递电压信号,采用了具有很好弹性和传导性的电极。如图11-59所示,通过开关 S1 和 S2 的切换,在压电贾卡导纱针元件的两侧交替加上正负电压信号,压电陶瓷变形,使得导纱针向左或向右偏移。当压电贾卡导纱针元件的压电陶瓷未施加电压信号时,贾卡导纱针与织针前后正对。当压电陶瓷施加负电压信号时,贾卡导纱针向右偏移半个针距位于两根织针中间位置,此位置又称基本位置。当压电陶瓷施加正电压信号时,贾卡导纱针从基本位置向左偏移一个针距。因此在加电状态下,贾卡导纱针只有两个位置,即基本位置(又称不提花位置)和向左偏移位置(又称提花位置),其提花原理与纹板式贾卡装置类似。

图 11-59　压电式贾卡导纱装置工作原理　　　　图 11-60　压电贾卡导纱针块

　　根据贾卡经编机的机号,压电贾卡元件可以组合成不同的压电贾卡导纱针块,如图 11-60 所示。若干压电贾卡导纱针块组装成为贾卡梳栉。贾卡花纹的设计是借助计算机花型准备系统,花纹信息输入给贾卡经编机中的电脑控制系统,后者控制贾卡导纱针元件进行工作。

三、贾卡经编织物种类与提花原理

　　贾卡经编织物由地组织和贾卡花纹两部分组成,即在地组织基础上进行提花。地组织可以使用一至四把地梳栉来编织,如单梳的编链、经平等结构,双梳的双经平、对称经缎、网眼等结构。根据贾卡梳栉的基本垫纱运动的不同,贾卡经编织物可以分为衬纬型、成圈型和压纱型等。

(一) 衬纬型贾卡经编织物

　　常用的衬纬型贾卡经编织物是贾卡梳栉作两针距衬纬的基本垫纱运动(即 0-0/2-2//),又称三针技术(贾卡导纱针在三根针范围内垫纱),图 11-61 显示了三针技术衬纬型贾卡经编织物的提花原理。如图 11-61(1)所示,在贾卡梳栉向右针背横移垫纱(又称奇数横列或 A 横列)和向左针背横移垫纱(又称偶数横列或 B 横列)时,贾卡导纱针均不偏移,保持两针距衬纬,贾卡纱线的垫纱数码为 0-0/2-2//,形成稀薄区域(组织)。如图 11-61(2)所示,在贾卡梳栉向右针背横移垫纱(奇数横列)时,贾卡导纱针向左偏移一针距,两针距衬纬变为一针距衬纬,贾卡纱线的垫纱数码变为 1-1/2-2//(即 0-0/1-1//),形成网孔区域(组织)。如图 11-61(3)所示,在贾卡梳栉向左针背横移垫纱(偶数横列)时,贾卡导纱针向左偏移一针距,两针距衬纬变为三针距衬纬,贾卡纱线的垫纱数码变为 0-0/3-3//,形成厚密区域(组织)。需要注意的是,确定奇数或偶数横列是根据贾卡梳栉针背横移的方向,即是向右或向左针背横移,而不是根据横列出现的先后。

偶数(B)横列→
奇数(A)横列→
偶数(B)横列→
奇数(A)横列→

2 1 0   2 1 0   3 2 1 0
(1)   (2)   (3)

图 11-61　衬纬型贾卡经编织物提花原理

综上所述,根据贾卡导纱针的偏移情况,每把贾卡梳栉可以形成三种提花效应,分别是厚密组织、稀薄组织和网孔组织。如将这三种组织按照一定规律组合,就能形成丰富的花纹图案。

图 11-62 显示了三种组织组合形成的贾卡经编织物的线圈图。地组织为编链,贾卡梳栉作两针距衬纬的基本垫纱。当贾卡梳栉向右针背横移垫纱(奇数横列)或向左针背横移垫纱(偶数横列)时贾卡导纱针都不产生偏移,其引导的纱线 1、2、5、8 仍旧保持两针距衬纬的基本垫纱,这样在每一横列相邻两个纵行之间 a、b、c、h 区域覆盖着一根衬纬纱,即形成了稀薄组织。当贾卡梳栉向左针背横移垫纱(偶数横列)时贾卡导纱针向左偏移一个针距,其引导的纱线 3、4 变为三针距衬纬垫纱,这样在每一横列相邻两个纵行之间 d、e 区域覆盖着两根衬纬纱,即形成了厚密组织。当贾卡梳栉向右针背横移垫纱(奇数横列)时贾卡导纱针向左偏移一个针距,其引导的纱线 6、7 变为一针距衬纬垫纱,这样在每一横列相邻两个纵行之间 f、g 区域没有覆盖衬纬纱,即形成了网孔组织。

贾卡经编织物除了用垫纱运动图、线圈图来表示外,还可以用意匠图来表示。贾卡意匠图是在小方格纸中,根据贾卡组织的不同用不同的颜色涂覆相应的小方格。每个小方格宽度代表两个相邻纵行之间(即方格的左右两条竖边代表两个相邻线圈纵行),高度代表奇数与偶数两个横列。通常厚密组织在格子中涂红色,稀薄组织在格子中涂绿色,网孔组织在格子中以白色(或不涂色)标记。因此,与图 11-62 所示贾卡织物线圈图对应的贾卡意匠图如图 11-63 所示。

另一种表示贾卡经编织物的方法是字符组合,即用一分割线和字母 H、T 的组合表示不同的贾卡组织。分割线下方的字母表示奇数横列,上方的字母表示偶数横列,H 表示贾卡导

图 11-62　贾卡经编织物线圈图

纱针不偏移,T 表示贾卡导纱针偏移。因此,$\dfrac{H}{H}$表示贾卡导纱针在奇数和偶数横列均不偏移,

即稀薄组织(绿色);$\dfrac{H}{T}$表示贾卡导纱针在奇数横列左偏移偶数横列不偏移,即网孔组织(白

色);$\dfrac{T}{H}$表示贾卡导纱针在奇数横列不偏移偶数横列左偏移,即厚密组织(红色)。按此方法,图

11-62 和图 11-63 可以用图 11-64 等价表示。

$\frac{H}{H}$	$\frac{H}{T}$	$\frac{H}{T}$	$\frac{T}{H}$	$\frac{T}{H}$	$\frac{H}{H}$	$\frac{H}{H}$
$\frac{H}{H}$	$\frac{H}{T}$	$\frac{H}{T}$	$\frac{T}{H}$	$\frac{T}{H}$	$\frac{H}{H}$	$\frac{H}{H}$
$\frac{H}{H}$	$\frac{H}{T}$	$\frac{H}{T}$	$\frac{T}{H}$	$\frac{T}{H}$	$\frac{H}{H}$	$\frac{H}{H}$

☒ 红色　　· 绿色　　□ 白色

图 11-63　对应的贾卡意匠图　　　　　　**图 11-64　对应的字符图**

(二) 成圈型贾卡经编织物

　　贾卡梳栉作成圈垫纱运动形成的是成圈型贾卡经编织物。常用的成圈型贾卡垫纱运动有二针技术、三针技术和四针技术(即贾卡导纱针分别在二、三和四根针范围内垫纱)。图 11-65 显示了应用最多的三针技术(图中未画出地组织线圈),贾卡梳栉的基本垫纱为 1-0/1-2//(即经平),可以形成三种提花效应。贾卡导纱针在奇数和偶数横列均不偏移,保持 1-0/1-2//垫纱,在织物表面形成稀薄花纹效应,如图 11-65(1)所示;贾卡梳栉在向右

图 11-65　成圈型贾卡经编织物提花原理

针背横移(奇数横列)时,贾卡导纱针向左偏移一针,垫纱运动变为 2-1/1-2//,在织物表面形成网孔花纹效应,如图 11-65(2)所示;贾卡梳栉在向左针背横移(偶数横列)时,贾卡导纱针向左偏移一针,垫纱运动变为 1-0/2-3//,在织物表面形成厚密花纹效应,如图 11-65(3)所示。

(三)压纱型贾卡经编织物

贾卡梳栉作压纱组织垫纱运动形成的是压纱型贾卡经编织物。常用的压纱型贾卡垫纱运动有三针技术和四针技术等多种。图 11-66 显示了应用较多的三针技术,地组织为编链,贾卡梳栉的基本垫纱为 0-1/2-1//,同样形成稀薄、网孔和厚密三种提花效应,分别如图中(1)、(2)、(3)所示。

图 11-66　压纱型贾卡经编织物提花原理

以上所述的衬纬型、成圈型和压纱型贾卡经编织物,贾卡导纱针的偏移只发生在贾卡梳栉针背横移时,这称为传统贾卡提花原理。新型的贾卡提花技术,贾卡导纱针的偏移可以在贾卡梳栉针背横移或针前横移时,从而扩大了贾卡花型的范围。

四、贾卡经编织物的设计与编织

目前制造的贾卡经编机大多数都配置了压电式贾卡装置,因此贾卡经编织物设计一般采用计算机花型准备系统,主要包括花型设计和机器参数设置。花型设计可以直接在花型准备系统上利用绘图工具绘制图案,也可以导入扫描图稿进行编辑;然后填充不同组织变为贾卡意匠图,意匠图中格子的纵边长与横边长的比例应与成品织物的纵、横密度比例相一致。机器参数设置包括贾卡针数、花型幅宽、拉舍尔技术(RT)参数等。

贾卡经编机上,由于贾卡装置控制的同一把贾卡梳栉中各根经纱垫纱运动规律不一,编织时的耗纱量各不相同,所以通常贾卡花纱需用筒子架消极供纱,机器的占地面积较大。这样贾卡经编机的经纱行程长,张力较难控制,因此车速比一般经编机低。

第八节 多梳栉经编组织及编织工艺

在网孔地组织的基础上采用多梳衬纬纱、压纱衬垫纱、成圈纱等纱线形成装饰性极强的经编结构,称为多梳栉经编组织。

编织多梳栉经编组织所采用的梳栉数量,与多梳栉拉舍尔经编机的机型有关。一般少则十几至二十几把,中等数量三五十把,目前最多可达 95 把。梳栉数量越多,可以编织的花纹就越大、越复杂和越精致,但是相应的机速将有所下降。

多梳栉经编组织的织物有满花和条型花边两种。满花织物主要用于妇女内外衣、文胸、紧身衣等服用面料,以及窗帘、台布等装饰产品。条型花边主要作为服装辅料使用。

一、多梳栉拉舍尔经编机的结构特点和工作原理

多梳栉拉舍尔经编机的基本结构与普通的拉舍尔类经编机相同。但由于它具有较多的梳栉,因此某些机构有其特点,现介绍分析如下。

(一)成圈机构

多梳栉拉舍尔经编机以前采用舌针,现在普遍采用槽针,以适应高机号和提高编织速度的要求。

1. 花梳导纱针与花梳栉集聚

多梳栉拉舍尔经编机通常采用两把或三把地梳栉,这些梳栉上的导纱针与普通经编机上的导纱针相同。而编织花纹的梳栉(亦称花梳栉)上的导纱针则采用花梳导纱针,如图 11-67 所示。花梳导纱针由针柄 1 和导纱针 2 组成。安装柄上具有凹槽 3,可用螺丝将其固定在梳栉上。通常,编织花纹的梳栉在 50.8、72.6 或 101.6 mm(2、3 或 4 英寸)的每一花纹横向循环的织物幅宽中仅需一根纱线。因而,这就决定了在后方的所有花梳栉可按花纹需要在某些位置上配置花色导纱针。同一花梳栉上的两相邻花梳导纱针之间,存在相当大的间隙。由于上述的特殊情况,可将各花梳栉的上面部分分得开些,便于各根花纹链条对它们分别控制。然而各梳栉上的花梳导纱针的导纱孔端集中在一条横移工作线上,在织针之间同时前后摆动,使很多花梳栉在机上仅占很少的横移工作线,从而显著减少了梳栉的摆动量,如图 11-68 所示为某型号多梳栉花边机的梳栉配置图。花梳栉的这种配置方式称为“集聚”,由图可见,其中 3～4 把花梳栉集聚在一条横移线上。由于“集聚”使拉舍尔经编机的梳栉数量,从早期的 8 把增加到 12、18 把,以后又陆续出现了 24、26、30、32、42、56、78 把梳栉,直至目前的 95 把梳栉。应用了“集聚”配置,就出现了一个限制,即在同一“集聚”横移线中,各花梳导纱针不能在横移中相互交叉横越。

图 11-67　花梳导纱针结构图

图 11-68　花梳栉的集聚配置

2. 成圈机件运动配合

多梳栉拉舍尔经编机的其他成圈机件与普通拉舍尔机相同,依靠它们的协调工作,使织物编织顺利地进行。但由于是多梳栉,梳栉的摆动动程影响着机器速度的提高。因此,在有些多梳栉拉舍尔机器上采用针床“逆向摆动”,即针在朝着与梳栉摆动的相反方向运动,以加快梳栉摆过针平面的时间。另外,在成圈机件之间时间配合上,老式拉舍尔经编机要等梳栉完全摆到

机前,织针才开始下降;而现代拉舍尔花边机,在地梳栉后的第一把衬纬梳栉向机前摆动到达与织针平面平齐的位置时,针床就开始下降,这可使针床在最高位置的停留时间减少,从而使机器的速度提高。这种时间配合是现代拉舍尔花边机上所特有的。

（二）梳栉横移机构

多梳栉拉舍尔经编机除采用一般的横移机构外,花梳栉常采用放大推程杠杆式横移机构,如图 10-4 所示。现代多梳栉拉舍尔经编机多采用电子梳栉横移机构（SU 机构）,控制花梳栉的横移,以便提高花纹设计能力和经编机的生产能力。在此基础上,近年来又发展了伺服电机和钢丝来控制花梳栉的横移,梳栉横移累计针距数可从 47 针增至 110 针,进一步扩大了花型的范围,而且导纱针的横移更精确,梳栉放置的空间更大。目前该机构已成为现代多梳栉拉舍尔经编机的主流配置。

（三）送经机构

在多梳栉拉舍尔经编机中,可分为地经轴和花经轴两部分送经机构。地经轴的送经机构与其他类型经编机的送经机构相似。而花经轴的送经是采用如图 13-1 所示的经轴制动消极式送经装置。

二、多梳栉经编组织的基本工艺设计

多梳栉经编组织由地组织和花纹组织两部分组成。

（一）地组织设计

多梳栉经编组织的地组织一般可分为四角形网眼和六角网眼结构。这两种结构都不能在特里科经编机上进行编织。因为这是衬纬编链构成的网眼结构,经纱张力较大,编链横列的纵行之间无横向延展线或纬纱连接,因而沉降片无法握持织物,在刚形成的线圈到导纱针孔之间的纱段在向上张力的作用下,织物易随织针上升。

多梳拉舍尔窗帘等装饰织物多采用四角网眼地组织,它们通常用两把或三把地梳栉编织,前梳编织编链,第二、三把梳栉编织衬纬。图 11-69 所示为一些常见的四角网眼地组织的垫纱图,其线圈结构可参见图 11-38。网眼的大小可以由穿经和垫纱运动控制。

花边类织物通常采用六角网眼地组织,其垫纱运动和线圈结构分别如图 11-70(1)、(2)所示。满穿的前梳栉先织 3 个横列编链,然后移到相邻的织针处再编织 3 个横列编链,再返回原来织针处。第 1、第 2 个编链横列为开口线圈,第 3 个为闭口线圈。第 2 把梳栉也是满穿的,沿着上述编链作一针距局部衬纬垫纱。三个横列后,与前梳一起移到相邻纵行上,又在三横列上作一针距局部衬纬垫纱,再返回起始纵行上。地组织网眼是

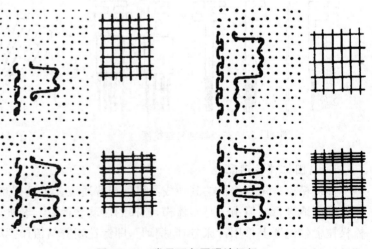

图 11-69 常见四角网眼地组织

利用相对于机号采用较纤细的纱线以及线圈结构的倾斜形成的。六角网眼的实际形状的宽窄取决于横列与纵行的比例。由三个横列和一个纵行间隙所形成的网眼,在采用3∶1比例时形成正六角形网眼。这些织物通常在机号为 E18 和 E24 的机器上编织,并以与机号相同的每英寸纵行数(横密)对织物进行后整理。因而 E18 机上,比例为3∶1时,织物的横密为18纵行/英寸,纵密为54横列/英寸。小于此比例时,网眼宽而短;大于此比例时,网眼细而长。生产中应用的比例范围为 2.5∶1~3.5∶1。图 11-71 为用于各种不同密度的六角网眼组织的意匠纸。图 11-72 为意匠纸与两把地梳栉垫纱运动之间的关系。需要注意的是,对于六角网眼意匠纸来说,每一根自上而下的折线表示一个线圈纵行(与图 11-70(2)所示的线圈图相似),因此垫纱数码 0 标注的针间间隙是在一根折线(又称为零线)的一侧,而每根折线一侧的垫纱数码是一样的。

图 11-70　六角网眼垫纱运动和线圈结构图　　　　图 11-71　不同比率的意匠纸

图 11-72　意匠纸与两把地梳栉垫纱运动之间的关系

(二) 花纹组织设计

多梳栉经编组织的花梳可以采用局部衬纬、压纱衬垫、成圈等垫纱方式而形成各种各样的花纹图形。图 11-73 所示为一种简单的花边设计图，它是在六角网眼地组织基础上通过局部衬纬来形成花纹。

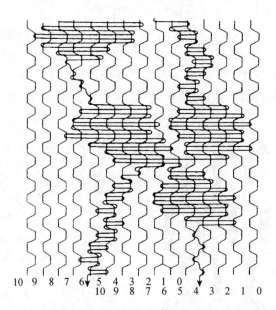

图 11-73　简单的花边设计图

现代多梳栉花边组织还经常与压纱组织、贾卡组织结合在一起，增加织物的花色效应。

第九节　双针床经编组织及编织工艺

在两个平行排列针床的双针床经编机上生产的双面织物组织，称为双针床经编组织。前述的罗纹经平组织和双罗纹经平组织就是双针床经编组织。除此之外，双针床经编机还可以编织出多种花色组织，如网孔组织、毛绒组织、间隔织物组织、筒型织物组织等，这些结构不仅在装饰和产业方面应用较多，而且筒型织物组织等还拓展到经编无缝服装产品。

一、双针床经编机的成圈过程

双针床经编机除少数辛普勒克斯钩针机外，目前绝大部分是拉舍尔舌针机，近年来已开始使用槽针。

双针床拉舍尔经编机原是为生产类似纬编罗纹结构的双面经编织物而研制的。因此，最早的双针床机的前后两针床织针呈间隔错开排列。但为了梳栉前后摆动方便，很快就改为前后针床织针背对背排列。

双针床经编机前后几乎是对称的。在两个针床的上方，配置一套梳栉。而对于前后针床，各相应配置一块栅状脱圈板（或称针槽板）和一个沉降片床。因此，机器前后的区分是以牵拉卷取机构的位置来确定。牵拉卷取机构所在的一侧为机器的前方。从机前向机后分别命名前后针床,梳栉由机前向机后依次编号为 GB1、GB2、GB3···。

目前,生产装饰和产业用经编产品的双针床经编机的机号一般在 E16～E22,而生产无缝服装的双针床经编机机号则为 E24、E28 和 E32,工作门幅一般为 1 118 mm(44 英寸,主要生产无缝服装)、2 134 mm(84 英寸)和 3 302 mm(130 英寸),多数机器采用六梳栉。

图 11-74　双针床经编机的成圈过程

双针床经编机前针床织针的成圈过程如图 11-74 所示。为简便起见,图中仅画出了一把梳栉,沉降片的形状和运动与单针床经编机类似,故此省略。后针床织针的成圈过程与前针床完全一样。图 11-74(1)中,前针床织针上升退圈,导纱针向机前摆动,后针床处于最低位置不动;图 11-74(2)中,前针床织针上升到最高位置停顿,导纱针摆到机前作针前垫纱,然后摆回机后;图 11-74(3)中,前针床织针下降,完成成圈,导纱针作针背横移;图 11-74(4)中,后针床织针开始上升退圈,前针床处于最低位置不动,导纱针向机前摆动,为后针床织针上升让出位置。

双针床拉舍尔经编机及其工艺具有下列特点。

(1) 由于两个针床结合工作,能编织出双面织物。如使用适当的原料和组织,就可获得两面性能和外观完全不同的织物。如使用细密的织针,就可获得既有细致外观又有一定身骨的织物;如在中间梳栉使用松软的衬纬纱,就可获得外观良好而又保暖的织物。

(2) 由于双针床经编机的工作门幅所受限制比梭织机和纬编机小,当利用梳栉穿纱和垫纱运动的变化,在针床编织宽度中可任意编织各种直径的圆筒形织物及圆筒形分叉织物。有利于包装网袋、渔具、连裤袜、无缝服装等产品的生产。

(3) 由于双针床经编机两脱圈栅状板的间距可在一定范围内无级调节,从而可方便地构成各种高度的毛绒织物以及各种厚度的间隔织物等。因此,双针床拉舍尔经编机及其编织技术正在获得广泛而又迅速的发展。为了提高效率,也出现了生产包装袋、毛绒织物、间隔织物和无缝服装等各种专用机,形成了当前经编业中一个重要部分。

二、双针床经编组织表示方法及基市组织

(一) 双针床经编组织表示方法

表示双针床经编组织的意匠纸通常有三种,如图 11-75 所示。图 11-75 (1)用"×"表示

前针床上各织针针头,用"·"表示后针床上各织针针头。其余的含意与单针床经编组织的点纹意匠纸相同。图 11-75(2)都用黑点表示针头,而以标注在横行旁边的字母 F 和 B 分别表示前、后针床的织针针头。图 11-75(3)以两个间距较小的横行表示在同一编织循环中的前、后针床的织针针头。

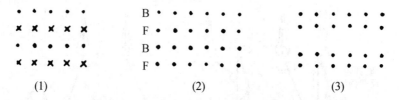

(1)   (2)   (3)

图 11-75 双针床经编组织的意匠图

在这种意匠纸上描绘的垫纱运动图(即图解记录)与双针床组织的实际状态有较大差异。其主要原因是:

(1)在此种双针床意匠纸中,代表前、后针床针头的各横行黑点都是上方代表针钩侧,下方代表针背侧。也就是说:前针床的针钩对着后针床的针背。但在实际的双针床机上,前针床的针钩向外,其针背对着后针床织针的针背。

(2)在双针床机的一个编织循环中,前后针床虽非同时进行编织,但前后针床所编织的线圈横列是在同一水平位置上的。但在意匠纸中,同一编织循环前后针床的垫纱运动是分上下两排画的。

图 11-76 双针床经编组织垫纱运动图

因此,在分析这种垫纱运动图时,必须特别注意这些差异。否则,难以用这些垫纱运动图来想象和分析双针床经编组织的结构和特点。

图 11-76 中的三个垫纱运动图如果按单针床组织的概念,可以看做是编链组织、经平组织和经绒组织,图 11-76(1)织出的是一条条编链柱,而 11-76(2)、(3)可构成相互联贯的简单织物。但在双针床拉舍尔经编机上,前针床织针编织的圈干仅与前针床编织的下一横列的圈干相串套;后针床线圈串套的情况也一样。因此,若仅观察前针床编织的一面,则由圈干组合的组织就如垫纱运动图左旁的虚线所示那样。而仅观察后针床编织的一面时,由圈干组合的组织就如右旁虚线所示那样。

为了进一步明确这些组织的结构,在每个垫纱运动图的右边,描绘了梳栉导纱点的运动轨迹俯视图。从各导纱点轨迹图中可看到:这三种垫纱运动各导纱针始终将每根纱线垫在前、后针床的相同织针上,各纱线之间没有相互联结串套关系。所以织出的都是一条条各不相联的双面编链结构。这三种垫纱运动图在双针床中基本上是属于同一种组织。它们之间的唯一差异是:共同编织编链柱的前后两根织针是前后对齐的,还是左右错开一或二个针距,即它们的延展线是短还是长。应该了解,双针床经编组织的延展线并不像单针床组织那样,与圈干在同一平面内,而是与前后针床上的圈干平面呈近似 90°的夹角,所以是个三度的立体结构。

根据国际标准有关双针床经编组织垫纱数码的表示方法,上述三个组织的垫纱数码(即花纹链块号)为:

(1) 0-1-1-0//;

(2) 1-2-1-0//;

(3) 2-3-1-0//。

其中每一组织的第一、第二个数字差值[例(1)中的 0-1],为梳栉在前针床的针前横移。第三、第四个数字差值[例(1)中的 1-0],为梳栉在后针床的针前横移。其余相邻两个数字差值[例(1)中的 0-0 和 1-1],为梳栉针背横移。除了上述标准的垫纱数码的表示方法外,目前仍有沿用过去的表示方法。对于(1)来说,旧的垫纱数码表示方法为:0-1,1-0//。其余类同。

双针床经编组织也可用线圈结构图来表示,如图 11-77(2)所示。但画这种线圈结构图比较复杂。图 11-77(1)是与线圈结构图相对应的垫纱运动图。

3 2 1 0

(1)　　　　　　　　　(2)

图 11-77　双针床织物线圈结构图

(二) 双针床经编基本组织

1. 双针床经编单梳组织

像单梳在单针床经编机上形成单梳经编组织一样,一把梳栉也能在双针床经编机上形成最简单的双针床经编组织。值得特别注意的是,在形成这类组织时,梳栉的垫纱应遵循一定的规律。否则,不能形成整片的织物。图 11-78 所示为使用一把满穿梳栉的情况。

可以看出,图 11-78(1)～(4)其相邻两根纱线的线圈之间没有串套,相邻的纵行间也没有延展线联接,因此均不能形成整片织物。

而图 11-78(5)经纱在前针床编织时分别在第 1、3 两枚织针上垫纱成圈,在后针床编织时在第 2 枚针上成圈,因此可以形成整片织物,其结构如图 11-77 所示。

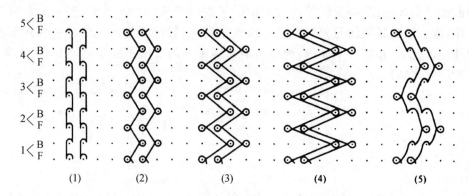

图 11-78　双针床经编单梳组织垫纱运动图

从以上的例子中可以得出结论：单梳满穿双针床经编组织若每根纱在前、后针床各一枚针上垫纱，即类似编链、经平、变化经平式垫纱，则不能形成整片织物。只有当梳栉的每根纱线至少在一个针床的两枚织针上垫纱成圈，才能形成整片织物。单梳满穿双针床经编组织除经缎式垫纱能编织成布外，还可以采用重复式垫纱来形成织物，如图 11-79 所示。

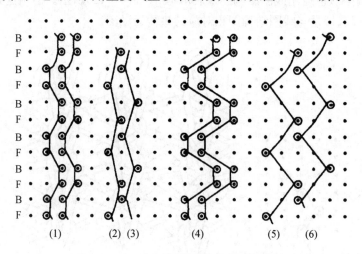

图 11-79　双针床单梳重复式垫纱运动图

图 11-79 中每横列在前、后针床相对的各一根针上垫纱，两针床的组织记录是相同的，故称为重复式垫纱。这样，尽管采用经平或变化经平垫纱，都能保证每根纱线在两个针床的各自 2 枚针上垫纱成圈，因而保证了形成整片织物。

2. 双针床经编双梳组织

双针床经编双梳组织比单梳组织变化更多，可以采用满穿与部分穿经、满针床针与抽针，还可以采用梳栉垫纱运动的变化，得到丰富的花式效应。

（1）双梳满穿组织。利用满穿双梳在双针床经编机上编织能形成类似纬编中的双面组织。例如，可以双梳均采用类似经平式垫纱（在单梳中不可以形成织物）形成类似纬编的罗纹组织，如图 11-80 所示。

如果双梳当中的每一把梳栉只在一个针床上垫纱成圈，将形成下列两种情况：

① 前梳 GB1 只在后针床垫纱成圈，而后梳 GB2 只在前针床上垫纱成圈，如图 11-81(1)

所示。其垫纱数码为：

　　GB1：1-1-1-2/1-1-1-0//；

　　GB2：1-0-1-1/1-2-1-1//。

　　图11-81(2)表示两梳交叉垫纱成圈形成了织物。显然，如果两梳分别采用不同颜色、不同种类、不同粗细、不同性质的纱线，在前后针床上则可形成不同外观和性能的线圈。因而，此结构类似于纬编的两面派或丝盖棉织物。当然，两把梳栉各自的组织记录也可不同，这样即是使用同种原料，织物两面的外观也会不同。

　　② 如果前梳 GB1 只在前针床垫纱成圈，后梳 GB2 只在后针床垫纱成圈，则如图 11-82(2)所示。此时两把梳栉的垫纱数码分别为：

　　GB1：1-0-1-1/1-2-1-1//；

　　GB2：1-1-1-0/1-1-1-2//。

图 11-80　双针床双梳罗纹组织

图 11-81　两面派组织

图 11-82　两片织物分离的垫纱

　　(2) 双梳部分穿经组织。双针床单梳组织一般不能部分穿经，而双针床双梳组织通常可以部分穿经。与单针床双梳部分穿经组织相似，双针床双梳部分穿经能形成某些网眼结构，也能形成非网眼织物。例如，图 11-83 所示的垫纱运动，在每一完整横列的前后针床上垫纱时，虽然有的纵行间没有延展线连接，但前后针床相互错开，不在同一相对的两纵行间，因而在布面上找不到网眼。这种组织的垫纱数码为：

　　GB1：1-0-2-3//；

　　GB2：2-3-1-0//。

　　在双针床双梳部分穿经组织中，如要形成真正的网眼，必

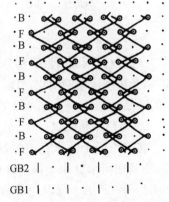

图 11-83　双针床双梳部分穿经非网眼组织

须保证在一个完整横列，相邻的纵行之间没有延展线连接，这时的垫纱数码为：

GB1：1-0-1-2/2-3-2-1//；

GB2：2-3-2-1/1-0-1-2//。

此时，一个完整横列前后针床的同一对针与其相邻的针之间有的没有延展线连接，织物则有网眼。改变双梳的垫纱数码，使相邻纵行间没有延展线的横列增加，孔眼就扩大了，如图 11-84 所示，这种组织的垫纱数码为：

GB1：2-1-1-0/1-2-1-0/1-2-2-3/2-1-2-3//；

GB2：1-2-2-3/2-1-2-3/2-1-1-0/1-2-1-0//。

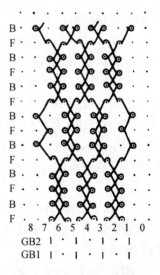

图 11-84　双针床双梳部分穿经网眼组织

（三）其他双针床经编组织

1. 圆筒形织物组织

图 11-85 所示为最简单的经编圆筒形织物组织，前梳栉 GB1 和后梳栉 GB4 分别对前、后针床垫纱，形成两片织物，而在中间梳栉 GB2 和 GB3 的两侧各放置一根指形导纱针，各穿入一根纱线，并同时对前、后针床垫纱，则可将两片织物在两侧连接起来，从而形成圆筒形结构。这种组织的垫纱数码和穿纱规律如下：

GB1：1-0-1-1/1-2-1-1// 在一定范围满穿；

GB2：1-0-1-0/1-1-1-1// 只穿左侧一根纱；

GB3：0-0-0-0/0-1-0-1// 只穿右侧一根纱；

GB4：1-1-1-0/1-1-1-2// 在一定范围满穿。

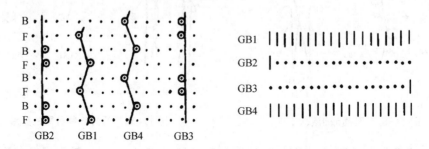

图 11-85　双针床圆筒形织物

经编双针床圆筒形织物具有广泛的用途，例如包装袋、弹性绷带等产品。如果梳栉数增加，结合垫纱运动的变化，可以编织出具有分叉结构的连裤袜、无缝服装及人造血管等结构复杂的产品。

2. 间隔织物组织

在编织两个针床底布的基础上，采用满置或间隔配置导纱针的中间梳栉，并可满穿纱线，使其在两个针床上都垫纱成圈，将两底布相互连接起来，形成夹层式的立体间隔织物，如图11-86所示。可以通过调节前、后针床脱圈板的距离，来改变两个面的间距（即织物厚度）。

某种间隔织物的垫纱穿纱规律如下：

GB1:3-3-3-3/0-0-0-0// 满穿；

GB2:0-1-0-0/1-0-0-0// 满穿；

GB3:1-0-0-1/1-0-0-1// 1 穿 1 空；

GB4:0-1-1-0/0-1-1-0// 1 穿 1 空；

GB5:0-0-0-1/1-1-1-0// 满穿；

GB6:0-0-3-3/3-3-0-0// 满穿。

图 11-86　间隔织物编织原理

其中，梳栉 GB1 和 GB2 在前针床编织的编链衬纬组织形成一个密实的表面；梳栉 GB5 和 GB6 在后针床编织的编链衬纬组织形成另一个密实的表面；梳栉 GB3 和 GB4 一般采用抗弯刚度较高的涤纶或锦纶单丝，并作反向对称编链垫纱运动，形成间隔层。

3. 毛绒织物组织

如果在夹层式结构的织物织出后，利用专门的设备将联结前后片织物的由中间梳栉毛绒纱线构成的延展线割断，就形成两块织物。并且该两块织物表面都带有切断纱线的毛绒，形成了双针床毛绒织物。图 11-87 显示了一种双针床毛绒织物组织的梳栉垫纱运动。

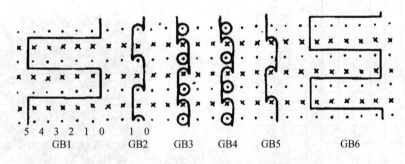

图 11-87　双针床毛绒织物组织的梳栉垫纱运动

这种组织的垫纱穿纱规律为：

GB1:5-5-5-5/0-0-0-0// 满穿；

GB2:0-1-1-1/1-0-0-0// 满穿；

GB3:0-1-0-1/1-0-1-0// · | · | ；

GB4:0-1-0-1/1-0-1-0// | · | · ；

GB5:0-0-0-1/1-1-1-0// 满穿；

GB6:0-0-5-5/5-5-0-0// 满穿。

其中梳栉 GB1、GB2 和 GB5、GB6 分别在前、后针床形成两个编链衬纬表面层，梳栉 GB3、GB4 垫毛绒纱。

织物下机后，还要经过剖幅、预定型、染色、复定型、刷绒、剪绒、烫光、刷花、印花等工艺，形成经编绒类产品。根据所用原料的不同，一般有棉毯和腈纶毯等产品。根据双针床隔距的不同可分为短绒和长绒两类。

第十节 轴向经编组织及编织工艺

一、轴向经编组织的结构

传统的针织物由于线圈结构的易变形性和纱线的弯曲而具有较好的弹性和延伸性,因此在内衣及休闲服等领域得到了广泛的应用。但是,在产业用纺织品领域,要求产品具有很高的强度和模量,传统的针织品很难满足这样的要求。从二十世纪后期,经编专家和工艺人员对经编工艺进行了深入研究,在全幅衬纬经编组织基础上提出了定向结构(简称 DOS)。之后,经编双轴向、多轴向编织技术获得了迅速发展,产品在产业用纺织品领域得到广泛应用,目前正逐渐替代传统的骨架增强材料。

轴向经编组织有单轴向、双轴向和多轴向之分。单轴向经编组织是指在织物的经向或纬向衬入不成圈的平行伸直纱线,全幅衬纬经编组织也可以看做是单轴向经编组织。

双轴向经编组织是指在织物的经向和纬向分别衬入不成圈的平行伸直纱线。图 11-88 所示为一种双轴向经编组织,其衬经衬纬纱线按纵横方向配置,由成圈纱将其束缚在一起。

| 图 11-88 双轴向经编组织 | 图 11-89 多轴向经编组织 |

多轴向经编组织指除了在经纬方向有衬纱外,还可根据所受外部载荷的方向,在多达五个任意方向(在−20°至+20°范围内)上衬入不成圈的平行伸直纱线。图 11-89 所示为一种多轴向经编组织。

目前,双轴向和多轴向经编组织应用较多。

二、双轴向、多轴向经编组织的编织工艺

双轴向经编组织是在衬经衬纬经编机上编织的,与传统的经编机比较,该机在编织机构上有些不同,图 11-90 显示了某种衬经衬纬双轴向经编机的成圈机件配置。

图 11-90 中 1 为地组织导纱梳栉,它可以编织出双梳地组织结构。2 为槽针针床,其动程为 16 mm,由于动程较短,机器速度有了很大提高。3 为针芯床,4 为沉降片床,5 为推纬片床,

带有单独的推纬片。6 为衬经纱梳栉，以穿在导纱
片孔眼中的铜丝来引导和控制衬经纱的垫入。由
于其改变了传统的导纱针孔眼结构，故纱线在编织
过程中不会被刮毛，并且由于导纱片刚性较大，所
以在编织高性能纤维时，在很大编织张力情况下仍
能保持导纱片的挺直。

衬纬纱衬入织物内是由经编机的敷纬机构完成
的。图 11-91 显示了这种机型独特的敷纬机构。

图 11-90 双轴向经编机的成圈机件配置

如图 11-91(1)所示，游架 1 由传动链 2 带动，在
进入编织区之前，游架上的纬纱夹 3 是处于打开位
置，此时纬纱 4 由专门的全幅衬纬装置送入挂钩 5，
由于挂钩是与游架成为一体的，且钩距一致，这就使
得纬纱之间保持平行，从而提高了纱线的强力利用系数，使织物的整体强度提高。在进入
编织区后，纬纱夹便在传动链与游架的相互作用下，朝挂钩方向运动从而将纬纱封闭在挂
钩中(纬纱夹 3′处于关闭位置)，并且在整个编织过程中，纬纱在两端的游架的作用下，始终
保持相同的纱线张力以及纱线间的平直关系，从而保证了高质量织物的编织。图 11-91(2)
表示游架与全幅衬纬装置的运动关系，其中箭头 1 为游架受传动链驱动时的运动方向(即
传动链的运动方向)，箭头 2 为游架带动的纬纱朝编织区的运动方向，箭头 3 为敷纬架带动
纬纱从机器一端向另一端的运动方向。

(1)   (2)

图 11-91 敷纬机构

多轴向经编机除了纬向有敷纬机构外，还有几个斜向的敷纱装置，其结构与双轴向经编机
基本一致。只是在采用不同的衬入纱原料时，机构上的某些装置有所不同。图 11-92 显示了
多轴向经编机的构造。

双轴向、多轴向经编组织没有特别的表示方法。束缚纱通常采用非常简单的组织结构，例
如编链组织、经平组织等，表示方法与普通的经编组织相同。

作为实例，图 11-93 显示了一种玻璃纤维双轴向经编土工格栅，其工艺如下。

原料:衬经纱、衬纬纱:2 400 tex 玻璃纤维粗纱;地纱:220 dtex 涤纶长丝。

图 11-92　多轴向经编机的构造　　　　　图 11-93　双轴向经编土工格栅

1—衬纱筒子架　2—衬纱筒子　3—张力器　4—输送链　5—衬纱系统　6—短切毡
7—衬经纱　8—经编机　9—成圈机　10—织物卷取装置　11—成圈机件　12—纤维网

垫纱数码与穿纱记录：

衬经梳 ST：0-0/1-1// 6 穿 6 空；

地梳 GB1：1-0/1-2// 6 穿 6 空；

地梳 GB2：1-2/1-0// 6 穿 6 空；

衬纬纱：2 穿 10 空。

机上织物纵向密度 2.36 横列/cm，产品门幅 1.5 m。

三、双轴向、多轴向经编组织的性能与应用

由于双轴向、多轴向经编组织中衬经衬纬纱呈笔直的状态，因此织物力学性能有了很大的提高。与传统的机织物增强材料相比，这种组织的织物具有以下优点。

1. 抗拉强力较高

这是由于多轴向经编织物中各组纱线的取向度较高，共同承受外来载荷。与传统的机织增强材料相比，强度可增加 20%。

2. 弹性模量较高

这是由于多轴向经编织物中衬入纱线消除了卷曲现象。与传统的机织增强材料相比，模量可增加 20%。

3. 悬垂性较好

多轴向经编织物的悬垂性能由成圈系统根据衬纱结构进行调节，变形能力可通过加大线圈和降低组织密度来改变。

4. 剪切性能较好

这是由于多轴向经编织物在 45°方向衬有平行排列的纱线层。

5. 织物形成复合材料的纤维体积分数较高

这是由于多轴向经编织物中各增强纱层平行铺设，结构中空隙率小。

6. **抗层间分离性能较好**

由于成圈纱线对各衬入纱层片的束缚,使这一性能提高 3 倍以上。

7. **准各向同性特点**

这是由于织物可有多组不同取向的衬入纱层来承担各方向的负荷。

正是由于双轴向、多轴向经编织物具有高强度、高模量等特点,因此这类织物普遍被用作产业用纺织品及复合材料的增强体。例如:灯箱广告、汽车篷布、充气家庭游泳池、充气救生筏、土工格栅、膜结构等柔性复合材料。另外,在刚性复合材料中,双轴向、多轴向经编织物还可作为造船业、航天航空、风力发电、交通运输等许多领域复合材料的增强体。

思考练习题

1. 经编基本组织有哪些,各有何特点? 画出其垫纱运动图并写出对应的垫纱数码。

2. 若梳栉横移机构在经编机的右面,试画出五针经平组织的垫纱运动图,并写出对应的垫纱数码。

3. 重经组织结构有何特点? 编织时有何难度?

4. 某种经编组织的垫纱运动图如图 11-94 所示,试写出对应的垫纱数码。

5. 罗纹经平组织与双罗纹经平组织有何异同点?

6. 双梳栉满穿经编组织的有哪几种,各有何特性?

7. 双梳织物的显露关系是怎样的? 比较经平绒和经绒平组织的特点。

8. 如何利用少梳栉经编组织形成纵条纹和横条纹织物?

9. 双梳栉部分穿经经编组织如何才能形成网眼,怎样改变网眼的大小?

10. 缺垫经编组织结构有何特点,可以形成什么花色效应,如何编织?

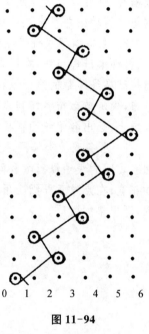

图 11-94

11. 部分衬纬经编组织结构有何特点,怎样表示,如何编织? 全幅衬纬经编组织的结构、衬纬方式与部分衬纬经编组织有何不同?

12. 压纱经编组织结构有何特点、可以产生什么花色效应,如何编织? 压纱组织与衬纬组织有什么不同?

13. 经编毛圈组织形成毛圈有几种方法,各自需采用什么特殊的编织机件和如何进行编织?

14. 贾卡经编组织结构有何特点? 压电式贾卡装置如何进行工作? 什么是奇数横列和偶数横列? 网孔区域、稀薄区域和厚密区域是如何形成的? 衬纬型与压纱型贾卡经编织物结构与花纹有何不同? 贾卡花纹意匠图和字符图如何表示?

15. 多梳栉经编组织常用的地组织有哪些类型,如何形成花纹? 与普通的拉舍尔经编机相比,多梳栉拉舍尔经编机有何特点? 何谓梳栉集聚? 梳栉集聚配置的一般原则是什么?

16. 双针床经编组织的表示方法与单针床经编组织的表示方法有何区别? 双针床单梳组

织怎样才能形成整片织物？双针床双梳组织可以产生什么结构与效应？双针床圆筒形织物组织、间隔织物组织如何进行编织？

17. 某种经编织物是在前后织针呈相对配置和梳栉横移机构在左面的经编机上编织，垫纱数码为 1-0-2-3/4-5-6-7/5-4-3-2//，试画出对应的垫纱运动图。

18. 双轴向、多轴向经编组织结构有何特点，如何进行编织？

实验课内容

1. 准备单梳经平、经绒、经斜、经缎、变化经缎织物各一块，在照布镜下观察，认识线圈、横列与纵行、织物工艺正面与工艺反面等针织物基本特征以及织物的结构特点；确定织物编织方向和一个组织循环的横列数和纵行数，观察织物两纵行之间延展线的分布和根数以及各横列线圈种类（开口或闭口线圈）；测试织物的横密与纵密、单位面积重量；在点纹纸上，画出各组织的垫纱运动图并写出垫纱数码。

2. 准备满穿双梳栉经编织物数块，包括双经平、经平绒、经绒平、经平斜、经斜平、经斜编链、衬纬编链等组织，在照布镜下观察，确定织物工艺正面与反面、编织方向；从工艺反面分析前梳延展线跨越的线圈纵行数和延展线方向，从工艺正面两纵行之间观察后梳延展线根数及分布，确定前后梳各横列线圈种类（开口或闭口线圈）和一个完全组织的横列数和纵行数，在点纹纸上，画出各组织两把梳栉的垫纱运动图并写出垫纱数码。

3. 准备双梳经编网眼织物四块，观察其工艺正面和反面外观，确认网眼的形状，计算相邻网孔之间的线圈纵行数和网孔高度（横列数），确定样布网眼织物一个完全组织的范围，即花高和花宽；在点纹意匠纸上用竖实线标注孔眼的位置及大小，画出两梳的垫纱运动图和穿纱对纱图，写出垫纱数码。

第十二章 整 经

第一节 整经工艺的要求与整经方法

整经是经编织造的必不可少的准备工序。整经质量的好坏对经编生产和织物的质量将会产生实质性的影响。

一、整经的目的与要求

整经的目的是将筒子纱按照工艺所需要的经纱根数与长度,在相同的张力下,平行、等速、整齐地卷绕到经轴上,以供经编机使用。在整经过程中不仅要求经轴成形良好,还应改善经纱的编织性能,消除整经过程中发现的经纱疵点,为织造提供良好的退绕条件,从而尽可能减少编织产生的疵点。

二、整经的方法

常用的整经方法有三种,即分段整经、轴经整经和分条整经。

1. 分段整经

由于经编机上每一把梳栉所需要的经线根数很多,实际生产中往往将一把梳栉对应的经轴上的纱线,分成几份到经轴上的几个盘头上,由整经机将各份经纱卷绕到各个盘头(即分段经轴)上,再将几个分段经轴组装成经编机上的一个经轴。这种将经纱卷绕成狭幅的分段经轴就称为分段整经。分段整经生产效率高,运输和操作方便,比较经济,能适应多种原料纱线的要求,是目前使用最广泛的方法。

2. 轴经整经

轴经整经是将经编机一把梳栉所用的经纱,同时和全部卷绕到一个经轴上。对一般编织地组织的经轴,由于经纱根数很多,纱架容量要较大,整经中对设备的要求较高,也容易引起成形不良,故这种办法不经济,在生产中也有一定困难。所以轴经整经多用于经纱总根数不多的花色纱线的整经,例如多梳经编机花梳栉纱线的整经等。

3. 分条整经

分条整经是将经编机梳栉上所需的全部经纱根数分成若干份,一份一份分别绕到大滚筒上,然后再倒绕到经轴上的整经方法。这种整经方法生产效率低,操作麻烦,已很少使用。

第二节 整经机的基本构造与工作原理

一、分段整经机

分段整经机的种类很多,但工作原理大致相同。目前常用的分段整经机如图 12-1 所示。纱线或长丝由纱架 1 上筒子引出,经过集丝板 2 集中,通过分经筘 3、张力罗拉 4、静电消除器 5、加油器 6、储纱装置 7、伸缩筘 8 以及导纱罗拉 9 均匀地卷绕到经轴 10 上。在有些整经机上经轴表面由包毡压辊 11 紧压。筒纱插在纱架 1 上。在纱架上装有张力装置、断纱自停装置、静电消除器、信号灯等附属装置。

图 12-1　分段整经机结构简图

(一) 张力装置

1. 圆盘式张力器

圆盘式张力装置安装在筒纱的前方。如图 12-2 所示,经纱从筒子引出经档板 1 并自磁孔 2 穿入后,通过上张力盘 3 与下张力盘 4 之间,绕一个立柱 7 或三个立柱 5、6、7 后引出。张力盘的位置可在沟漕 8 滑移,以调节经纱包围角。

经纱张力的大小取决于以下几个因素:

(1) 经纱绕过张力盘的个数,绕过张力盘的个数越多张力越大。

(2) 经纱对张力盘立柱的绕线方式,经纱对立柱的包围角越大张力也越大。

(3) 上张力盘的重量,上张力盘的重量

图 12-2　圆盘式张力器

增加,经纱的张力也加大。随机供应的张力盘因机型不同而略有差别,一般的有 1.5 cN、2 cN、3.2 cN、5 cN 等。

2. 液态阻尼式张力器

液态阻尼式张力器,又称 KFD 张力器,如图 12-3 所示。经纱穿过气圈盘 1 绕过棒 2 时,只要转动气圈盘 1 则可改变纱线与棒 2 的包围角,经纱的张力也随之改变,这样可以根据工艺要求来调节单纱的预加张力。

另一方面，由拉簧控制的张力杆 3 位于可活动的小平台上，经纱绕过张力杆 3 后获得张力的大小由拉簧的拉力决定。拉簧的拉力则由纱架同一纵列的一根集体调节轴 5 控制，通过改变拉簧的拉力，就可以调节经纱的张力。

液压阻尼机构主要由活动的小平台及其下面的油槽 4 组成。油槽里有控制小平台运动的阻尼叶片和控制张力杆 3 的拉簧，它们均浸在黏性油里。

图 12-3 液态阻尼式张力器

经纱由气圈圆盘的孔引入，绕过棒 2 后，在张力杆 3 之间穿行。当经纱张力增大（大于预定张力值）时，若干张力杆在拉簧的作用下开始变动位置，使纱线与杆的包围角减小，以达到减小张力的目的，直至张力回复到预定值为止，如图 12-4(1)所示。当经纱张力减小（小于预定张力值）时，若干张力杆再次变更位置，使纱线与张力杆之间的包围角增加以此来提高经纱的张力，直至张力回复到预定值为止，如图 12-4(2)所示。

由于该张力装置能够有效的控制经纱的初张力，液压阻尼机构又能吸收张力峰值减少张力波动，因而能均衡一个筒子自身（从满管到空管）的张力差异，也能均衡筒子之间的张力不匀。

另外，该装置的张力制动器还被用作自停装置，当纱线断头或纱筒用完时，发生无张力的情况，杆与平台转到极端位置，使继电器接通，整经机停止工

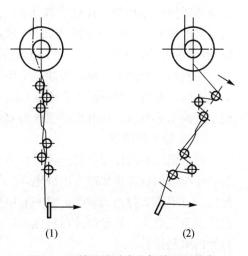

图 12-4 纱线绕过张力杆的不同状态

作。新型的 KFD 张力装置的纱架，采用了一系列相互制约的开关电路，当某根经纱断头后，该排指示灯发亮，同时送出负电平，将其他指示灯的触发电路封锁，避免其因张力松弛而发亮，因而可提高挡车工的效率。

这种装置有不同的型号，以适应不同经纱的要求。KFD-K 型适于合成纤维与精纺纱线，张力调节范围在 4～24 cN 之间。KFD-T 适用于粗纱线，如地毯等厚重织物的纱线整经，它的张力调节范围在 30～70 cN 之间。

（二）储纱机构

储纱装置的作用是在纱线发生断头时便于纱线回绕。在整经机高速运转中发现断头后，即使立即停机，由于惯性的作用，断了的纱头也往往会卷入经轴，接头时必须倒转经轴，直到断头露出为止。储纱装置能使倒出的经纱保持平直状态。

图 12-5 显示了上摆式储纱装置的结构，主要由一组固定储纱辊 1，摆动储纱辊 2，夹纱板 3 以及摆臂 4 等组成。储纱量为 10 m。

（三）机头

整经机机头部分主要由机头箱，经轴、主电机及尾架组成。

目前,经编机盘头(分段经轴)的边盘直径一般在 533～1 000 mm(21～40 英寸),盘头的长度通常为 533 mm(21 英寸)或 1 270 mm(50 英寸)。为了适应产品变化的要求,在许多整经机上盘头的大小可以更换,只要将安装盘头的轴头与支承尾架的导柱稍加调整就可实现这种变更。

装在机头上的盘头由直流电动机直接带动,为了保证在盘头直径变化时经纱卷绕速度和卷绕张力不变,必须随着盘头卷装直径的逐渐加大而逐渐降低直流电动机的转速。其调节过程是,当盘头卷装直径逐渐增大时,经纱线速度也相应增加,并带动导纱罗拉转速加快。在此罗拉上的发电机的测速反馈电压增大,当大于预定标准时,通过继电器,使伺服电机倒转电枢电压下降,迫使马达减速,致使盘头转速下降直到回复到预定的线速度。

图 12-5　上摆式储纱装置

在有些整经机上为使盘头纱层结构紧密,还装有压辊。它准确地位于两边盘之间,对纱层均匀施压以获得平整的盘头。通常,张力装置能使经纱保持必要的均匀张力,已能满足盘头表面平整的工艺要求。只有在纱线张力要求特别低或对经纱密度有特殊要求时才使用压辊。

(四) 静电消除器

静电消除器的作用是将整经过程中纱线所产生的静电及时加以消除。为了消除高速行进的经纱与金属机件摩擦产生的静电,除了在加油器中适当加入消除静电油剂外,并在集丝板等部位装有电离式静电消除器。它主要由变压器和电离棒组成,利用高电位作用下的针尖放电,使周围空气电离。当经纱片通过电离区时,所带静电被逸走,从而减少整经时的静电,保证了整经的顺利进行。

(五) 毛丝检测装置

毛丝对经编过程极为不利,为了进一步提高整经质量,一般在整经机上还装有毛丝检测装置。它的作用是检测纱线中毛丝、粗节并在整经中予以消除。这种装置与经纱片平行,由光源、光敏元件组成。当光源的光线受到毛丝的遮挡时,光度发生变化,经放大使继电器作用,从而使整经机停机。

(六) 拷贝功能整经机

一些较新型的整经机的电脑具有较强的纱线张力控制能力,可整出质量很高的盘头。操作工只需整好一只张力一致的主盘头,电脑会记录下该盘头的内径、外径和圈数,并根据记录下的数值为同组的其他盘头计算生成一参考曲线。如接下来的盘头与主盘头有一定的偏差,电脑将通过控制张力辊的转动速度调节纱线张力的偏差。由于这种整经机有了盘头拷贝功能,可以保证同根经轴上一组盘头的纱线张力一致、盘头周长一致、卷绕圈数一致,从而改进了经编机的织物质量和运转情况。

二、花色纱线整经机

供多梳经编机花色梳栉使用的经轴通常经纱根数较少,可以采用轴经整经的方法,由这种整经机直接制成整个经轴。

图 12-6 表示了在一花色经轴上用几根纱线 1 卷绕成几段的情况,经轴 2 被两个回转的回转辊 3 摩擦带动,因而不会因经轴直径增大而影响纱线的卷绕速度。

图 12-6 花色纱线整经机

正面纱架上引出的经纱由导筘引导到经轴上,并作横向往复运动,导筘往复运动的动程应小于两个纱段同位点的距离,以便在两个纱段之间留有一定的距离。

三、弹性纱线整经机

氨纶等弹性纱线由于其模量低,受很小的张力就产生很大的延伸。氨纶弹性纱与导纱机件的摩擦系数很大(0.7~1.3),是其他合成纤维的 3~4 倍,较小的张力波动都会造成纱线的伸长发生较大的变化,因而其整经难度较高。用普通整经方法整经时纱线极易缠结,经纱张力也不稳定,因此必须使用专门的整经机。

(一)弹性纱线整经机的结构

弹性纱整经机除了应具有一般整经机的结构外,还需要有积极送纱、纱线牵伸和纱线张力补偿装置以适应弹性纱整经时的伸长和回缩。图 12-7 显示了弹性纱线整经机的工作原理。弹性纱筒子 9 套在纱架 7 中的纱筒芯座上,并由弹簧紧压在垂直送纱辊 8 上,垂直送纱辊由机身主马达 11 传动;由于弹性纱筒与送纱辊间的摩擦,积极送出纱线,经张力传感装置 5,张力辊 4 积极传送,再由导纱辊 2 送出,最后由经轴 1 卷取进行整经。当需要停机时机器的各部分均能同步制动。图中 10 为无级调速器,3、6 为前后筘,12 为经轴马达。

图 12-7 弹性纱线整经机

1. 积极送纱装置

承载弹性纱的筒子架由几个独立的纱架组合而成,可以根据整经根数予以增减。纱架向着机头排成扇形(图 12-8),使前后纱架上各纱路间的差异尽可能的降低,从而减少单纱间的张力不匀。积极式送纱装置主要由每个筒子架上的积极式送纱辊构成。积极式送纱辊通过自身的回转而带动与其接触的弹性纱筒子,使所有的弹性纱筒子表面的退绕线速度与送纱辊表面的线速度一致。送纱量的大小可以通过调节送纱辊的回转速度来改变。

(1)

(2)

图 12-8 纱架与纱路

送纱辊通常有立式和卧式两种,分别如图 12-9 (1)、(2)所示。主动回转的送纱辊 1 带动氨纶纱筒 2 进行退绕送纱,这种传动方式确保了纱筒上的氨纶都以同样的线速度退绕。为了使弹性纱张力均匀,要求筒子架上所有的纱筒直径相同。在较新型整经机上,送纱辊逆时针回转传动纱筒,这种传动方式与旧式的送纱辊作顺时针方向回转相比,可以确保纱筒不打滑,并可消除在满筒时出现的黏丝及其造成的不能顺利退下而断头的现象。

(1)   (2)

图 12-9 氨纶纱送纱辊

2. 纱线牵伸装置

牵伸装置是弹性纱整经机上所特有的一种装置,它是将送纱辊送出的弹性纱卷绕到盘头上之前进行适当的拉伸,保持弹性纱的平直。预牵伸量是指弹性纱由纱架送纱辊送出到张力辊之间的拉伸量,张力辊速度与纱筒退绕速度的比值称为预牵伸比,它可以通过改变传动送纱辊的电动机速度和变换齿轮在 1~3.17 范围内调节。从张力辊到盘头之间纱线的拉伸为后牵伸量,盘头卷取速度与张力辊速度的比值称为后牵伸比。因为是弹性纱,后牵伸比可以是正值,也可以是负值。总牵伸量取决于纱线从纱筒至盘头之间的拉伸量,预牵伸比与后牵伸比的乘积为总牵伸比,其值应尽量保持稳定。各牵伸比的计算遵从下列公式:

$$D_f = \frac{V_r}{V_y} \tag{11-1}$$

$$D_b = \frac{V_b}{V_r} \tag{11-2}$$

$$D_t = D_f \times D_b = \frac{V_b}{V_y} \tag{11-3}$$

式中:D_f——预牵伸比;

$\quad D_b$——后牵伸比;

D_f——总牵伸比；

V_r——张力辊转动表面线速度，m/s；

V_y——纱筒退绕线速度，m/s；

V_b——盘头转动表面线速度，m/s。

3. 纱线张力补偿装置

在整经过程中随着纱线筒子直径的减小，退绕张力也将发生变化，并影响到纱线的伸长量。为了保持张力稳定，使用张力传感装置，在整经过程中对纱筒上弹性纱伸长的差异自动地适时改变拉伸，进行张力的补偿，做到绕在盘头上的弹性纱的伸长差异减少到最低程度。

除了以上必要的装置之外，为了尽量减少弹性纱线与机器的接触点，所有导纱体的表面均为旋转结构，使纱线受到积极均匀的传动。

思考练习题

1. 整经的目的是什么？整经要达到哪些工艺要求才能保证编织的顺利进行和产品的质量？

2. 整经主要有哪些方法？各有何特点？

3. 分段整经机有哪些主要机构？各机构起何种作用？

4. 拷贝功能整经机有何特点？

5. 弹性纱整经机与分段整经机在结构上有何不同？需要采用哪些特殊机构？

6. 弹性纱线整经时会产生一定的牵伸量，牵伸量有哪些？

实验课内容

在分段整经机现场，观察经纱从纱架筒子上引出最后卷绕到经轴所通过的路径，认识集丝板、分经筘、张力罗拉、静电消除器、加油器、储纱装置、伸缩筘等装置；了解张力装置的工作原理及经纱张力调节方法，了解储纱装置的工作原理及作用，了解整经机机头部分的组成及工作原理。

第十三章　经编机其他机构

第一节　送经机构

经编机在正常运转时,经纱从经轴上退绕下来,按照一定的送经量送入成圈系统,供成圈机件进行编织,这样的过程称为送经。完成这一过程的机构称为送经机构。

一、送经的工艺要求

在织物织造过程中,送经的连续性和稳定性不仅影响经编机的效率,而且与坯布质量密切相关。因此送经运动必须满足下述要求。

(1)送经量与坯布结构相一致,要求送经机构能瞬时改变其送经量。这里要考虑两种情况,一种是编织素色织物或花色织物的地组织时,每个横列的线圈长度基本不变或变化很少;另一种是编织花纹复杂的经编组织时,它们的完全组织一般延续很多横列,针背垫纱长度有时仅为1针,有时高达7针,而编织的方式又有成圈和衬纬之别,这就要求送经装置能够满足上述各种情况。

(2)在保证正常成圈条件下降低平均张力及张力峰值。过高的平均张力及张力峰值不仅影响经编机编织过程的顺利进行,也有碍织物外观,严重时还会使经纱过多拉伸,造成染色横条等潜在织疵。但不恰当地降低平均张力,会使最小张力过低造成经纱松弛,使经纱不能紧贴成圈机件完成精确的成圈运动。

(3)送经量应始终保持精确。送经量习惯用"腊克"(rack)表示,即每编织480个线圈横列时需要送出的经纱长度(mm)。当送经装置的送经量产生波动时,轻则会造成织物稀密不匀而形成横条痕,重则使坯布单位面积重量发生差异。即使送经量有微量的差异,也会产生一个经轴的经纱比其余经轴先用完的情况,从而导致纱线浪费。

二、机械式送经机构工作原理

送经机构的种类很多,可以分为机械式和电子式。根据经轴传动方式,机械式送经机构又可以分为消极式和积极式两种。

(一)消极式送经机构

由经纱张力直接拉动经轴进行送经的机构称为消极式送经机构。消极式送经机构结构简单,调节方便,适合于编织送经量多变的花纹复杂组织。由于经轴转动惯性大,易造成经纱张力较大的波动,所以这种送经方式只能适应较低的运转速度,一般用于拉舍尔经编机。该类送经机构根据不同控制特点又可分为经轴制动和可控经轴制动两种形式。采用消极式送经机构,机器可达到的速度最高为 600 转/分。

1. 经轴制动式消极送经装置

该装置如图 13-1 所示。在经轴 1 轴端的边盘 2 上配置一根条带 3,条带用小重锤 4 张紧,利用条带来制动经轴。这种装置一般用于多梳栉经编机上花经轴的控制。衬纬花纹纱的张力控制是极严格的,张力过小,纱线在织物中衬得松,经轴有转头的倾向;张力过大,花纹纱变得过分张紧,使地组织变形。对这些花纹纱的控制,是目前限制车速提高的一个因素。

图 13-1　经轴制动式消极送经装置

2. 可控经轴制动式消极送经机构

该机构如图 13-2 所示。一根装在 V 形制动带轮 5 上的 V 形制动带 6 由两根弹簧 4 拉紧,使制动带 6 紧压在 V 形带轮 5 的槽中。当经纱张力增加时,张力杆 1 被下压,使升降块 2 顶起升降杆 3,放松弹簧 4,从而减小了皮带的制动力,因此与制动带轮 5 同轴的经轴被拉转。当经纱张力下降时,张力杆 1 在回复弹簧作用下上抬回复原位,使弹簧 4 张紧,从而增加了制动带对带轮的制动力,降低了经轴转速。

图 13-2　可控经轴制动式
消极送经机构

（二）积极式送经机构

由经编机主轴通过传动装置驱动经轴回转进行送经的机构称为积极式送经机构。随着编织地进行,经轴直径逐渐变小,因此主轴与经轴之间的传动装置必须相应增加传动比,以保持经轴送经速度恒定,否则送经量将愈来愈小。在现代高速特里科和拉舍尔经编机中,最常用的是定长积极式送经机构,还有一些较为特殊的送经机构。

1. 线速度感应式积极送经机构

这种送经机构由主轴驱动,它以实测的送经速度作为反馈控制信息,用以调整经轴的转速,使经轴的送经线速度保持恒定。

线速度感应式送经机构有多种类型,但其主要组成部分及作用原理是相同的,图 13-3 所示为该机构的组成与工作原理简图。主轴经定长变速装置和送经无级变速装置,以一定的传动比驱动经轴退绕经纱,供成圈机件连续编织成圈。为保持经轴的送经线速度恒定,该机构还包含线速度感应装置以及比较调整装置。比较调整装置有两个输入端和一个输出端,图中比较调整装置左端 A 与定长变速装置相连,由定长变速装置所确定的定长速度由此输入;右端 B 与线速感应装置相连,实测的送经线速度则由此输入。当两端输入的速度相等时,其输出端 C 无运动输出,受其控制的送经变速装置的传动比不作变动;当两者不同时,输出端便有运动输出,从而改变送经无级变速装置的传动比,使实际送经速度保持恒定。

线速度感应式积极送经机构类型颇多,各以其独特的比较调整装置等为特征,现将常用的各部分具体结构分别加以介绍。

图 13-3 线速度感应式积极送经机构工作简图

（1）定长变速装置　根据织物组织结构和规格决定线圈长度，这由调整定长变速装置的传动比来达到。定长变速装置的传动比在上机时确定后，在编织过程中将不再变动。定长变速装置由无级变速器或变换齿轮变速器组成，有些经编机的各个经轴共用一个无级变速器，再分别传动几个经轴。为使各经轴间的送经比可以调整，在各经轴的传动系统中采用"送经比"变换齿轮。

（2）送经无级变速装置　由主轴通过一系列传动装置驱动送经无极变速装置，再经减速齿轮传动经轴。经轴直径在编织过程中不断减小，为了保持退绕线速度恒定，经轴传动的角速度应该不断增加。因此，送经无极变速装置必须采用无级变速器使主轴至经轴的传动比在运转中连续地得到调整。常用的送经无级变速器有铁炮式及分离锥体式两种，分别如图 13-4（1）、（2）所示。

（1）　　　　　　　　　　　　　　　（2）

图 13-4　铁炮式和分离锥体式无级变速器

（3）线速度感应装置　用以测量经轴的实际退绕线速度，并将感应的送经线速度传递给测速机件。常用的线速度感应装置采用测速压辊，它在扭力弹簧作用下始终与经轴表面贴紧，使压辊与经轴能保持相同的线速度转动，再经一系列齿轮传动，使测速机件能反映实际的送经速度。

（4）比较调整装置　比较调整装置类型较多，结构各异。下面介绍较为常用的差动齿轮式比较调整装置。

图 13-5 显示了差动齿轮式比较调整装置。它包含由两个中心轮 E、F 和行星轮 G、K 以及转臂 H 所组成的差动齿轮系。中心轮和行星轮均系锥形齿轮，且齿数相等。这种差动轮系

的传动特点是,当中心轮 E、F 转速相等方向相反时,转臂 H 上的齿轮 K、G 只作自转而不作公转;当两中心轮转速不等时,转臂 H 上的齿轮 K、G 不仅自转而且产生公转,差动轮系这一传动特点可用作送经机构中的比较调整装置。

　　定长变速装置的预定线速度和实测的送经线速度分别从差动轮系的两个中心轮 E、F 输入,当实际送经线速度与预定线速度相一致时,转臂 H 不作公转,齿轮 1、2 静止不动;当两个输入端速度不等时,转臂 H 公转,通过齿轮 1、2 驱动丝杆 L 转动,从而使滑叉 P 带动送经无级变速器的传动环左右移动,改变送经变速器的传动比,直至经轴实际线速度与预定的送经速度相等为止。由于编织过程中经轴直径不断变小,使实际送经线速度低于预定线速度,通过差动

图 13-5　差动齿轮式比较调整装置

轮系的公转,使传动环向左移动,从而增大经轴转动速度,以使经轴线速度达到预定线速度。如果实际线速度高于预定线速度,则差动轮系转臂与上述反向转动,使传动环右移,从而降低经轴转速,直至实际退绕线速度与预定线速度相符为止。

　　2. 双速送经机构

　　图 13-6(3)为一种具有两种不同送经速度的机构工作原理图。在这一机构中,除了离合器 1 外,并附加有一组飞轮装置 2。所以在离合器脱开时,送经机构的传动并未中断。只不过依照一定规律,降低速度而已。图中链盘 3 控制着离合器的离合。当离合器闭合时,来自主轴

（1）　　　　（2）　　　　（3）

图 13-6　双速送经机构

的动力按图 13-6(1)的线路传递,此时未经过变速系统,故属正常速度送经。当离合器脱开时,主轴动力按图 13-6(2)的线路传递,此时因经过下方的变速系统,故经轴以较小速度送经。这两种速度的变化比率,可通过调整变速系统中的变换齿轮 A、B、C、D、E 的齿数加以控制。

3. 定长送经辊装置

定长送经辊装置也称定长积极送经罗拉。图 13-7 显示了该装置的结构。传动来自主轴,经过链条 1 传动到链轮 2,经变换齿轮 3、4,传动减速箱 5,其传动比为 40∶1;再通过链轮 6 和链条 7,传动到定长送经辊一端的链轮 8 和齿轮 9、10。送经辊 11 和 12 表面包有摩擦因数很大的包覆层,防止纱线打滑,但在经纱拉力大于卷绕和摩擦阻力的情况下,纱线又可在送经辊上被拉动。两根送经辊的直径一样,传动比为 1∶1。线圈长度确定后,只要将变换齿轮 3、4 选好,不管经轴直径大小,都能定长送出经纱。定长送经辊将经纱从经轴上拉出是消极的。这种定长送经装置既简单又可靠,较多地用于双针床经编机和贾卡经编机。

图 13-7 定长送经辊装置

三、电子式送经机构工作原理

机械式送经机构虽然有许多优点,但仍然存在无法克服的缺陷,例如,随着车速的提高,传动和调速零件磨损严重,使传动间隙增大,导致控制作用滞后于实际转速的变化,反馈性能不足,因而不能满足更高速度的送经要求。特别是在停、开机时易造成送经不匀,出现停机横条。现代经编机向着更高速度方向发展,织物品种也越来越多样化,而电子式送经机构能够满足这一要求。电子信号的传导速度接近光速,因此,响应速度快,在理论上能跟踪开停机时刻的急剧变化信息,有可能消除或减少停机横条。此外,电子式送经机构送经量精确,调节范围大,有利于提高织物质量;能够实现更高的转速,提高了生产效率;更改送经量方便、迅速;各经轴单独控制,减少了摩擦和能量损耗。

经编机电子送经有定速送经机构和多速送经机构,控制方式采用经轴表面感测辊测速的全闭环和不采用表面感测辊测速的半闭环控制方式。

(一)定速电子送经机构

定速电子送经机构又称 EBA 电子送经机构,主要应用于花纹比较简单,一个完全组织中每个横列的线圈长度基本不变或很少变化,即定速送经的场合。图 13-8 为 EBA 电子送经机构的原理框图。它的工作原理与线速度感应机械式送经机构基本相同。其基准信息取之于主轴上的交流电动机,当实测送经速度与预定送经速度不等时,通过变频器使电动机增速或减速。

图 13-8 EBA 电子送经机构原理框图

EBA 机构配置了一个大功率的三相交流电机和一个带有液晶显示的计算机,机器的速度和送经量可以方便地使用键盘输入,并且送经量可以编程。设定速度时,在 EBA 计算机上,只要简单地揿一下键,可使得经轴向前或者向后转动,在上新的经轴时非常方便。

新型的 EBA 电子送经机构还具有双速送经功能,每一经轴可在正常送经和双速送经中任选一种。另外,为了获得特殊效应的织物,如褶裥织物,经轴可以短时间向后转动或者停止送经。

(二)多速电子送经机构

多速电子送经机构又称 EBC 电子送经机构,主要包括交流伺服马达和可连续编程送经的积极式经轴传动装置。图 13-9 显示了机构的组成和工作原理。

图 13-9 EBC 电子送经机构组成与工作原理

在启动经编机前,必须先通过键盘将下列参数输给计算机:经轴编号、经轴满卷时外圆周长、停机时空盘头周长、满卷时经轴卷绕圈数以及该经轴每腊克的送经长度。其中每腊克送经长度不一定固定,而是可以根据织物的组织结构的需要任意编制序列,最多可编入 199 种序列,累计循环可达 8 百万线圈横列。

该机构中经轴脉冲信号来自经轴顶端,而不是取之于经轴的表面测速辊,因而反映的是经轴转速,而不是经轴线速度。但计算机可以根据所输入的经轴在空卷、满卷时的直径以及满卷时的绕纱圈数,逐层计算出经轴瞬时直径,并结合经轴脉冲信号折算成表面线速度,而后将此取样信息输入计算机中,与贮存器的基准信息一一比较。如果取样与基准信息一致,则计算机输出为零,交流伺服电动机维持原速运行;当取样信息高于或低于基准信息时,计算机输出不为零时,将在原速基础上对交流伺服电动机进行微调。由于采取了这种逐步逼近的控制原理,送经精度可以大大提高,其控制精度可达 1/10 个横列的送经长度。

EBC 电子送经机构的突出优点是具有多速送经功能,为品种开发提供了十分有利的条件,适用于花纹比较复杂,一个完全组织中各个横列的线圈长度并不都相同的织物的生产。目前这种电子送经机构不仅广泛用于高速经编机,也可用于拉舍尔经编机。

第二节 牵拉卷取机构

在经编机上,牵拉卷取机构的作用是随着编织过程的进行,将形成的坯布不断地从成圈区域牵拉出来,并卷绕在卷取辊上或折叠在一定的容器内。

经编机在运转时,坯布牵拉的速度对坯布的密度和质量都有影响。机上坯布的纵向密度随着牵拉速度的增大而减小,反之亦然。因此,要得到结构均匀的经编坯布,就必须保持牵拉速度恒定。

一、牵拉机构

(一) 机械式牵拉机构

图 13-10 显示了一种机械式牵拉机构。主轴通过变换齿轮装置 1 及蜗轮蜗杆装置 2 传动牵拉辊 3,三根牵拉辊将织物夹紧并作无滑动牵拉。如要改变牵拉速度即所编织坯布的纵向密度,只需更换变换齿轮 A 和 B。机上附有密度表,根据所需的坯布密度就可查到相应变换齿轮 A 和 B 的齿数。

(二) 电子式牵拉机构

电子式牵拉机构有 EAC 和 EWA 两种。EAC 电子式牵拉机构装有变速传动电机,它取代了传统的变速齿轮传动装置,通过计算机将可变化的牵拉速度编制程序,可获得诸如褶裥结构的花纹效应。EWA 电子式牵拉机构仅在 EBA 电子送经的经编机上使用,它可以定速牵拉或双速牵拉。

图 13-10 机械式牵拉机构

二、卷取机构

(一)径向传动(摩擦传动)机械式卷取机构

该机构如图 13-11(1)所示,坯布 2 由牵拉辊 1 送出后,经过三根导布辊 3、4、5 和扩布辊 6,到达作同向回转的两根摩擦辊 7 和 8,摩擦辊带动卷布辊 9 以恒定的线速度卷绕坯布。扩布辊 6 的两边有螺旋环,以逆进布方向高速回转,使卷边坯布的布边平整地展开。

(二)轴向传动(中心传动)机械式卷取机构

该机构的示意图如图 13-11(2)所示,图中 1 为牵拉棍,2 为织物,3 为操作踏板,4、5、6 为导布棍,7 为卷布辊与布卷,它安装到独立的经轴架上,从而保证了在机器振动时织物的质量不受影响。织物卷布辊被紧固在经轴离合器上,卷取张力通过一摆动杠杆和摩擦离合器维持恒定,卷绕张力可作调节。

(1)   (2)

图 13-11 机械式卷取机构

第三节 传动机构

一、经编机主轴的传动

为适应不同原料、织物品种的要求,现代经编机从起动到正常运转需采用不同速度传动。在经编生产中,根据所采用电动机的不同性能而有不同的变速方式。现代高速经编机一般使用高起动转矩的电动机,其起动转矩一般不小于正常运转时满载转矩的四分之三,以确保快速起动,使经编机在尽可能短的时间内加速到全速运转状态,减少开停机条痕的横列数,改善坯布的质量。经编机常用的变速方式有下皮带盘变速和电动机变速两种。

二、成圈机件的传动

为了使成圈过程中各机件产生一定规律的运动并保证编织的顺利进行,成圈机件的传动机构必须满足如下要求。

(1)保证各成圈机件的运动在时间上能密切配合。

(2)尽量使机件在运动中轻快平稳,避免出现速度的急剧变化。

（3）传动机构的结构尽可能简单，制造加工方便。

经编机上采用的成圈机件传动机构，一般有凸轮机构、偏心连杆机构和曲柄轴机构三种。

（一）凸轮机构

凸轮机构的工作原理主要是利用具有一定曲线外形的凸轮，通过转子、连杆而使成圈机件按照预定的规律进行运动。采用凸轮传动成圈机件的历史较长，至今在有些舌针经编机上仍有采用。

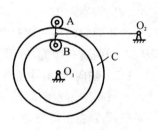

经编机上所用的凸轮一般为共轭凸轮。图 13-12 为共轭凸轮机构的简图。它将主凸轮和回凸轮做成一个整体 C，其外表面起主凸轮作用，内表面起回凸轮作用。摇臂的两个转子 A、B 在推程和回程中先后与内外表面接触滚动。在设计凸轮轮廓线时，内外表面的轮廓线按主凸轮和回凸轮轮廓线的设计方法分别进行。这

图 13-12 共轭凸轮机构简图

种凸轮机构的结构简单紧凑，能适应较复杂的运动规律；但凸轮和从动件之间是线（或点）接触，运转时容易磨损，不利于高速运转。

图 13-13 凸轮机构的应用

图 13-13 是凸轮机构在经编机上的应用实例。装有针基（针蜡）2 的针床 1 固装在托架 7 上。而托架与叉形杠杆 3 的上端都固定在针床摆轴 4 上。叉形杠杆下端两侧各装有转子 5，分别与主轴上的主回凸轮 6 的外廓接触。当主轴回转时，主回凸轮 6 通过转子及叉形杠杆而使针床绕摆轴中心按一定运动规律进行摆动。

（二）偏心连杆机构

偏心连杆机构在高速经编机上已广泛应用。它是平面连杆机构的一种。随着连杆机构设计和制造水平的提高，已经能完全满足经编机高速运转的要求，所以在现代高速经编机的成圈机件的传动机构中，已基本上代替了凸轮传动机构。

图 13-14 所示为槽针经编机成圈机件传动机构简图。图中(1)、(2、)(3)、(4)分别为传动针芯、导纱梳栉、针身、沉降片的偏心连杆机构。

| (1) | (2) | (3) | (4) |

图 13-14 槽针经编机成圈机件传动简图

（三）曲柄轴机构

新型的高速经编机大多采用整体的曲柄轴连杆机构来驱动成圈机件,如图 13-15 所示。主轴 1 和曲柄轴 2 为整体制造,连杆 3 的轴承直径为 50 mm;曲柄轴 2 回转时,连杆 3 使摆杆 4 绕支点 A 摆动,带动连杆 5 上下往复运动,从而推动成圈机件的摆臂(图中未画出)运动。用曲柄轴代替传统的偏心连杆不仅可以大幅提高机器的编织速度,而且可以降低机件的磨损、震动、噪音和能耗,方便设备的维护和保养,提高机器的使用寿命。

图 13-15　曲柄轴机构

思考练习题

1. 何谓送经? 送经运动必须满足哪些工艺要求?
2. 消极式送经机构有几种形式? 其工作原理如何?
3. 线速度感应式积极送经机构有哪几部分组成? 如何实现定长积极送经和改变织物的线圈长度?
4. 电子式送经机构的几种形式、工作原理和适用场合。
5. 牵拉卷取机构有几种形式? 其工作原理是什么?
6. 牵拉和卷取速度的调整方法是什么?
7. 成圈机件传动机构必须满足哪些要求?
8. 传动机构有哪些种类? 各自的特点和工作原理是什么?

实验课内容

1. 在安装有线速度感应式积极送经机构的经编机现场,观察送经机构的各部分组成及传动路线,了解定长变速装置、送经无级变速装置、线速度感应装置以及比较调整装置的工作原理和作用;拆开送经无级变速器和差动齿轮式比较调整装置,了解其内部构成;了解各经轴间的送经比调整方法。

2. 在安装有机械式牵拉卷取机构的经编机现场,了解该机钩主要机件的配置及工作原理,了解改变牵拉速度即所编织坯布的纵向密度,以及卷取张力调节的方法。

第十四章 经编织物与工艺参数计算

第一节 经编织物与工艺参数的确定及计算

一、经编织物与工艺计算的内容

经编织物与工艺参数的计算是经编工艺设计的重要组成部分。经编工艺设计的主要依据是根据产品用途确定产品方案,进而确定经编产品品种、选择坯布品种。

经编工艺设计可分为仿制设计、改进设计和创新设计。仿制设计是客户根据市场的要求提供样品,要求照样生产。设计人员必须认真分析研究来样的组织结构、外观、特征、手感、风格,确保设计的产品能够符合来样要求。改进设计是对现有产品或老产品进行改进,使产品更加完善。如适当改变原料的品种,改变面料的部分工艺参数,改变组织结构和花型图案及配色等。创新设计是设计者根据市场需要、坯布的用途和要求,脱离原有产品自行独立的创新设计,开发出新的产品。

根据产品开发的要求或产品用途,在原料、产品规格和织物组织确定后,还要确定经编机的配置,在上机整经和编织前,再进行一系列经编织物与工艺参数计算。

经编机的基本参数包括机型、针床幅宽、机号、梳栉数,特殊装置(EBC、EBA、EAC、EL、SU 和压纱板等)以及机器速度等。

需要计算的经编织物与工艺参数主要有线圈长度、送经量、织物密度和单位面积重量、原料需用量和坯布生产量等。

二、线圈长度和送经量

(一) 线圈长度

线圈长度是经编针织物的重要结构参数,是确定其他工艺参数和送经量的依据。经编工艺中的线圈长度是指一个完全组织中每个横列的平均线圈长度。由于线圈的几何形态呈三维弯曲的空间曲线,准确计算其长度较为困难,在生产中采用简化的线圈模型估算线圈长度简单可行,并接近实际。经编线圈的组成部段如图 14-1 所示,根据简化的线圈模型对各部段长度进行计算,结果如下。

1. 圈弧长度 K_1(mm)

$$K_1 = \frac{\pi d}{2.2} \tag{14-1}$$

图 14-1　经编线圈的组成部段

式中:π——圆周率;

d——针头直径,mm。

针头直径与机号有关,见表 14-1。

表 14-1　机号与针头直径和针距的关系

机号 E	14	20	24	28	32	36	40	44
针头直径 d(mm)	0.7	0.7	0.55	0.5	0.41	0.41	0.41	0.41
针距 T(mm)	1.81	1.27	1.06	0.91	0.79	0.71	0.64	0.58

2. 圈柱长度 K_2(mm)

$$K_2 = B = 10/P_B \tag{14-2}$$

式中:B——圈高,mm;

P_B——机上纵密,横列/cm。

3. 延展线长度 K_3(mm)

$$K_3 = nT \tag{14-3}$$

式中:n——延展线跨越的针距数;

T——针距(见表 14-1),mm。

对于编链线圈,$K_3 = B$。

4. 沉降弧长度 K_4(mm)

$$K_4 = T \tag{14-4}$$

5. 衬纬纱长度 K_5(mm)

在部分衬纬组织中,转向弧的长度为 $0.5T$,如果衬纬纱段跨越的针距数为 n,则有:

$$K_5 = (n+0.5)T \tag{14-5}$$

式中:n 为衬纬纱段跨越的针距数;

6. 衬经纱长度 K_6(mm)

$$K_6 = B \tag{14-6}$$

7. 线圈长度 l(mm)

根据以上计算方法,将组成经编针织物线圈的各个部段长度相加,求得一个横列的线圈长度,然后计算出一个完全组织循环内各横列的线圈长度。

线圈长度在工艺设计时也可先参照经验数据进行上机,然后根据编织情况和要求的织物风格进行适当调节,生产时可用线圈长度测量仪测定。

(二) 送经量

送经量通常是指编织 480 横列(1 腊克)的织物所用的经纱长度。

$$R = 480 \times \frac{\sum_{i=1}^{m} l_i}{m} \tag{14-7}$$

式中:R——每腊克送经量,mm/480 横列;

l——每横列送经量,mm/横列;

m——一个花纹完全组织中的线圈横列数。

送经量的计算方法很多,一般与假设的经编线圈模型有关,但均为估算。因此通过任何一种方法计算出的送经量在上机时均需要进行调整,即在上机编织时应及时根据实际布面情况调整送经量。

例 14-1 在 E32 经编机上用 44 dtex 锦纶丝编织经绒组织(1-0/2-3//)织物,机上纵密 $P_B = 28.0$ 横列/cm,求锦纶丝的送经量。

由表 14-1,机号为 E32 时,针头直径 $d = 0.41$ mm,针距 $T = 0.79$ mm;对于经绒组织,延展线跨越的针距数 $n = 2$。

线圈长度:

$$l = K_1 + 2K_2 + K_3 = \frac{\pi d}{2.2} + 2 \times \frac{10}{P_B} + nT$$

$$= \frac{3.14 \times 0.41}{2.2} + 2 \times \frac{10}{28.0} + 2 \times 0.79 = 2.88 \,(\text{mm})$$

由公式(14-7),得到送经量:

$$R = 480 \times l = 480 \times 2.88 = 1\,382 \text{ mm/480 横列}$$

三、送经比

送经比是指各把梳栉的送经量之比,也是各梳栉编织一个完全组织的平均线圈长度之比。通常以前梳栉(GB1)的送经量定为 1,其他梳栉送经量对前梳栉送经量之比值即为送经比。送经比选择合适与否,对产品的质量与风格影响很大。

如果各梳栉的线圈长度已经确定,送经比就可直接用各梳的线圈长度与前梳的线圈长度比得到。但在实际生产中,通常是先用估算法确定送经比,上机后再实测修订。估算送经比最常用的方法是用线圈常数估算法,它是将线圈的各个线段定为一定的常数,计算方法如下:

(1) 一个开口或闭口线圈的圈干(针编弧+圈柱)为 2 个常数单位。

(2) 线圈的延展线每跨越一个针距为 1 个常数单位,编链的延展线为 0.75 个常数单位。

(3) 衬纬的转向弧为 0.5 个常数单位,衬纬纱段每跨一个针距为 0.75 个常数单位。

(4) 重经组织两个线圈之间的沉降弧为 0.5 个常数单位。

按照以上规定,经编基本组织的送经常数单位如下:

① 开口或闭口编链组织(1-0/0-1//)的送经常数单位为 5.5。

② 开口或闭口经平组织(1-0/1-2//)的送经常数单位为 6.0。

③ 开口或闭口三针经平组织(1-0/2-3//)的送经常数单位为 8.0。

④ 开口或闭口四针经平组织(1-0/3-4//)的送经常数单位为 10.0。

⑤ 一针衬纬组织(0-0/1-1//)的送经常数单位为 1.0。

⑥ 二针衬纬组织(0-0/2-2//)的送经常数单位为 2.5。

⑦ 三针衬纬组织(0-0/3-3//)的送经常数单位为 4.0。

⑧ 重经编链组织(0-2/2-0//)的送经常数单位为 10.5。

送经比对经编坯布的线圈结构具有一定影响,主要表现在线圈的歪斜程度和各梳纱线相互覆盖的质量上。确定送经比时,应注意各梳栉的线圈横列数应相等。如果各梳栉使用的原料性质和纱线粗细都不同时,按上述方法确定的送经比要适当修正。

例 14-2　在 E32 经编机上用 44 dtex 锦纶丝编织双梳经平绒组织织物,机上纵密 $P_B=$ 28.0 横列/cm,求 GB2 的送经量。

后梳 GB2 编织经平组织(1-0/1-2//),送经单位为 6;前梳编织经绒组织(2-3/1-0//),送经单位为 8,送经比为 $\dfrac{6}{8}$。

由例 14-1,已计算出前梳送经量为 $R_1=1\,382$ mm/480 横列,则后梳送经量:

$$R_2 = R_1 \times \frac{6}{8} = 1\,382 \times \frac{6}{8} = 1\,037 \text{ mm/480 横列}$$

四、织物密度

(一) 横向密度

横向密度是织物 1 cm 内的线圈纵行数,它取决于经编机机号,其关系如下:

$$P_A = \frac{E}{2.54} \tag{14-8}$$

式中:P_A——针床上织物的横向密度,纵行/cm;

E——经编机机号。

(二) 纵向密度

纵向密度是织物 1 cm 内的线圈横列数,它取决于织物单位面积重量、纱线线密度和送经量。在已知其他参数的情况下,可按下式计算:

$$P_B = \frac{480 \times 1\,000 \times G}{10 \times P_A \times (R_1 \, Tt_1 + R_2 \, Tt_2)} \tag{14-9}$$

式中:P_B——织物纵向密度,横列/cm;

G——织物单位面积重量,g/m²;

P_A——织物横向密度,纵行/cm;

R_1、R_2——前梳和后梳送经量,mm/480 横列;

Tt_1、Tt_2——前梳和后梳纱线线密度,tex。

例 14-3　在机号 E28 经编机上,后梳 GB2 用 44 dtex 锦纶丝,送经量为 1 240 mm/480 横

列,前梳 GB1 用 44 dtex 锦纶丝,送经量为 1 650 mm/480 横列,要求织物单位面积重量 74 g/m²,计算织物纵向密度。

由公式(14-8),针床上织物横向密度:

$$P_A = \frac{E}{2.54} = \frac{28}{2.54} = 11.0 \text{ 横列/cm}$$

由公式(14-9),织物纵向密度:

$$P_B = \frac{480 \times 1\,000 \times G}{10 \times P_A \times (R_1\,Tt_1 + R_2\,Tt_2)} = \frac{480 \times 1\,000 \times 74}{10 \times 11 \times (1\,650 \times 4.4 + 1\,240 \times 4.4)}$$
$$= 25.4 \text{ 横列/cm}$$

五、穿经率

有些织物的一把或几把梳栉采用部分穿经方式,即梳栉上有些导纱针不穿经纱,这时要用到穿经率这一参数,穿经率可以用下式计算。

$$a = \frac{I}{I+O} \tag{14-10}$$

式中:a——穿经率,%;

I——一个花纹循环内穿经的纱线根数;

O——一个花纹循环内空穿的纱线根数。

六、弹性纱线牵伸后线密度

经编弹力织物采用弹性纱线(氨纶丝)与其他原料交织,在整经过程中氨纶丝经牵伸后以伸长状态卷绕到盘头上。在计算经编弹力织物的工艺参数时,不能用氨纶丝的公称线密度,要用实际线密度。一般已知了牵伸率,可以根据以下公式计算氨纶丝的实际线密度:

$$Tt = \frac{Tt_0 \times 100}{Vs + 100} \tag{14-11}$$

式中:Tt——氨纶丝的实际线密度,dtex;

Tt_0——氨纶丝的公称线密度,dtex;

Vs——氨纶丝的牵伸率,%。

七、织物单位面积重量

织物单位面积重量(g/m²)是重要经济指标之一,也是进行工艺设计的依据。影响织物单位面积重量的因素有织物组织、原料细度、送经量和穿纱方式等,可按下式计算。

$$Q = \frac{10 \times P_A \times P_B}{480 \times 1000} \times \sum_{i=1}^{n} R_i\,Tt_i a_i \tag{14-12}$$

式中:Q——织物单位面积重量,g/m²;

P_A——织物横向密度,纵行/cm;

P_B——织物纵向密度,横列/cm;

R_i——第 i 把梳栉的送经量,mm/480 横列;

Tt_i——第 i 把梳栉的纱线线密度,tex;

a_i——第 i 把梳栉的穿经率,%;

n——梳栉数。

当一把梳栉采用不同种类的纱线时,不同的纱线应该分别计算,然后把这些数据叠加起来就是理论计算的织物单位面积重量。

例 14-4　计算例 14-2 双梳经平绒织物的单位面积重量。

由公式(14-8),织物横向密度:

$$P_A = \frac{E}{2.54} = \frac{32}{2.54} = 12.6 \text{ 横列/cm}$$

已知 $P_B = 28.0$ 横列/cm,$Tt_1 = Tt_2 = 4.4$ tex,$R_1 = 1\,382$ mm/480 横列,$R_2 = 1\,037$ mm/480 横列,$a_1 = a_2 = 100\%$,$n = 2$。

由公式(14-12),织物单位面积重量:

$$Q = \frac{10 \times P_A \times P_B}{480 \times 1\,000} \times \sum_{i=1}^{n} R_i \, Tt_i a_i = \frac{10 \times 12.6 \times 28.0}{480 \times 1\,000} \times (1\,382 \times 4.4 + 1\,037 \times 4.4)$$
$$= 78.3 \text{ g/m}^2$$

八、用纱比

当几种原料交织时,需要计算各原料用纱重量的比例,以便进行原料计划和成本核算。

$$G_j = \frac{R_j \times Tt_j \times a_j}{\sum_{i=1}^{n} R_i \times Tt_i \times a_i} \times 100\% \tag{14-13}$$

式中:G_j——第 j 把梳栉的用纱比,%;

R_j——第 j 把梳栉的送经量,mm/480 横列;

R_i——第 i 把梳栉的送经量,mm/480 横列;

Tt_j——第 j 把梳栉的纱线线密度,tex;

Tt_i——第 i 把梳栉的纱线线密度,tex;

a_j——第 j 把梳栉的穿经率,%;

a_i——第 i 把梳栉的穿经率,%;

n——梳栉数。

例 14-5　在机号 E28 经编机上生产涤纶丝和锦纶丝交织衬衣布,织物组织、穿经及送经量为:

GB1:1-0/0-1//,2 穿 55 dtex 涤、2 穿 50 dtex 锦,送经量 1\,094 mm/480 横列;

GB2:2-3/1-0//,满穿 55 dtex 涤,送经量 1\,589 mm/480 横列。

计算两种原料用纱比。

前梳 GB1 涤纶丝和锦纶丝穿经率 $a_{1涤} = a_{1锦} = 0.5$,后梳 GB2 涤纶丝穿经率 $a_{2涤} = 1$,由式(14-13),55 dtex 涤纶丝用纱比:

$$G_{涤} = \frac{1\,094 \times 5.5 \times 0.5 + 1\,589 \times 5.5 \times 1}{1\,094 \times 5.5 \times 0.5 + 1\,094 \times 5.0 \times 0.5 + 1\,589 \times 5.5 \times 1} \times 100\%$$
$$= 81.1\%$$

50 dtex 锦纶丝用纱比：

$$G_{锦} = \frac{1\,094 \times 5.0 \times 0.5}{1\,094 \times 5.5 \times 0.5 + 1\,094 \times 5.0 \times 0.5 + 1\,589 \times 5.5 \times 1} \times 100\%$$
$$= 18.9\%$$

九、经编机产量

1. 按长度计算

$$A_L = \frac{60 \times n \times \eta}{100 \times 100 \times P_B} \tag{14-14}$$

式中：A_L——经编机产量，m/h；

n——经编机转速，r/min；

η——经编机生产效率，%。

各机型的生产效率如表 14-2 所示。

表 14-2　经编机的生产效率

机型	高速经编机	贾卡经编机	多梳栉经编机	衬纬经编机	双针床经编机
效率(%)	85~95	85~95	80~90	80~90	70~80

需要注意的是，在计算机上产量、坯布产量、成品产量时，织物的纵密 P_B 是不同的。

2. 按重量计算

$$A_Q = \frac{A_L \times W \times Q}{1\,000} \tag{14-15}$$

式中：A_Q——经编机产量，kg/h；

W——织物幅宽，m；

Q——织物单位面积重量，g/m^2。

例 14-6　计算例 14-2 经编机的产量，经编机转速 2 500 r/min，幅宽 330 cm，成品幅宽 152 cm。

由式(14-14)，经编机生产效率 η 取 95%，则：

$$A_L = \frac{60 \times 2\,500 \times 95}{100 \times 100 \times 28} = 50.9 \text{ m/h}$$

经编机幅宽范围内可生产两幅坯布，由式(14-15)得：

$$A_Q = \frac{50.9 \times 1.52 \times 2 \times 78.3}{1\,000} = 12.1 \text{ kg/h}$$

第二节　整经工艺参数计算

一、整经根数

整经根数是指每一只分段经轴（盘头）上卷绕的经纱根数。每只盘头上经纱根数取决于成品布的幅宽，也与经编机上的工作针数、盘头数以及穿纱方式有关。经编机上的编织幅宽与成品幅宽存在一定的关系，可以用幅宽对比系数来表示。

1. 幅宽对比系数

$$C = \frac{W_0 + 2b}{W} \tag{14-16}$$

式中：C——幅宽对比系数；

$\quad W_0$——成品幅宽，mm；

$\quad W$——经编机编织幅宽，mm；

$\quad b$——定形边宽度，$1 \sim 2$ mm。

经编非弹力织物的幅宽对比系数随品种不同在 $0.8 \sim 0.95$ 之间。

2. 工作针数

由机号和编织幅宽可求得工作针数

$$N = \frac{W}{T} \tag{14-17}$$

式中：N——经编机工作针数；

$\quad T$——经编机针距（$T = 25.4/E$），mm；

$\quad E$——经编机机号，针/25.4 mm。

3. 整经根数

工作针数即总的纱线根数，根据所用盘头个数就可计算出每个盘头上的整经根数。

$$n = \frac{N \times a}{m} = \frac{W \times a}{m \times T} = \frac{(W_0 + 2b) \times a}{m \times T \times C} \tag{14-18}$$

式中：n——每个盘头的整经根数；

$\quad a$——穿经率，%；

$\quad m$——经编机用盘头个数。

4. 用横向密度推算整经根数

如果织物是按来样生产，整经根数可以用来样的横向密度来推算。

$$n = \frac{P_A \times 10 \times (W_0 + 2b)}{m} \tag{14-19}$$

式中：P_A——样品横密，纵行/cm。

例 14-7 计算例 14-5 的整经根数。经编机机号 E28，幅宽 330 cm，要求成品幅宽

152 cm，织物单位面积重量 78 g/m²，每匹布重量 10 kg。

由式(14-16)，经编机编织幅宽：

$$W = \frac{W_0 + 2b}{C} = \frac{1\,520 + 2 \times 2}{0.95} = 1\,642\,(\text{mm})$$

由式(14-17)可求得工作针数：

$$N = \frac{W}{T} = \frac{1\,642}{25.4/28} = 1\,810\,(\text{针})$$

采用 21 英寸盘头，外档宽度 535 mm，经轴上盘头个数 3 300/535≈6，经编机幅宽范围内可生产两幅坯布，由式(14-18)求得每个盘头上的整经根数：

$$n = \frac{1\,810 \times 2}{6} = 603\,(\text{根})$$

现 GB1 穿纱为 2 根涤纶、2 根锦纶，一个穿纱循环 4 根经纱，将整经根数修正到穿纱循环的整倍数，即 $n = 604$ 根。

二、整经长度

每匹经编坯布的整经长度，由工厂的具体条件决定，一般有以下两种方式。

1. 定长方式

当需要制得的每匹坯布的长度 L_B(m)一定时：

$$L = \frac{L_B \times P_B \times R}{480 \times 10} \tag{14-20}$$

式中：L——每匹布的整经长度，m；

L_B——每匹布长度，m；

P_B——坯布纵密，横列/cm；

R——送经量，mm/480 横列。

2. 定重方式

$$W = \frac{\sum m \times n \times \text{Tt}}{1\,000 \times 1\,000} \tag{14-21}$$

式中：W——每匹坯布的重量；

Tt——纱线线密度，tex；

$\sum$——表示 n 把梳栉纱线重量的总和。

例 14-8 计算例 14-7 每匹布的整经长度。

已知 $W = 10\,\text{kg}$，换算成每匹布的长度：

$$L_B = \frac{1\,000 \times W}{(W_0 + 2b) \times Q} = \frac{1\,000 \times 10}{(152 + 2 \times 2) \times 78} = 82\,(\text{m})$$

根据式(14-8)求得织物横向密度 $P_A = 11.0$ 纵行/cm，通过式(14-9)求得 $P_B = 23.5$ 横列/cm，后梳 GB2 的整经长度可由式(14-20)确定：

$$L_2 = \frac{82 \times 23.5 \times 1\,589}{480 \times 10} = 638 \text{ m}$$

前梳 GB1 的整经长度 L_1 可由 L_2 和送经比求得。

三、盘头上的纱线重量和长度

1. 纱线重量

$$Q = \frac{V \times \rho}{1\,000} \tag{14-22}$$

式中：Q——盘头上纱线重量，kg；

　　ρ——盘头卷绕密度，g/mm³，由实验确定，根据原料不同，一般为 0.000 07～0.001 05 g/mm³；

　　V——盘头上纱线的体积，mm³，可由下式计算：

$$V = \frac{\pi B_2 (D_H^2 - D_0^2)}{4} \tag{14-23}$$

式中：B_2——盘头内档宽度，mm；

　　D_H——盘头卷绕直径，mm；

　　D_0——盘头轴管直径，mm。

2. 纱线长度

$$L_H = \frac{Q \times Tt \times 10^{-7}}{n} \tag{14-24}$$

式中：L_H——盘头上纱线长度，m；

　　Tt——纱线线密度，dtex；

　　n——盘头上的整经根数。

四、整经机产量

1. 整经机理论产量

$$A_L = 6 \times 10^{-5} \times v \times n \times Tt \tag{14-25}$$

式中：A_L——整经机理论产量，kg/h；

　　v——整经线速度，m/min；

　　n——盘头上的整经根数；

　　Tt——纱线线密度，dtex。

2. 整经机实际产量

$$A_S = A_L \times \eta \tag{14-26}$$

式中：A_S——整经机实际产量，kg/h；

　　η——整经机生产效率，%。

思考练习题

1. 经编织物与工艺参数主要包括哪些?

2. 送经量计算主要依据什么? 如何计算不同织物结构的送经量?

3. 何谓送经比? 怎样估算送经比?

4. 欲在机号 E32 的特里科型经编机上编织经编麂皮绒织物(即:前梳栉 1-0/3-4//;后梳栉 1-2/1-0//),编织时机上纵密为 25 横列/cm,试估算两把梳栉的每腊克送经量。

5. 欲在机号为 E32、针床宽度为 432 cm(170 英寸)的某特里科经编机上生产如下两梳栉满穿的织物:

GB1:1-0/0-1//(原料为 86 dtex 涤纶长丝,送经量为 1 180 mm/480 横列)

GB2:3-4/1-0//(原料为 86 dtex 涤纶长丝,送经量为 2 120 mm/480 横列)

若前梳栉用经轴的整经长度为 10 824 m,机上织物密度为 20 横列/cm,使用的盘头规格为 762 mm×533 mm(30 英寸×21 英寸)(边盘外径×外档宽度),试计算:

(1) 每个经轴上的总经纱根数? 需要整几个盘头? 每个盘头整多少根经纱?

(2) 为保证两根经轴的经纱同时用完,后梳栉用经轴的整经长度?

(3) 若落布长度为 50 米/匹,每匹布的重量?

(4) 现欲生产 0.624 t 毛坯布,生产后盘头上分别剩余的纱线长度? 还可以生产多少匹布?

参考文献

1. 龙海如. 针织学. 第 2 版. 北京：中国纺织出版社，2014.
2. 许昌崧，龙海如. 针织工艺与设备. 北京：中国纺织出版社，1999.
3. 宋广礼，蒋高明. 针织物组织与产品设计. 第 2 版. 北京：中国纺织出版社，2008.
4. D. J. Spencer. Knitting Technology（Third edition）. Woodhead Publishing Limited，2001.
5. C. Iyer，B. mammel，W. Sch och. Circular Knitting. Bamberg（Germany）：Meisenbach GmbH，1992.
6. S. Raz. Flat Knitting. Bamberg（Germany）：Meisenbach GmbH，1991.
7. S. Raz. Warp Knitting Production. Heidelberg（Germany）：Melliand Textilberichte GmbH，1987.
8. 赵恒弟. 大圆机针织技术. 南方一晃，译. 日本：福原精机制作所，2006.
9. 宋广礼. 成形针织产品设计与生产. 北京：中国纺织出版社，2006.
10. 蒋高明. 经编针织物生产技术. 北京：中国纺织出版社，2010.
11.《针织工程手册》编委会. 针织工程手册：纬编分册. 第 2 版. 北京：中国纺织出版社，2012.
12.《针织工程手册》编委会. 针织工程手册：经编分册. 第 2 版. 北京：中国纺织出版社，2011.
13. A. 库德利亚文. 针织工艺实验教程. 中国纺织大学针织教研室，译. 北京：纺织工业出版社，1987.